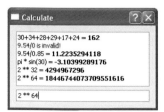

（a）多行文本框

（b）标签、单行文本框与按钮

（c）菜单条与菜单

（d）列表框与滚动条

（e）复选框与滚动条

（f）画布

图 5.1 常用组件形成的界面

图 5.9 标签制作示例

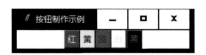

图 5.10 代码 5-10 的运行结果

图 5.11　三春晖图片浏览器运行效果示例

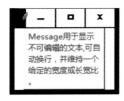

图 5.12　一个简单的消息框

图 5.13　简易四则计算器运行情况

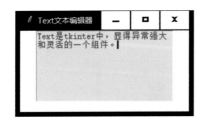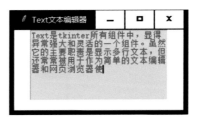

（a）初始显示　　　　　　　　　（b）手动插入文字后的显示

图 5.14　代码 5-14 的执行情况

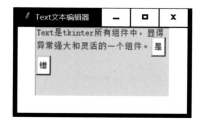

（a）初始显示　　　　　　　　（b）按了"是"后的显示

图 5.15　代码 5-15 的执行情况

图 5.16　代码 5-16 的执行情况

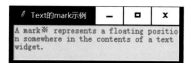

图 5.17　在记号处插入字符※

图 5.18　代码 5-18 的运行情况

图 5.19　代码 5-19 的运行情况

图 5.20　代码 5-20 的客户端

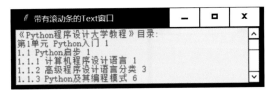

图 5.21　加入了滚动快的 Text

（a）一种单选框样式　　　　　　　　（b）另一种单选框样式

图 5.22　代码 5-22 的执行情况

图 5.23　代码 5-23 的执行情况

图 6.20　执行代码 6-16 显示出的页面

高等教育质量工程信息技术系列示范教材

Python开发案例教程

张基温　魏士靖　编著

清华大学出版社

北京

内 容 简 介

本书是一本 Python 基础教材。全书以 Python 3.0 为蓝本，分 6 章介绍。

第 1 章从模仿计算器进行简单的计算入手，带领读者迈进 Python 门槛；顺势引导读者掌握 Python 模块的用法、变量的用法；再进一步引入选择结构和重复结构，使读者有了程序和算法的基本概念，进入程序设计的殿堂。第 2 章首先介绍 Python 特有的数据对象与变量之间的关系，然后较详细地介绍了 Python 各种内置的数据类型。第 3 章从正常处理和异常处理两个角度介绍 Python 程序过程的两种基本组织形式：函数和异常处理，并介绍与之相关的名字空间和作用域的概念。第 4 章把读者从面向过程带到面向类的程序设计，内容包括类与对象、类与对象的通用属性与操作、类的继承。第 5 章为 Python GUI 开发，使读者具备开发友好界面程序的能力。第 6 章为 Python 应用开发举例，从数据处理和网络应用两个最基本应用领域，培养读者的应用开发能力。

本书力求内容精练、概念准确、代码便于阅读、习题丰富全面、适合教，也容易学；例子分正反两种，以利正本清源。为了便于初学者很快使用 Python 以丰富的模块支撑的环境，书后给出了 Python 内置函数、Python 文件和目录管理、Python 3.0 标准异常类体系和 Python 标准模块库目录。

图书在版编目（CIP）数据

Python 开发案例教程 / 张基温等编著. —北京：清华大学出版社，2019（2020.1 重印）

（高等教育质量工程信息技术系列示范教材）

ISBN 978-7-302-51190-8

Ⅰ．①P…　Ⅱ．①张…　Ⅲ．①软件工具—程序设计—高等学校—教材　Ⅳ．①TP311.561

中国版本图书馆 CIP 数据核字（2018）第 210613 号

责任编辑：白立军　常建丽
封面设计：常雪影
责任校对：梁　毅
责任印制：宋　林

出版发行：清华大学出版社
　　　　　网　　　　　址：http://www.tup.com.cn, http://www.wqbook.com
　　　　　地　　　　　址：北京清华大学学研大厦 A 座　　　　　邮　　编：100084
　　　　　社　总　机：010-62770175　　　　　邮　　购：010-62786544
　　　　　投稿与读者服务：010-62776969，c-service@tup.tsinghua.edu.cn
　　　　　质　量　反　馈：010-62772015，zhiliang@tup.tsinghua.edu.cn
　　　　　课件下载：http://www.tup.com.cn,010-83470236
印　装　者：北京密云胶印厂
经　　销：全国新华书店
开　　本：185mm×260mm　　　印　张：19　彩　插：2　字　数：472 千字
版　　次：2019 年 1 月第 1 版　　　印　次：2020 年 1 月第 2 次印刷
定　　价：49.00 元

产品编号：079725-01

前　言

近年来，一种程序设计语言日渐粲然，使许多红极一时的程序设计语言黯然失色，得到人们的空前青睐，使得在学界和业界出现了揭竿而起、应者云集的景象。这种程序设计语言就是 Python。本书也想在此时为熊熊燃起的 Python 烈火再添上一把柴。

（一）

Python 之所以能够冉冉升起，在于其鲜明的特色。

Python 简单、易学。它虽然是用 C 语言写的，但是它摒弃了 C 语言中任性不羁的指针，降低了学习和应用的难度。

Python 代码明确、优雅。其代码描述具有伪代码风格，使人容易理解；其强制缩进的规则使得代码具有极佳的可读性。

Python 自由、开放。Python 是 FLOSS（Free/Libre and Open Source Software，自由/开放源码软件）之一。它支持向不同的平台上移植，允许部分程序用应用广泛的 C/C++语言编写；它可提供脚本功能，允许把 Python 程序嵌入 C/C++程序中。它还鼓励更优秀者的创造、改进与扩张，因此使其在短短的发展历程中形成异常庞大、几乎覆盖一切应用领域的标准库和第三方库，为开发者提供了丰富的可复用资源和便利的开发环境。

（二）

为了彰显优势，Python 博采众长、趋利避害，集命令式编程函数式编程和面向对象编程为一身，形成一套独特的语法体系。其中有些语法现象是用别的语言的语法体系解释不清楚的，强行解释反而会误导学者。本书力图正本清源，从基本理论出发，对 Python 的语法给出一个清晰而本原的概念和解释，以此为基础快速而扎实地将学习者带进 Python 应用开发中展现才干。

本书共分 6 章。第 1 章从初中水平的读者就能懂的计算开始，将读者引进 Python 世界。同时，插进一些最基本的语法知识，如输入输出、变量、模块，然后通过选择和循环结构带领读者在简单算法中试水。

第 2～4 章在第 1 章的基础上深入浅出地介绍数据类型、面向过程的结构和面向对象的结构。在此期间让学习者进一步理解对象与变量、各种原子类型和内置容器类型、函数、异常处理、名字空间与作用域。

第 5、6 章是应用开发。第 5 章为 Python UGI 开发，第 6 章为 Python 应用开发举例。这两章的内容突出了 Python 应用开发的两个要素：领域知识的了解和相应模块的应用。

（三）

著名心理学家皮亚杰创建的结构主义对教师的主要职责定义是为学习者创建学习环境。教材是为学习者创建的一种学习环境。除正文的内容选择、顺序安排之外，还有例题、练习题和附录。

本书例题力求代码精干，以便读者理解。练习题是以大节为单位进行组织的，并且题型多样，针对性强，便于学习者学习某一节后，立即可以从不同角度进行检测。

鉴于已经出版的多种教材中存在的对 Python 基本概念解释含混，甚至错误的情况，本书还收集了一些著作中的错误概念作为反例放在相关的习题中，供读者分析、批判，以正本清源，提高读者对 Python 语法的辨别、理解和应用能力。

本书的附录由四部分组成：Python 内置函数、Python 3.0 标准异常类结构、文件与目录管理和 Python 标准模块库目录。这些内容相当于一个常用手册，可以为初学者提供一个继续学习或扩展学习的环境。

（四）

进行编写中，收集并设计了多种类型的习题，并且在每一节后面都给出了相应的练习题。作为 Python 教材，本书把附录和习题作为正文之外的两个重要的学习环境。本书的附录包括操作符、内置函数、模块目录和异常类结构。这些内容相当于一本简明的应用手册，会给想继续深入并提高自己 Python 开发能力的学习者提供一个扩展的环境。

这些附录也表明 Python 开源代码的特点和社区广大热心者的支持，是 Python 生命力的源泉。虽然目前 Python 已经有上千种模块可以被利用，而附录中列出的 Python 3x 的标准模块库仅有 20 多项，但已足以对 Python 的应用范围画出一个轮廓。

（五）

在本书出版之前，魏士靖进行了代码校验和文字校对，并制作了 PPT；吴灼伟设计了书中部分插图；刘砚秋、张展为、张秋菊、史林娟、张有明等也参与了部分工作。在此谨表谢意。

本书的出版是我在程序设计教学改革工作中跨上的一个新台阶。本人衷心希望得到有关专家和读者的批评和建议，也希望能多结交一些志同道合者，把本书改得更好一些。

张基温

戊戌初夏于穗小海之畔

目　　录

第1章　一个万能计算器

Python 提供了两种基本的编程模式：文本编程模式和交互编程模式。文件编程模式是将程序代码以脚本形式写到一个文件里，然后用 Python 执行，可以做到一次编程，多次执行。交互编程模式也称命令编程模式，使用 IDLE（Integrated DeveLopment Environment/Integrated Development and Learning Environment）就会弹出图 1.1 所示的 Python 交互编程环境。在一大堆信息显示之后，出现 Python 命令提示符>>>。在提示符>>>后面可以输入一个 Python 命令，按 Enter 键，便可以由 Python 解释器解释执行，给出结果。这种对代码及时反馈的模式非常适合初学者验证语法规则，对有经验的 Python 人员也可用于尝试新的 API、库以及函数，但只能适合于一次编程，一次执行。对于一般人来说，它可以被当作是一个万能计算器。

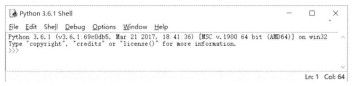

图 1.1　Python 3.6.1 自带的 IDLE

1.1　简单算术计算

加、减、乘、除是最常用的计算。在 Python IDLE 中，也可以方便地进行这些计算。

1.1.1　Python 算术操作符

操作符（operators）是计算操作的抽象而简洁表示。为了便于用户计算，各种计算机程序设计语言中都会将一些最常用的算术操作符供用户使用。表 1.1 为 Python 内置的算术操作符。

表 1.1　Python 内置的算术操作符（假定 $a = 10$，$b = 3$）

优先级	操作符	描　述	实　例	结合方向
高	+、-	正负号	+5，-3	右先
	**	幂	$a ** b$ 为 10 的 3 次方，返回 1000	
中	//	整除	$a // b$ 返回 3	左先
	%	取模	$a \% b$ 返回 1	
	/	浮点除	a / b 返回 3.3333333333333335	
	*	两个数相乘	$a * b$ 返回 30	
低	+	两对象相加	$a + b$ 返回 13	
	-	两对象相减	$a - b$ 返回 7	

说明:

（1）注意，Python 中的算术操作符与普通数学中的算术操作符有所不同，如用"*"表示乘，用"/"和"//"表示除。

（2）在 Python 3.0 中有两种除法：真除（/）和 floor 除（//）。

真除也称浮点除，即无论是对两个整数相除，还是对带小数的数相除，结果都要保持小数部分。

floor 除是整除的一种，其结果是真除结果向下舍入（或称向–∞舍入）得到的整数，而不是简单地将小数部分截掉。

（3）模操作符%也是执行 floor 整除的余数，先计算出 floor 整除值，再按被除数–（整除值*除数）计算而成。

代码 1-1 Python 3.0 中的"/""//"与"%"的用法示例。

```
>>> 1 / 3
0.3333333333333333
>>> -1 / 3
-0.3333333333333333
>>> 1 // 3
0
>>> -1 // 3
-1
>>> 1 % 3
1
>>> -1 % 3
2
```

需要注意的是，一般来说，在一行中写的一个 Python 指令也称为一个语句。这个指令写完用回车操作就可以结束，不需要其他语句结尾符号。但是，若想在一行中写几个 Python 指令，就需要用分号在指令之间进行分隔。例如，代码 1-1 可以改写如下。

```
>>> 1 / 3; -1 / 3
0.3333333333333333
-0.3333333333333333
>>> 1 // 3;-1 // 3;1 % 3;-1 % 3
0
-1
1
2
```

1.1.2　回显与 print()

在交互模式下输入一个表达式，就会返回该表达式的值，是不需要使用输出指令的输出操作的。严格地说，这种"输出"称为"回显"（echo）。回显使用简便，但往往会受某些限制。在正式情况下，Python 输出使用的输出指令是内置函数 print()。

代码 1-2 回显与 print()的用法比较。

```
>>> 1/7
```

```
0.14285714285714285
>>> print(1/7)
0.14285714285714285
>>> '#'*30
'##############################'
>>> print('#'*30)
##############################
>>> 3,5,8
(3, 5, 8)
>>> print(3,5,8)
3 5 8
```

可以看出，回显与 print()的输出在多数情况下略有差别，但基本一致。后面将会看到用 print()可以进行输出格式控制，而回显无法实现这个功能。

1.1.3 Python 表达式计算规则

表达式是数据和操作符按照一定规则排列的求值计算表示。在一个表达式中可能不包含操作符，也可能包含一个操作符或包含多个操作符。当一个表达式中包含有多个操作符时，就有一个哪个操作符先与数据对象结合的问题。这就称为表达式的计算规则。在一般程序设计语言中，表达式的计算规则如下。

（1）优先级（precedence）不同时，高优先级的操作符先与数据对象结合。

（2）优先级相同时，按照结合性（associativity）进行。

（3）利用圆括号分组可以超越以上优先级规则。

算术表达式是对象、变量和算术操作符的有意义排列。各算术操作符的优先级别和结合性如表 1.1 所示分为三档。

代码 1-3 算术操作符的优先级与结合性。

```
>>> -10**-2              #同级别，按结合性：先对 2 取负，再计算 10-2，最后取负
-0.01
>>> ( -10)**-2           #分组优先：先取负，再计算 10-2
0.01
>>> (-10)**-2*(2000 -1000)
10.0
```

练习 1.1

1．选择题

（1）表达式 5 / 3 的输出值为____。

    A．1.6666666666666665   B．1.6666666666666666

    C．1.6666666666666667   D．1.6666666666666668

（2）表达式 -5 // 3 的输出值为____。

    A．-1.0   B．-1.6666666666666666

    C．-1.6666666666666667   D．-2

（3）表达式 5 // 3 的输出值为____。

    A．1.0   B．1   C．–1.6666666666666667   D．2

（4）表达式 –5 % 3 的输出值为____。

    A．1   B．1.0   C．0.6666666666666667   D．2

（5）表达式 2 ** 3 ** 2 的输出值为____。

    A．512   B．64   C．32   D．36

（6）表达式 1** –2 ** 2 的值近似于____。

    A．0.0001   B．10000   C．–10000   D．–0.0001

（7）语句 world = "world"; print ("hello" + world) 的执行结果是____。

    A．helloworld   B．"hello"world   C．hello world   D．语法错误

2．实践题

在交互编程模式下，计算下列各题。

（1）从今天开始，100 天后是星期几?共经过多少个完整的星期？

（2）从今天起，倒退 50 天是星期几？共经过多少个完整的星期？

（3）从这个时刻开始，经过 200 小时后是几点（按 24 时制）？共经过了几天？

1.2　使用内置数学函数计算

内置数学函数计算是对于算术操作符的第一层扩展，提供更多的常用计算。

1.2.1　函数与内置函数

函数是实现一个功能的计算代码段的封装。它用一个名字命名这个代码段。使用一个函数首先要定义这个代码段，给它一个名字并说明需要哪些自变量——参数。有了这个定义，便可以在需要这个功能的地方用这个名字代替它所代表的代码段，并给出这个应用环境中的参数。这就称为函数调用。函数用给定的参数运行所定义的代码段，就会给出计算结果。这称为函数返回。例如，一个用于计算 x^y 的函数，需要告诉函数计算的 x 和 y 各是多少。

函数可以自己设计，也可以使用经过验证的别人设计的函数。为了方便应用，Python 把一些仅次于算术操作符的常用计算定义成函数集成在自己的核心部分，供人们直接使用而不需任何额外定义。这类函数被称为内置函数（built-in functions）。

1.2.2　Python 计算型内置函数对象

表 1.2 为常用 Python 计算型内置函数对象。

表 1.2　常用 Python 计算型内置函数对象

函数对象	功　能	用　法
abs(x)	求绝对值	x 可为整型或复数；若 x 为复数，则返回复数的模
complex([real[,imag]])	创建一个复数对象	real 和 imag 分别代表实部和虚部

函数对象	功　能	用　法
divmod(a, b)	返回商和余数的元组	a 为被除数，b 为除数。整型、浮点型都可以
pow(x, y[, z])	等效于 pow(x,x) % x。若 x 缺省，则计算 x^y；若 z 存在，则再对 x^y 取模	注意：pow() 通过内置的方法直接调用，内置方法会把参数作为整型
round(x[, n])	四舍五入	x 代表原数；n 代表要取得的小数位数，缺省为 0

代码 1-4　计算型内置函数对象用法示例。

```
>>> abs(-5)
5
>>> complex(3,-4)
(3-4j)
>>> abs(complex(3,-4))
5.0
>>> divmod(5,3)
(1, 2)
>>> pow(2,3)
8
>>> pow(2,3,5)
3
>>> round(2/3,8)
0.66666667
>>> round(2/3,3)
0.667
>>> round(1/3,3)
0.333
```

练习 1.2

1．选择题

（1）表达式 divmod(123.456,5)的输出值为____。

　　A．(24, 3.456000000000003)　　　　　　　B．(25, 1.543999999999997)

　　C．(24.0, 3.456000000000003)　　　　　　D．(25.0, 1.543999999999997)

（2）表达式 divmod(−123.456,5)的输出值为____。

　　A．(−24, 3.456000000000003)　　　　　　B．(−25, 1.543999999999997)

　　C．(−24.0, 3.456000000000003)　　　　　D．(−25.0, 1.543999999999997)

（3）表达式 sqrt(4) * sqrt(9)的值为____。

　　A．36.0　　　　　　B．1296.0　　　　　　C．13.0　　　　　　D．6.0

2．实践题

利用 Python 的内置数学函数进行下列计算。

（1）将一个任意二进制数转换为十进制数。

（2）一架无人机起飞：3min 飞到了高度 200m、水平距离 350m 的位置。计算该飞机的平均速度。

1.3 利用 math 模块进行计算

除了内置函数，Python 还将更多的计算函数以模块（module）的形式收集起来向用户提供。Python 应用广泛就是因为它具有几乎覆盖了一切应用领域的模块库，并且还在不断扩大与优化中。

本节通过最常用的 Math 模块让学习者初步体验 Python 模块的使用方法。

1.3.1 模块化程序设计与 Python 模块

模块化程序设计是现代程序设计的重要理念，其基本思想是：把一个复杂的规模较大的程序分成多层以及多个相对独立的部分进行设计编写。每个相对独立的部分称为一个模块。从设计的角度看，把一个复杂问题进行分解，可以降低程序设计的复杂性；从工程的角度看，模块是最高级的程序组织单元，它将程序代码和数据封装起来以便重用，使一个程序可以像用标准零件组装机器一样进行装配；从应用的角度看，每个模块都可以独立编写、独立编译，独立调试，降低了程序开发的复杂性，特别是可以将经过实践考验的模块直接用在当前程序中，不仅大大减少了设计的工作量，还有利于保证程序的可靠性和正确性；从形式上看，每个模块都可以是独立进行永久存储的代码组合。

现代程序设计语言都用模块（或称库）扩展自己的功能，提高应用的灵活性，形成核心很小，外围丰富的结构形态。在基本的内核之上，用户需要什么功能，就安装什么功能的模块。在这方面，Python 的表现最突出。它的核心只包含数字、字符串、列表、字典、文件等常见类型和函数。大量功能在外围以模块的形式扩展，每个模块就是一个后缀为.py 的文件，也包括用 C、C++、Java 等其他语言编写的模块，形成了三个层次的模块组织。

（1）内置模块。内置模块是核心功能的初步扩展，其中封装了多个常用的函数和数据对象。Python 的内置模块名为 builtins，它默认随内核一起安装。安装好 Python，这个模块就安装了，客户端就可以直接使用了，也就可以用 help(builtins)查阅其内容了。

（2）标准库模块。作为核心语言的扩展，Python 还设计与收集了系统管理、网络通信、文本处理、数据库接口、图形系统、XML 处理等模块组成 Python 标准库，需要时，通过导入方式获得访问权。

（3）第三方社区模块。通过"人民战争"，Python 从第三方社区获得了大量的、功能极为丰富的第三方模块，形成 Python 的扩展库。对于这些没有纳入标准库的模块，需要安装之后才能使用。第三方模块的功能无所不包，覆盖科学计算、Web 开发、数据库接口、图形系统多个领域，并且大多成熟而稳定。

Python 还允许任何一个 Pythoner 编写模块，并且把这些模块放到网上供他人使用。这无疑极大地丰富了 Python 的程序设计资源，为程序设计者提供了强大的应用程序接口（Application Programming Interface，API）。

1.3.2 导入模块或对象

模块已经成为 Python 的重要计算资源，其已经非常丰富，几乎涵盖了人类需要的各个领域。不过，使用某个模块前必须先使用关键字 import 进行导入操作，才能获得这个模块定义的工具的使用权。Import 有两种格式。

1. 导入模块

```
Import 模块名 [as 别名]
```

使用这种格式将一个模块文件整体装入，此后就可以用"模块名.对象"的属性访问形式访问模块中的某个对象了。

代码 1-5 导入 math 模块的代码。

```
>>> import math                 #导入 math 模块
>>> math.sin(math.pi)           #使用 math 中的 sin 和 pi 两个对象
1.2246467991473532e-16
```

说明：

（1）math 是一个数学计算模块，它封装了多个可用于数学计算的对象，sin 和 pi 是其中两个；sin 用于计算一个数的正弦值的函数，pi 是取值为圆周率 π 的常量。

（2）圆点"."称为分量操作符或属性操作符。这里，"math.pi"表示取模块 math 的分量（或属性）对象 pi。

（3）1.2246467991473532e-16 就是 0.00000000000000012246467991473532，或 $1.2246467991473532 \times 10^{-16}$。与前一种写法相比，它省去了许多个 0；与后一种写法相比，它不用把指数写成上标形式，适合键盘直接输入。这种记数法称为科学记数法。

（4）按理说，π 的正弦值是 0，为什么计算机给出的是一个麻烦值，而不是 0 呢？首先，计算机给出的这个值是用一个级数序列计算出来的，而这个级数序列不可能是无穷的；另一个重要原因是，计算机要表示小数时，往往是不精确的。因为许多二进制小数换算成十进制小数时，得到的是一个无穷小数值。因此，不提倡在计算机中对两个浮点数进行相等比较。

（5）#后面的内容称为注释。注释是写程序的人给看程序的人（包括以后的自己）所做的说明。在程序中添加充分的注释，可以使程序思路便于理解，是一种好的程序设计风格。注释内容只出现在源程序文件中，不被编译和解释。因此，由"#"引出的注释只能独占一行，或出现在一行程序代码之后。此外，Python 编译器或解释器还将一对三撇号（如 '''…''' 或 """…"""）及其之间的任何内容都看作注释，在编译或解释时也当作空白处理。

代码 1-6 导入 math 模块中的分量对象并为其另起一个名字。

```
>>> import math as mth          #导入 math 模块并另起名
>>> mth.sin(1.5707963)          #使用 mth 中的 sin 对象计算
0.9999999999999997
```

2. 从一个模块中导入对象

```
from 模块名 Import 对象名 [as 别名]
```

采用这种格式可以让客户端从一个模块文件中获取一个对象。

代码 1-7 导入 math 模块中的对象并为其另起一个名字。

```
>>> from math import sin as SIN      #导入 math 模块中的对象 sin 并另起名为 SIN
>>> from math import pi as Pi        #导入 math 模块中的对象 pi 并另起名为 Pi
>>> SIN(Pi/6)                        #使用别名计算
0.4999999999999994
```

3．模块 API 浏览与定义查看

一个模块提供的应用对象称为该模块的 API。导入一个模块之后，使用 Python 提供的函数 dir()和 help()，可以对该模块 API 进行浏览和查看定义。图 1.2 为 Python 标准库中提供的 math 模块 API 的浏览与定义查看情况。

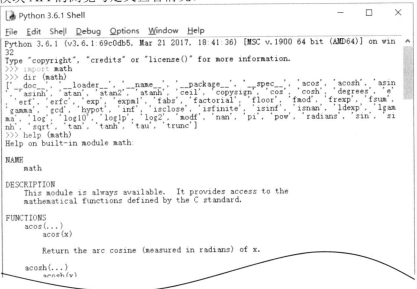

图 1.2   Python 标准库中提供的 math 模块 API 的浏览与定义查看情况

1.3.3   math 模块中的常量与函数

math 模块是标准库中的，不用安装，但须导入。从图 1.2 可以看出，math 模块提供的对象可以分为两部分：常量和常用函数。

1．math 常量对象

Python 本身不提供常量定义机制。需要的常量可以在模块中定义。下面是 math 提供的两个数学常量：

math.e = 2.718281828459045；

math.pi = 3.141592653589793。

2．math 函数对象

表 1.3 对 math 模块中的函数对象进行了简要说明。

表 1.3　Python math 模块中的函数对象

函 数 对 象	功 能 说 明	函 数 对 象	功 能 说 明
acos(x)	返回 x 的反余弦	fsum(x)	返回 x 阵列的各项和
acosh(x)	返回 x 的反双曲余弦	hypot(x,y)	返回 $\sqrt{x^2+y^2}$
asin(x)	返回 x 的反正弦	isinf(x)	如果 x=±inf，也就是±∞，则返回 True
asinh(x)	返回 x 的反双曲正弦	isnan(x)	如果 x=Non(not a number)，则返回 True
atan(x)	返回 x 的反正切	ldexp(m,n)	返回 $m×2^n$，与 frexp 是反函数
atan2(y,x)	返回 y/x 的反正切	log(x,a)	返回 $\log_a x$，若不写 a，则默认是 e
atanh(x)	返回 x 的反双曲正切	log10(x)	返回 $\log_{10}x$
ceil(x)	返回大于等于 x 的最小整数	loglp(x)	返回 $\log_e(1+x)$
copysign(x,y)	返回与 y 同号的 x 值	modf(x)	返回 x 的小数部分与整数部分
cos(x)	返回 x 的余弦	pow(x,y)	返回 x^y
cosh(x)	返回 x 的双曲余弦	radians(d)	将 x(角度)转成弧长，与 degrees 为反函数
degrees(x)	将弧长 x 转成角度，radians 的反函数	sin(x)	返回 x 的正弦
exp(x)	返回 e^x，也就是 e**x	sinh(x)	返回 x 的双曲正弦
fabs(x)	返回 x 的绝对值	sqrt(x)	返回 $\sqrt{x}$
factorial(x)	返回 x!	tan(x)	返回 x 的正切
floor(x)	返回 小于等于 x 的最大整数，x 为浮点数	tanh(x)	返回 x 的双曲正切
fmod(x,y)	返回 x 对 y 取模的值	trunc(x)	返回 x 的整数部分，等同 int
frexp(x)	ldexp 反函数，返回 $x=m×2^n$ 中的 m (float)和 n(int)		

math 函数对象的用法，除了要导入 math 或从 math 中导入一个函数外，还要注意若用 import 语句导入，每个函数要用 math.作为前缀；若用 from 语句导入，则不需要。其他用法与内置函数基本没有差别。下面重点介绍几个不容易掌握的 math 成员。

1）math.floor()、math.ceil()与 math.trunc（）

math.floor()与 math.ceil()都是返回整除值，但 math.floor()是向−∞（向下）舍入，而 math.ceil()是向+∞（向上）舍入。math.trunc（x）则是返回 x 的整数部分，不涉及舍入。

代码 1-8　math.floor()与 math.ceil()的用法比较。

```
>>> import math                    #导入模块math
>>> math.floor(7/3); math.floor(-7/3); math.floor(7/-3)
2
-3
-3
>>> math.ceil(7/3); math.ceil(-7/3); math.ceil(7/-3)
3
-2
-2
>>> math.trunc(7/3); math.trunc(-7/3); math.trunc(7/-3)
2
```

```
-2
-2
```

2）math.fmod()与%

math.fmod()与%都是进行模计算，并且都可以进行浮点数计算。但是，它们的计算结果往往不同。因为

（1）math.fmod()是取向0整除后的余数，而%是取向下整除后的余数。

（2）math.fmod()的符号与被除数的符号一致，而%计算结果的符号与除数的符号一致。

代码 1-9 math.fmod()与%的用法比较。

```
>>> import math                    #导入模块 math
>>> 7 % 3;-7 % 3;7 % -3
1
2
-2
>>> math.fmod(7,3); math.fmod(-7,3); math.fmod(7,-3)
1.0
-1.0
1.0
>>> math.fmod(7.3,3); 7.3 % 3
1.2999999999999998
1.2999999999999998
```

说明：

（1）对于%，按照向下舍入整除，正向为6，负向为-9，所以正向余1，负向余2。

（2）对于 math.fmod()，按照向0舍入整除，正向为6，负向为-6，所以正负向均余1。

3）ldexp(m,n)与 math.frexp(x)

二者互为反函数。ldexp(m,n)返回 $m \times 2^n$；math.frexp(x)返回一个二元组：尾数 m (float)和指数 n(int)。

代码 1-10 math.frexp()的用法示例。

```
>>> import  math
>>> math.ldexp(4,3)
32.0
>>> math.frexp(32)
(0.5, 6)
```

练习 1.3

1. 选择题

（1）利用 import math as mth 导入数学模块后，用法____是合法的。

A．sin(pi)   B．math.sin(math.pi)   C．mth.sin(pi)   D．mth.sin(mth.pi)

（2）导入 math 模块后，指令 math.floor(11/3); math.floor(−11/3)的执行结果为____。

A．3   B．3   C．4   D．4

    −3   −4   −3   −4

（3）导入 math 模块后，指令 math.ceil(11/3); math.ceil(−11/3)的执行结果为____。

A．3   B．3   C．4   D．4

    −3   −4   −3   −4

（4）导入 math 模块后，指令 math.trunc(11/3); math.trunc(−11/3)的执行结果为____。

A．3   B．3   C．4   D．4

    −3   −4   −3   −4

2．实践题

在交互编程模式下，计算下列各题。

（1）已知三角形的两个边长及其夹角，求第三边长。

（2）边长为 a 的正 n 边形面积的计算公式为 $S = 1/4 * n * a^2 * \cot(\pi/n)$，给出这个公式的 Python 描述，并计算给定边长、给定边数的多边形面积。

1.4 使用变量计算

变量（variable）是程序员的魔术道具。使用变量能给计算带来极大的灵活性，程序员的成长往往是从正确地使用变量起步的。但应注意，Python 变量与其他程序设计语言的变量有本质的区别。

1.4.1 数据对象、变量与赋值

Python 是一种面向对象的程序设计语言，秉承"一切皆对象"的宗旨，把构成程序的所有元素都以对象（object）的形式处理。数据就是其中最重要的一种对象，称为数据对象。前面已经使用了许多数据，它们都是数据对象。

变量就是给 Python 数据对象起一个名字，称这个变量为所指向数据对象的引用（reference）。例如，代码"a = 3"表明了如下意义。

（1）创建了一个值为 3 的数据对象。

（2）用一个名字为 a 的变量指向它。

（3）操作符"="称为赋值操作符，它的作用是用一个名字（变量）指向一个对象，或者说把一个名字绑定到一个对象上。

（4）变量主要通过赋值创建。创建一个变量就是将一个名字与一个对象绑定（关联）。引用一个没有绑定对象的名字将导致"is not defined"语法错误。

代码 1-11　math.frexp()用法示例。

```
>>> a = 3
>>> b
Traceback (most recent call last):
  File "<pyshell#1>", line 1, in <module>
```

```
    b
NameError: name 'b' is not defined
```

（5）允许用多个变量指向同一个对象。如图 1.3 所示，a 和 b 都指向同一个数据对象 3。

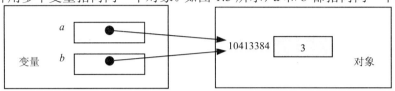

图 1.3　两个变量指向同一个数据对象

注意：在 Python 中，变量是指向数据对象的引用（reference）。

1.4.2　几种不同的赋值方式

赋值（assignment）是将变量与对象联系起来的操作，在 Python 中使用 "="表示。下面介绍它的几种用法。

1．简单赋值

简单赋值是将一个对象与一个变量相联系，格式为

> 变量 = 对象

在 Python 中，变量只有赋值过才是合法的。在一个程序中，变量在第一次被赋值时创建，以后的赋值可以改变其指向的对象。

2．多变量赋值

多变量赋值也称同时赋值，格式为

> 变量 1,变量 2,…= 对象 1,对象 2,…

这个表达式执行后，将让变量 1、变量 2……分别指向对象 1、对象 2……

3．多目标赋值

多目标赋值是一次把一个对象与多个变量相绑定，格式为

> 变量 1 = 变量 2 = … = 变量 n = 对象

赋值操作符（=）具有右结合性，即当多个赋值操作符相邻时，最右面的赋值操作符先与操作对象结合。所以，上述表达式的运算顺序为

$$变量 1 = (变量 2 = (… = (变量 n = 对象)))$$

即这个表达式执行时，首先将变量 n 指向对象，然后让变量 $n-1$ 指向变量 n 所指向的对象……最后将变量 1 指向变量 2 所指向的对象。如图 1.3 所示,这样就将变量 1、变量 2……变量 n 都指向了同一对象。

代码 1-12 赋值操作的用法示例。

```
>>> a,b,c = 3,5,7          #定义 3 个变量分别指向 3 个对象
>>> a,b,c                  #测试 a,b,c 指向的对象值
(3,5,7)
>>> d = e = a              #同时赋值
>>> d
3
>>> e
3
```

4．扩展赋值

扩展（augmented）赋值也称复合赋值或自变赋值，是赋值操作符与其他二元操作符的组合。对于可变对象来说，它是在原处修改对象；对于不可变对象来说，它将使变量从原来指向的对象移向另一个对象。

代码 1-13 扩展赋值操作的用法示例。

```
>>> a,b = 3,5              #定义两个变量分别指向两个对象
>>> a,b                    #测试 a,b 指向的对象值
(3,5)
>>> a += b                 #对 a 扩展赋值
>>> a,b                    #测试修改后的 a, b
(8,5)
```

1.4.3 Python 标识符与保留字

1．Python 标识符规则

如前所述，变量就是指向数据对象的名字。使用变量就涉及如何给变量起名字的问题。除变量之外，在程序中还会对函数函数、模块和类等起名字。这些名字统称为标识符（identifiers）。不同的程序设计语言在标识符的命名上都有一定的规则。Python 要求所有的标识符都须遵守如下规则。

（1）Python 标识符是由字母、下画线（_）和数字组成的序列，并要以字母（包括中文字）或下画线开头，不能以数字开头，中间不能含有空白格。例如，a345、abc、_ab、ab_、a_6、aa_b_ 等都是合法的标识符，而 3a、3+a、$10、a**b.、2&3 等都是不合法的标识符。

（2）Python 标识符中的字母是区分大小写的，如 a 与 A 被认为是不同的标识符。

（3）表 1.4 中的字称为关键字，是 Python 保留的，不可用来作标识符。使用它们将会覆盖 Python 内置的功能，可能导致无法预知的错误。

表 1.4　Python 关键字

and	as	assert	break	class	continue	def
del	elif	else	except	exec	False	finally
for	from	global	if	import	in	is
lambda	nonlocal	not	or	pass	raise	return
True	try	while	with	yield	None	

此外，Python 内置了许多类、异常、函数，如 bool、float、str、list、pow、print、input、range、dir、help 等。这些虽不在 Python 明文保留之列，但使用它们作为标识符会引起混乱，所以应避免使用它们作为标识符，特别是 print 以前曾经被作为关键字。

（4）Python 标识符没有长度限制。

注意，好的标识符应当遵循"见名知意"的原则，不要简单地把变量定义成 a1、a2、b1、b2……以免造成记忆上的混淆。此外，要避免使用单独一个大写 I（i 的大写）、大写 O（o 的大写）和小写 l（L 的小写）等容易误认的字符作为变量名或用其与数字组合作为变量名。

2．以下画线开头的标识符是有特殊意义的

（1）以单下画线开头（_foo）的代表不能直接访问的类属性，须通过类提供的接口进行访问，不能用"from xxx import *"导入。

（2）以双下画线开头的（_ _foo）代表类的私有成员。

（3）以双下画线开头和结尾的（_ _foo_ _）代表 Python 里特殊方法专用的标识，称为魔法方法。在不清楚自己做了什么的时候不应该随便定义魔法方法。

这里提到类（class）。类将在第 4 章介绍。

1.4.4　input()函数

input()是 Python 提供的一个内置输入函数，它能接收用户从键盘上的输入，保存到一个变量制定的对象中。简单地说，它可以通过键盘输入的形式创建对象。为了能让用户清楚要输入的内容，它还支持一个提示。其格式为

> 变量 = input（'提示'）

代码 1-14　从键盘上输入圆半径，计算圆面积。

```
>>> from math import pi
>>> radius = float( input('请输入一个圆半径：'))
请输入一个圆半径：2.
>>> area = pi * pow(radius,2)
>>> print("圆面积为: " + '%5.3f'%area)        # "+"的作用是将两个字符串连接起来
圆面积为: 12.566
```

说明：用 input()从键盘上输入的是字符，不能进行算术计算求圆面积。求圆面积需要的是一个带小数点的数值。为此，对于从键盘输入的字符，要转换成带小数的数值数据。float()函数可以实现这一转换。有关内容将在第 2 章介绍。

使用 Input()可以在程序运行中创建数据对象，为程序提供了一种灵活的手段。

练习 1.4

1．选择题

（1）执行代码

　　　a ,b = 3,5; b,a = b,a

　　　后，＿＿＿＿＿。

　　A．a 指向对象 5，b 指向对象 3　　　　　　B．a 和 b 都指向对象 3

　　C．a 和 b 都指向对象 5　　　　　　　　　D．出现语法错误

（2）执行代码

　　　a,b = 3,5; a = a + b; b = a − b; a = a − b

　　　后，＿＿＿＿＿。

　　A．a 指向对象 5，b 指向对象 3　　　　　　B．a 指向对象 10，b 指向对象–2

　　C．a 和 b 都指向对象–2　　　　　　　　　D．a 指向对象 3，b 指向对象 5

（3）执行代码

　　　a,b = 3,5; a,b,a = a + b, a − b, a − b

　　　后，＿＿＿＿＿。

　　A．a 指向对象 5，b 指向对象 3　　　　　　B．a 和 b 都指向对象–2

　　C．出现错误　　　　　　　　　　　　　　D．a 指向对象 3，b 指向对象 5

（4）执行代码

　　　a,b = 3,5;a,b = a + b,a − b; a = a − b

　　　后，＿＿＿＿＿。

　　A．a 指向对象 5，b 指向对象 3　　　　　　B．a 指向对象 10，b 指向对象–2

　　C．a 和 b 都指向对象–2　　　　　　　　　D．a 指向对象 3，b 指向对象 5

（5）下列 4 组符号中，都是合法标识符的一组是＿＿＿＿＿。

　　A．name, class, number1,,copy　　　　　　B．sin,cos2,And,_or

　　C．2yer, day, Day, xy　　　　　　　　　　D．x%y,a(b),abcdef, λ

（6）下列 Python 语句中，非法的是＿＿＿＿＿。

　　A．x = y = z = 1　　　　B．x = (y = z + 1)　　　C．x, y = y, x　　　　D．x += y

（7）＿＿＿＿＿不是 Python 合法的标识符。

　　A．int32　　　　　　B．40XL　　　　　　C．self　　　　　　D．__name__

2．判断题

（1）Python 数据可以分为常量和变量两种形式。　　　　　　　　　　　　　（　　　）

（2）在 Python 中，变量是引用在内存中的值的名字。　　　　　　　　　　　（　　　）

（3）在 Python 中，变量是程序中最常使用，能表示值的一个名称。　　　　　（　　　）

（4）在 Python 中，利用赋值操作可以把一个变量的值赋给另一个变量。　　　（　　　）

（5）一个表达式表示一个涵盖到值、变量和运算符结合到一起并求值的计算。　（　　　）

（6）Python 允许先定义一个无指向的变量，然后在需要时让其指向某个数据对象。　　　　（　　）

3．简答题

（1）下面哪些是 Python 合法的标识符？如果不是，请说明理由。在合法的标识符中，哪些是关键字？

```
int32          40XL           $aving$        printf         print
_print         this           self           __name__       0x40L
bool           true           big-daddy      2hot2touch     type
thisIsn'tAVar  thisIsAVar     R_U_Ready      Int            True
if             do             counter-1      access         _
```

（2）执行赋值语句 x, y, z = 1, 2, 3 后，变量 x、y、z 分别指向什么？

（3）在上述操作后，再执行 z, x, y = y, z, x，则 x、y、z 分别指向什么值？

（4）"一个对象可以用多个变量指向"和"一个变量可以指向多个对象"这两句话正确吗？说明理由。

1.5 选择型计算

计算机程序作为一种用于扩展和延伸人大脑功能的工具，在一定程度上复制了人的智力。

选择实际上就是分类处理。Python 提供了如下 3 种选择结构。

（1）取舍结构，就是只有一种选择，要么选，要么不选，即符合某一条件就进行特定处理，不符合就统一处理。

（2）二选一结构，即一个条件，在两种可能处理中选一种。

（3）*n* 选一结构，即 *n* 个条件，在 *n*–1 种可能处理中选一种。

显然，取舍结构就是二选一的蜕化，多选一就是二选一的嵌套或组合。所以，介绍选择结构要从二选一结构说起，它用 if-else 结构实现。

1.5.1 if-else 型选择的基本结构

If-else 是实现二选一结构的代码形式，其基本语法如下。

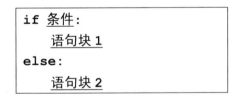

```
if 条件:
    语句块1
else:
    语句块2
```

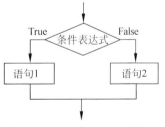

如图 1.4 所示，这个结构的功能是若条件为 True 或其他等价值时，执行语句块 1，否则执行语句块 2。

图 1.4 二选一的 if-else 结构流

代码 1-15 初认识的哥儿。

```
>>> myAge = 20
>>> yourAge = int(input('请问您多大？'))        #用 int()将输入的字符串对象转换为整数
```

```
请问您多大? 21
>>> if myAge < yourAge:
    print ('那，您是老兄了。')
else:
    print ('那，您是小弟了。')

那，您是老兄了。
```

说明：

（1）代码 1-15 中选择结构使用的条件是表达式 myAge < yourAge。这里用操作符 "<" 描述了两个数小于关系的命题。表 1.5 为 Python 内置的关系操作符。

表 1.5   Python 内置的关系操作符

操 作 符	功 能	示 例
<、<=、>=、>	大小比较	a < b、a <= b、a >= b、a > b
==、!=	相等性比较	a == b、a != b

使用关系操作符的表达式称为关系表达式或比较表达式，是构成条件表达式的主要形式。

（2）在控制结构中，每一个冒号（:）都引出一个下层子结构。

（3）从语法的角度，一个 if-else 结构是一个语句；其两个分支各是一个子结构。子结构可以是一条语句，也可以是多条语句，还可以用 pass 表示无语句。

（4）Python 要求以缩进格式表示一个结构的子结构，并且每级子结构的缩进量要一致。这已经成为它的语法要求。通常，与语法相关的每一层都应统一缩进 4 个空格（space）。

（5）如前所述，input()执行时，会要求用户从键盘输入的是一个字符串对象。而在本例中，变量 myAge 应当指向一个表示年龄的整数，所以需要将这串字符转换为整数。转换用内置的函数 int()进行。

1.5.2　选择表达式

if-else 选择结构有两个子语句块。但是，在许多情况下，每个分支并不需要一个或多个语句，有一个表达式就可以解决问题。这时，Python 就允许将一个 if-else 结构收缩为一个表达式，称为选择表达式。其句法结构为

表达式 1 **if** 条件 **else** 表达式 2

这里，if 和 else 称为必须一起使用的条件操作符。它的运行机理为：执行表达式 1，除非命题为假（False）才执行表达式 2。

代码 1-16　用选择表达式计算一个数的绝对值。

```
>>> x = float(input('输入一个数：'))
请输入一个数：-5
>>> print(-x) if x < 0 else print(x)
5
```

1.5.3 if-else 蜕化结构

Python 允许 if-else 结构中省略 else 子结构，蜕化（degenerate）为取舍选择结构，也称缺腿 if-else 结构，或简称为 if 结构。如图 1.5 所示，这时只有一个可选项，选择的意思是：选或不选。

代码 1-17 计算一个数的绝对值。

```
>>> x = int(input('请输入一个数：'))
请输入一个数：-5
>>> if x < 0:
    x = -x
>>> print(x)
5
```

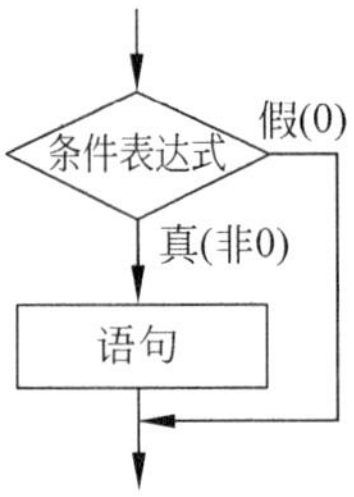

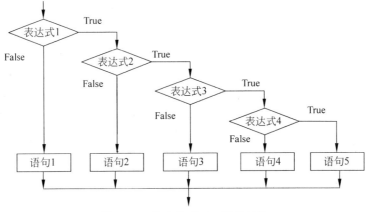

图 1.5 取舍型 if 结构流程

1.5.4 if-else 嵌套

当一个 if-else 语句的子结构中又含有 if-else 语句时，便组成了嵌套型 if-else 选择结构。这种结构视在哪个分支嵌套，用法有所不同。If 分支的 if-else 嵌套结构如图 1.6 所示，else 分支的 if-else 嵌套结构如图 1.7 所示，这两种结构往往是可以转换和组合的。

图 1.6 if 分支的 if-else 嵌套结构

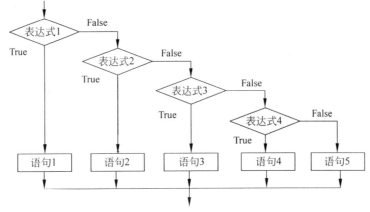

图 1.7 else 分支的 if-else 嵌套结构

例 1.1　总部设于瑞士日内瓦的联合国世界卫生组织，经过对全球人体素质和平均寿命进行测定，对年龄划分标准做出了新的规定，将人的一生分为表 1.6 所示的 5 个年龄段。

表 1.6　世界卫生组织提出的 5 个人生年龄段

年　龄	0～17	18～65	66～79	80～99	100
年龄段	未成年人	青年人	中年人	老年人	长寿老人
英语称呼	Minors	Youth	Middle aged person	Aged	Longevity elderly

代码 1-18　用 if 分支的 if-else 嵌套结构设计的程序代码如下。

```
>>> age = int(input('请输入您的年龄'))
请输入您的年龄63
>>> if age >= 18:                              #先按 18 把人分成两大类
       if age >= 66:                           #再从>=18 的人中按 66 分为两大类
          if age >= 80:                        #再从>= 66 的人中按 80 分为两大类
             if age >= 100:                    #再从>= 80 的人中按 100 分为两大类
                print('您是长寿老人。')          #>=100 者为长寿老人
             else:
                print('您是老年人。')            #>=80 而不满 100 者为老年人
          else:
             print('您是中年人。')               #>=66 而不满 80 者为中年人
       else:
          print('您是青年人。')                  #>=18 而不满 66 者为青年人
else:
    print('您是未成年人。')                      #不满 18 者为未成年人
您是青年人。
```

代码 1-19　用 else 分支的 if-else 嵌套结构设计的程序代码如下。

```
>>> age = int(input('请输入您的年龄'))
请输入您的年龄77
>>> if age < 18:                               #先看是否<18,小者为未成年人
       print('您是未成年人。')
else:
    if age < 66:                               #再看是否<66,小者为青年人
        print('您是青年人。')
    else:
        if age < 80:                           #再看是否<80,小者为中年人
            print('您是中年人。')
        else:
            if age < 100:                      #再看是否<100,小者为老年人
                print('您是老年人。')
            else:                              #不小于 100 者为长寿老人
                print('您是长寿老人。')
您是中年人。
```

有时根据具体问题也会有两种嵌套结合使用的情况。

1.5.5　if-elif 选择结构

if-elif 选择结构是 else 分支 if-else 嵌套的改进写法，就是将相邻的 else 与 if 合并为一个 elif。

代码 1-20　采用 if-elif 结构的例 1.1 的代码如下。

```
>>> age = int(input('请输入您的年龄'))
请输入您的年龄 99
>>> if age < 18:                         #先看是否<18,小者为未成年人
        print('您是未成年人。')
elif age < 66:                           #再看是否<66, 小者为青年人
        print('您是青年人。')
elif age < 80:                           #再看是否<80, 小者为中年人
        print('您是中年人。')
elif age < 100:                          #再看是否<100, 小者为老年人
        print('您是老年人。')
else:                                    #不小于 100 者为长寿老人
        print('您是长寿老人。')
您是老年人。
```

这样就把嵌套结构变成并列结构了。

练习 1.5

1．选择题

从下列各题的备选答案中选择符合题意的答案。

（1）下列语句中，符合 Python 语法的有＿＿＿。

　　A.
```
if x
    statement1
else:
    statement2
```

　　B.
```
if x:
    statement1;
else:
    statement2;
```

　　C.
```
if x:
    statement1
else:
    statement2
```

　　D.
```
if x
    statement1
else
    statement2
```

（2）表达式 x = 't' if 'd' else 'f' 的执行结果是＿＿＿。

　　A. True　　　　　　　B. False　　　　　　　C. 't'　　　　　　　D. 'f'

（3）表达式 not a + b > c 等价于＿＿＿。

　　A. not ((a + b) > c)　　　　　　　　　B. ((not a) + b) > c

　　C. not (a + b) > c　　　　　　　　　　D. not (a + b) > not c

（4）表达式 a < b == c 等价于＿＿＿。

　　A. a < b and a == c　　B. a < b and b == c　　C. a < b or a == c　　D. (a < b) == c

2．程序设计题

（1）中国古代关于人类年龄阶段的划分。

据秦汉的《礼记·礼上第一》记载："人生十年曰幼，学。二十曰弱，冠。三十曰壮，有室。四十曰强，而仕。五十曰艾，服官政。六十曰耆，指使。七十曰老，而传。八十、九十曰耄、百年曰期，颐。"

大意是说，男子十岁称幼，开始入学读书。二十岁称弱，举冠礼后，就是成年了。三十岁称壮，可以娶妻生子，成家立业了。四十岁称强，即可踏入社会工作了。五十岁称艾，能入仕做官。六十岁称耆，可发号施令，指挥别人。七十岁称老，此时年岁已高，应把经验传给世人，将家业交付子孙管理了。八十岁、九十岁称耄。百岁称期，到了这个年龄，就该有人侍奉，颐养天年了。

请编写一个 Python 程序，当输入一个年龄后，能分别按中国古代年龄段划分和按联合国最新年龄段划分，给出这个年龄的年龄段名称。

（2）编写一个求解一元二次方程的 Python 程序，要求能给出关于一元二次方程解的各种不同情况。

（3）一个年份如果能被 400 整除，或能被 4 整除但不能被 100 整除，则这个年份就是闰年。设计一个 Python 程序，判断一个年份是否为闰年。

（4）为了评价一个人是否肥胖，1835 年比利时统计学家和数学家凯特勒（Lambert Adolphe Jacques Quetelet，1796—1874）提出一种简便的判定指标 BMI（Body Mass Index，身体质量指数）。它的定义如下。

BMI = 体重（kg）÷身高 ^{2}（m^2）

例如：70kg÷（1.75×1.75）=22.86

按照这个计算方法，世界卫生组织（The World Health Organization，WHO）1997 年公布了一个判断人肥胖程度的 BMI 标准。但是，不同的种族情况有些不同。因此，2000 年国际肥胖特别工作组又提出一个亚洲人的 BMI 标准，后来又公布了一个中国参考标准。这些标准见表 1.7。

表 1.7　BMI 的 WHO 标准、亚洲标准和中国参考标准

BMI 分类	WHO 标准	亚洲标准	中国参考标准	相关疾病发病的危险性
偏瘦	<18.5	<18.5	<18.5	低（但其他疾病危险性增加）
正常	18.5～24.9	18.5～22.9	18.5～23.9	平均水平
超重	≥25	≥23	≥24	
偏胖	25.0～29.9	23～24.9	24～26.9	增加
肥胖	30.0～34.9	25～29.9	27～29.9	中度增加
重度肥胖	35.0～39.9	≥30	≥30	严重增加
极重度肥胖	≥40.0			非常严重增加

即使这样，还有些人不适用这个标准，例如：

- 未满 18 岁者。
- 运动员。
- 正在做负重训练的人。
- 怀孕或哺乳中的人。
- 虚弱或久坐不动的老人。

请根据上述资料设计一个身体肥胖程度快速测试器程序。

1.6　重复型计算

与人工计算相比，计算机最大的优势在于其不知烦琐，可以高速计算。因此，若能把一个计算过程描述成部分代码的重复（repetition）执行，就可以充分发挥计算机的优势。

重复结构也称循环（loop）结构，就是控制一段代码反复执行多次。这段被控制多次执行的代码称为循环体。Python 提供了两种循环控制结构：while 循环结构和 for 循环结构。尽管它们都可以控制多个语句重复执行，但这两种结构从外部看在语法上都相当于一个语句。

1.6.1 while 语句

1．while 循环句法

while 循环句法如下。

```
while 条件：
    语句块（循环体）
```

说明：

（1）当程序流程到达 while 结构时，while 就以某个命题作为循环条件（loop continuation condition），此条件为 True，就进入该循环；为 False，就结束该循环。

（2）流程进入该循环后，将顺序执行循环体中的语句。

（3）每执行完一次循环体，就会返回到循环体前，再对"条件"进行一次测试，为 True 就再次进入该循环，为 False 就结束该循环。

（4）循环应当在执行有限次后结束。为此，在循环体内应当有改变"条件"值的操作。同时，为了能在最初进入循环，在 while 语句前也应当有对"条件"进行初始化的操作。

代码 1-21　用 while 结构打印 2 的乘幂序列。

```
>>> n = int(input('请输入序列项数：'))
请输入序列项数：5
>>> power = 1
>>> i = 0                              #初始化计数器
>>> while i <= n  :                    #循环次数不大于 n
    print('2 ^',i,'=',power)
    power *= 2
    i += 1
2 ^ 0 = 1
2 ^ 1 = 2
2 ^ 2 = 4
2 ^ 3 = 8
2 ^ 4 = 16
2 ^ 5 = 32
```

说明：为什么 power 指向的初值为对象 1，而 i 指向的对象初值为 0？因为 power 指向的对象要进行乘操作，而 i 指向的对象要进行加操作。

2．由用户输入控制循环

在游戏类程序中，当用户玩了一局后，是否还要继续不能由程序控制，要由用户决定。这种循环结构的循环继续条件是基于用户输入的。

代码 1-22 由用户输入控制循环示例。

```
#其他语句
#…
isContinue = 'Y'
while isContinue == 'Y' or isContinue == 'y':
    #主功能语句，如游戏相关语句
    …
    #主功能语句结束
    isContinue = input('Enter Y or y to continue and N or n to guit:')
```

注意：人们最容易犯的错误是将循环条件中的==写成=。

3．用哨兵值控制循环

哨兵值（sentinel value）是一系列值中的一个特殊值。用哨兵值控制循环就是每循环一次，都要检测一下这个哨兵值是否出现。一旦出现，就退出循环。

代码 1-23 用哨兵值控制循环——分析考试情况：记下最高分、最低分和平均成绩。

```
>>> total = highest = 0                              #总分数、最高分数初始化
>>> minimum = 100                                    #最低分数初始化
>>> count = 0                                        #成绩数初始化
>>> score = int(input('输入一个分数：'))
输入一个分数：83
>>> while(score != -1) :                             #哨兵值作为循环继续条件
    count += 1                                       #分分数
    total += score                                   #总分数加一个分数
    highest = score if score > highest else highest
    minimum = score if score < minimum else minimum
    score = int(input('输入下一个分数：'))
输入下一个分数：65
输入下一个分数：79
输入下一个分数：55
输入下一个分数：95
输入下一个分数：87
输入下一个分数：80
输入下一个分数：77
输入下一个分数：-1
>>> print('最高分 = ', highest,',最低分 =', minimum, ',平均分 =', total / count))
最高分 = 95, 最低分 = 55,平均分 = 77.625
```

1.6.2　for 语句

for 循环是 Python 提供的功能最强大的循环结构。其最基本的句法结构如下。

> **for 循环变量 in range(初值，终值，递增值)：**
>   **语句块（循环体）**

说明：

（1）在 Python 3.0 中，range() 的作用是每次依次返回一个整数序列中的一个值。这个

整数序列由 range 的初值、终值和递增值 3 个参数决定：从初值开始到终值前以递增值递增。递增值省略时，默认其为 1；初值省略时，默认其为 0。并且递增值省略，才可省略初值。表 1.8 为 range()用法实例。

表 1.8　range()用法实例

range()生成器设置	对应的整数序列	说　明
range(2,10,2)	[2, 4, 6, 8]	序列不包括终值
range(2,10)	[2, 3, 4, 5, 6, 7, 8, 9]	省略递增值，默认按 1 递增
range(0,10,3)	[0, 3, 6, 9]	有递增值，初值不可省略
range(10)	[0, 1, 2, 3, 4, 5, 6, 7, 8, 9]	递增值省略，才可省略初值，默认初值为 0
range(−4,4)	[−4, −3, −2, −1, 0, 1, 2, 3]	初值可以为负数
range(4,−4,−1)	[4, 3, 2, 1, 0, −1, −2, −3]	终值小于初值，递增值应为负数

（2）for 结构相当于如下 while 结构。

当程序流程到达 for 结构时，for 就把 range 中给出的循环变量初值赋值给循环变量。所以，采用这种结构不需要另外一个单独的初始化表达式。这也说明了，for 循环不需要先测试再进入。

流程进入该循环后，将顺序执行循环体的语句。每执行完一次循环体，就会在 range()产生的序列中取下一个值作为循环变量的值，直到取完序列中的最后一个值。当递增值为 1 时，循环变量就是一个控制循环次数的计数器。所以，for 循环也称计数式循环。

代码 1-24　测试 for 执行的循环变量值。

```
>>> for i in range(1,10):
    print(i,end = '\t')

1    2    3    4    5    6    7    8    9
```

说明：

（1）输出的最后一个数是 10 −1，即 9。

（2）在 Python 中,一个 print()函数除有一个输出数据作参数外，还可以用一个 end 参数指定一个最后的操作。在上述代码中，end 指向的是 '\t'，表示一个制表符，表示下一个数字要与前一个数字相隔一个制表距离。若 end 参数项省略，则默认一个换行操作。

代码 1-25　用 for 循环打印 2 的乘幂序列。

```
>>> n = int(input('请输入序列项数：'))
请输入序列项数：5
>>> power = 1
>>> for i in range( n + 1 ):            #循环变量依次取[1,n]中的各整数
    print('2 ^',i,'=',power)
    power *= 2                          #指数加 1

2 ^ 0 = 1
2 ^ 1 = 2
2 ^ 2 = 4
```

```
2 ^ 3 = 8
2 ^ 4 = 16
2 ^ 5 = 32
```

执行结果与代码 1-21 相同。

（3）实际上，for 不一定依靠 range()。它可以借助任何一个序列（如字符串）实现迭代。

代码 1-26 用字符串实现 for 循环迭代过程。

```
>>> x = 'I\'mplayingPython.'
>>> for i in x:
    print(i,end = '')

I'mplayingPython.
```

说明：这个 print()函数先打印一个字符，然后打印一个 end 指向的字符串。这里，end 指向的是两个紧挨在一起的单撇号，即不指向任何字符串。因此，下一个字符要紧靠前一个字符打印，直到打印完变量 x 指向的完整字符串。

1.6.3 循环嵌套

一个循环结构中还包含循环结构就是循环嵌套。

1．for 举例

例 1.2 用 for 结构打印一张如图 1.8 所示的矩形九九乘法口诀表。

问题分析：打印矩形九九乘法口诀表的过程，按照该表的结构可以分为如下 3 部分。

S1：打印表头；

S2：打印隔线；

S3：打印表体。

S1：打印表头。表头有 9 个数字 1，2，…，9，可以看成打印一个变量 i 的值，其初值为 1，每次加 1，直到 9 为止。这使用 for 结构最合适。设每个数字区占 4 个字符空间，则很容易写出 S1：

图 1.8　矩形九九乘法口诀表

```
for i in range(1,10):
    print('%4d'%i,end = '')        #输出 1 个数，占 4 个字符空间，不换行
print ()                           #输出一个换行
```

说明：这段代码中使用了两个 print()。第一个 print()有两个参数：数据参数和结尾参数。关于结尾参数，前面已经介绍：为了在一行中连续紧靠打印几个数据，应当使 end 指向一个空字符串。这里重点说明数据参数。它由两部分组成：以%引导的格式字符串和以%引导的数据对象。在这个格式字符串中，d 表示后面要输出的数据对象是一个整数，4 表示这个整数数据输出时占用 4 个字符空间，并且默认是右对齐。

由于打印 9 个数字时不换行,所以打印完最后一个数字需要增加一个打印换行的操作,否则后面要打印的数据会接着 9 打在同一行中。这个操作由第 2 个 print() 执行。

S2:打印隔线。考虑隔线的总宽度与表头同宽,只打印 4×9 个短线即可。

```
print('-' * 36)
```

S3:打印表体。这个表体中的每个位置上的数字都是两个数的积。设这个积为 i * j,i 随行变,j 随行中的列变。为此采用一个嵌套循环结构:j 在内层,既作为行内列的控制变量,又作为每个位置上的一个乘数;i 在外层,既作为行的控制变量,又作为每行的一个乘数。它们的循环都在[1,9]进行。代码如下。

```
for i in range(1,10):
    for j in range(1,10):
        print('%4d'% (i * j),end = '')      #输出 1 个数,占 4 个字符空间,不换行
    print ()                                 #输出一个换行
```

上述 3 部分组合,就得到了完整的打印图 1.8 所示矩形九九乘法口诀表的程序。

代码 1-27 打印矩形九九乘法口诀表的程序代码。

```
for i in range(1,10):
    print('%4d'%i,end = '')                  #输出 1 个数,占 4 个字符空间,不换行

   1   2   3   4   5   6   7   8   9
print()                                      #输出一个换行

print('-' * 36)
------------------------------------
for i in range(1,10):
    for j in range(1,10):
        print('%4d'%(i * j),end = '')        #输出 1 个数,占 4 个字符空间,不换行
    print()                                  #输出一个换行
   1   2   3   4   5   6   7   8   9
   2   4   6   8  10  12  14  16  18
   3   6   9  12  15  18  21  24  27
   4   8  12  16  20  24  28  32  36
   5  10  15  20  25  30  35  40  45
   6  12  18  24  30  36  42  48  54
   7  14  21  28  35  42  49  56  63
   8  16  24  32  40  48  56  64  72
```

2. while 循环嵌套

代码 1-28 用 while 结构打印一张如图 1.9 所示的左下直角三角形九九乘法表。

```
i = 1
while i <= 9:
    print('%4d'%i,end = '')
    i += 1
```

图 1.9 左下直角三角形九九乘法表

```
   1  2  3  4  5  6  7  8  9
>>> print()

>>> print('-' * 36)
------------------------------------
>>> k = 1
>>> while k <= 9:
    j = 1
    while j <= k:
        print ('%4d'%(k * j),end = '')
        j += 1
    print()
    k += 1


  1
  2   4
  3   6   9
  4   8  12  16
  5  10  15  20  25
  6  12  18  24  30  36
  7  14  21  28  35  42  49
  8  16  24  32  40  48  56  64
  9  18  27  36  45  54  63  72  81
```

1.6.4 在 IDLE 中执行功能完整的代码段

一般来说，在 IDLE 中可以一条一条地执行指令，并立即给出结果。这样，对于尝试语言机制很有好处，但也带来许多不便。例如，代码 1-27 和代码 1-28 由于语句一条一条地执行，给人一种支离破碎的感觉，不能把完整的输出一次性地展示出来。

本节介绍一种在 IDLE 中执行功能完整代码段的方法。读者现在只照这种格式套就行。

代码 1-29 可以在 IDLE 中一次性执行的打印九九乘法口诀表（由代码 1-28 改写）的代码。

```
>>> if _ _name_ _ == "_ _main_ _":
    i = 1
    while i <= 9:
        print('%4d'%i,end = '')
        i += 1
    print()

    print('-' * 36)

    k = 1
    while k <= 9:
        j = 1
        while j <= k:
            print ('%4d'%(k * j),end = '')
            j += 1
        print()
```

```
        k += 1

1  2  3  4  5  6  7  8  9
---------------------------------
1
2  4
3  6  9
4  8  12 16
5  10 15 20 25
6  12 18 24 30 36
7  14 21 28 35 42 49
8  16 24 32 40 48 56 64
9  18 27 36 45 54 63 72 81
```

说明：_ _name_ _为一个 Python 模块的内置属性。当这个属性等于"_ _main_ _"时，就表明这个模块为当前主模块，可以直接执行，否则将作为模块被别的模块调用。

1.6.5 循环中断语句与短路控制

循环中断与短路的概念如图 1.10 所示。

（1）循环中断语句 break：循环在某一轮执行到某一语句时已经有了结果，不需要再继续循环，就用这个语句跳出（中断）循环，跳出本层循环结构。

（2）循环短路语句 continue：某一轮循环还没有执行完，已经有了这一轮的结果，后面的语句不必要执行，需要进入下一轮时，就用这个语句短路该层后面还没有执行的语句，直接跳到循环起始处，进入下一轮循环。

注意：在循环嵌套结构中，它们只对本层循环有效。

例 1.3 测试一个数是否为素数。

分析：素数（prime number）又称质数。在大于 1 的自然数中，除了 1 和它本身以外不再有其他因数的数称为素数。按照这个定义判断一个自然数 n 是否为素数：用从 2 到 $n-1$ 依次去除这个 n，一旦发现此间有一个数可以整除 n，就可以判定 n 不是素数；若到 $n-1$ 都不能整除 n，则 n 就是素数。

代码 1-30 用 range(2,n–1)设置循环范围，判定一个自然数是否为素数。

图 1.10 循环中断与短路的概念

```
>>> if _ _name_ _ == '_ _main_ _':
        flag = 1
        n = int(input('输入一个自然数: '))
        for i in range(2, n - 1):
            if n % i == 0:
                flag = 0
                break
            else:
                continue
        if flag == 0:
```

```
            print('%d 不是素数。'%(n))
    else:
            print('%d 是素数。'%(n))
输入一个自然数: 5
5 是素数。
```

练习 1.6

1. 代码分析题

（1）执行下面的代码后，m 和 n 分别指向什么？

```
n = 123456789
m = 0
while n != 0:
    m = (10 * m) + (n % 10)
    n /= 10
```

（2）给出下面代码段执行后的输出。

```
>>> k = 100
>>> while k>1:
print (k)
k /= 2
```

（3）下列各段代码执行后，指向的数据对象值分别是多少？

A.
```
j = 0
for i in range(j,10)
    j += i
```

B.
```
j = 0
for i in range(10):
    j += i
```

C.
```
for j in range(0,10)
    j += j
```

D.
```
for j in range(10):
    j += j
```

（4）阅读下列代码段，指出与数列和 $1/1^2 + 1/2^2 + \cdots + 1/n^2$ 一致的是哪一项？设 n 指向正整数 $1\,000\,000$，total 最初指向 0.0。

A.
```
for i in range(1, n + 1):
    total += 1 / (i * i)
```

B.
```
for i in range(1, n + 1):
    total += 1.0 / i * i
```

C.
```
for i in range(1, n + 1):
    total += 1.0 / (i * i)
```

D.
```
for i in range(1, n + 1):
    total += 1 .0/ (1.0 * i * i)
```

E.
```
for i in range(1, n):
    total += 1.0 / (i * i)
```

F.
```
for i in range(1, n):
    total += 1.0 / (1.0*i * i)
```

（5）给出下面代码的输出结果。

```
for i in range(5,0,1):
    print(i)
```

2．程序设计题

（1）打印 500 之内所有能被 7 或 9 整除的数。

（2）找完全数。古希腊人将因子之和（自身除外）等于自身的自然数称为完全数。设计一个 Python 程序，输出给定范围中的所有完全数。

（3）用一行代码计算 1～100 之和。

1.7　穷举与迭代

程序是计算之魂，而程序之魂是人们为求解问题整理出的计算思路。这些思路被称为算法（algorithm）。一般来说，求解不同类型的问题有不同的算法，但是许多问题总有相似之处。为此，人们开发并正在开发针对不同类型的问题的算法。

另一方面，从计算机求解的角度，也有许多相同的计算环节可以组成不同算法的基本元素。这是程序设计研究和学习的重要内容。本节要介绍的穷举和迭代就是应用极为频繁的两个重要的算法元素。

1.7.1　穷举

在许多情况下，问题的初始条件是可能含有解的集合。在这种情况下，问题的求解过程就是从这个可能含有解的集合中搜索（search）问题的解。穷举（枚举）法（exhaustive attack method）又称蛮力法（brute-force method），就是根据问题中的部分约束条件对解空间逐一搜索、验证，以按照需要得到问题的一个解、一组解，或得到在这个集合中解不存在的结论。

穷举一般采用重复结构，并且由如下三要素组成。

（1）穷举范围。

（2）判定条件。

（3）穷举结束条件。

穷举算法是所有搜索算法中最简单、最直接的一种算法。但是，其时间效率比较低。有相当多的问题需要运行较长的时间。为了提高效率，使用穷举算法时，应当充分利用各种有关知识和条件，尽可能地缩小搜索空间。前面讨论过的判定一个数是否为素数，须不断用从 2 开始的数去一一相除，这就是一个穷举过程；在一个自然数区间内，逐一对每个数判定是否为素数，从而打印出该区间的所有素数的过程也是一个穷举过程。下面介绍一个典型的穷举问题。

例 1.4　百钱买百鸡。我国古代数学家张丘建在《算经》一书中提出的数学问题：鸡翁一值钱五，鸡母一值钱三，鸡雏三值钱一。百钱买百鸡，问鸡翁、鸡母、鸡雏各几只？

1. 算法说明

设鸡翁、鸡母、鸡雏的数量分别为 cocks、hens、chicks，则可得如下模型。

$5 \times cocks + 3 \times hens + chicks / 3.0 = 100$

$cocks + hens + chicks = 100$

这是一个不定方程——未知数个数多于方程数，因此求解还须增加其他约束条件。下面考虑如何寻找另外的约束条件。

按常识，cocks、hens、chicks 都应为正整数，且它们的取值范围分别应为

　　　　cocks：0～20 (假如 100 元全买 cocks，最多 20 只)

　　　　hens：0～33(假如 100 元全买 hens，最多 33 只)

　　　　chicks：0～100(假如 100 元全买 chicks，最多 100 只)

以此作为约束条件，就可以在有限范围内找出满足上述两个方程的 cocks、hens、chicks 的组合。一个自然的想法是：依次对 cocks、hens、chicks 取值范围内的各数进行试探，找满足前面两个方程的组合。

本题的穷举过程如下。

首先从 0 开始，列举 cocks 的各个可能值，在每个 cocks 值下找满足两个方程的一组解，算法如下。

```
for cocks in range(0,20) :
    S1：找满足两个方程的解的 hens, chicks
    S2：输出一组解
```

下面进一步用穷举法表现 S1：

```
for hens in range(0,33):
    S1.1 找满足方程的一个 chicks
    S1.2 输出一组解
```

由于列举的每个 cocks 与每个 hens 都可以按下式

chicks = 100 − cocks − hens

求出一个 chicks。

因此，只要该 chicks 满足另一个方程

$5 \times cocks + 3 \times hens + chicks / 3.0 = 100$

便可以得到一组满足题意的 cocks、hens、chicks，故 S1.1 与 S1.2 可以进一步表现为

```
chicks = 100 - cocks - hens;
if 5 * cocks + 3 * hens + chicks / 3 == 100:
        print(cocks,hens,chicks,sep = '\t')
```

2. 参考代码

经过剥葱头似的几步求精过程，再加入类型声明语句并调整输出格式，便可得到一个 Python 程序。

代码 **1-31** 百钱买百鸡程序。

```
>>> if __name__ == '__main__':
    print('鸡翁数','鸡母数','鸡雏数',sep ='\t')
    for cocks in range(0,20):
        for hens in range(0,33):
            chicks = 100 - cocks - hens
            if 5 * cocks + 3 * hens + chicks / 3 == 100:
                print(cocks,hens,chicks,sep = '\t')

鸡翁数      鸡母数      鸡雏数'
0          25          75
4          18          78
8          11          81
12         4           84
```

1.7.2 迭代

迭代（iteration）就是不断用变量新绑定的对象替代其旧绑定的对象，不断向目标靠近，直到得到需要的对象。犹如图 1.11 所示的磨面，每转一圈，颗粒就粉碎一次，直到全变成面粉。显然，迭代应当采用重复结构，并且由如下三要素组成。

（1）建立迭代关系，即一个问题中某个属性的后值与前值之间的关系。

（2）设置迭代初始状态，即迭代变量的初始绑定值。

（3）确定迭代终止条件。

与迭代相近的概念是递推（recursive）。递推是按照一定的规律通过序列中的前项值导出序列中指定项的值。

图 1.11　早先的磨面

由于在程序中，一个序列中的前项和后项与一个变量原先绑定对象和新绑定对象之间常常没有严格的区分方法，所以递推与迭代也没有严格的区别。实际上，它们的基本思想都是把一个复杂而庞大的计算过程转换为简单过程的多次重复。

从结束条件的取值看，迭代可以分为精确迭代和近似迭代两种。

1．精确迭代举例

精确迭代过程中的每一步都必须按相关的计算法则正确进行，并且所用的计算公式要能准确地表达有关的几个数量间的关系。因此，经过有限步骤，就能得到准确的结果。

例 1.5　用更相减损术求两个正整数的最大公约数（Greatest Common Divisor，GCD）。

1）问题介绍

最大公约数也称最大公因数、最大公因子，指两个或多个整数共有约数中最大的一个。a，b 的最大公约数记为（a，b）。同样，a，b，c 的最大公约数记为（a，b，c），多个整数的最大公约数也有同样的记号。求最大公约数有多种方法，我国古代《九章算术》（图 1.12）中记载的更相减损术是与欧几里得的辗转相除法可以媲美的最古老迭代算法。

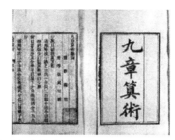

图 1.12　中国古代的《九章算术》

《九章算术》是中国古代第一部数学专著，成于公元 1 世纪左右。该书内容十分丰富，系统总结了战国、秦、汉时期的数学成就，共收有 246 个数学问题，分为九章：方田、粟米、衰分、少广、商功、均输、盈不足、方程、勾股。

2）算法说明

《九章算术》中记载的更相减损术原文是：可半者半之，不可半者，副置分母、子之数，以少减多，更相减损，求其等也。以等数约之。

白话文译文：（如果需要对分数进行约分，那么）可以折半，就折半（也就是用 2 约分）。如果不可以折半，就比较分母和分子的大小，用大数减去小数，互相减来减去，一直到减数与差相等为止。

这个算法原本是计算约分的，去掉前面的"可半者半之"，就是一个求最大公约数的方法。图 1.13 是用它计算两个正整数的算法流程图。其中的菱形框为判断，矩形框为操作，斜边平行四边形为输入/输出。

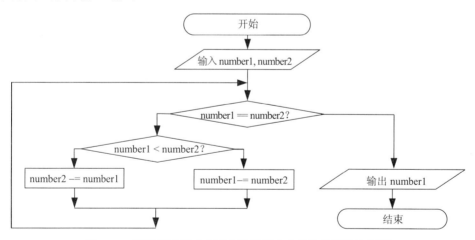

图 1.13　用更相减损术求两个数的最大公约数的算法流程图

3）示例

（98,63）=（35,63）=（35,28）=（7,28）=（7,21）=（7,14）=（7,7）=7

4）参考代码

代码 1-32　用更相减损术计算两个正整数的最大公约数。

```
if __name__ == '__main__':
    from math import *
    number1 = eval (input ('输入第 1 个正整数：'))
    number2 = eval (input ('输入第 2 个正整数：'))


    while number1 != number2:
        print ('(%d,%d) ='%(number1,number2),end = '')
        if number1 < number2:
            number2 -= number1
        else:
            number1 -= number2
    print('%d'%(number1))
```

输入第 **1** 个正整数：98
输入第 **2** 个正整数：63
(98,63) =(35,63) =(35,28) =(7,28) =(7,21) =(7,14) =7

2．近似迭代举例

近似迭代中得到的结果不要求完全准确，只要求误差不超出规定的范围，并且以要求的准确度是否到达，决定迭代是否结束。

例 1.6　使用格雷戈里-莱布尼茨级数计算 π 的近似值。

1）问题介绍

圆是人类生活中关系极为密切的形状。在计算它的半径与周长以及面积的过程中，人们发现了圆周率（ratio of circumference to diameter，π），并想方设法寻找它的精确值。迄今为止，已经经历了如下一些方法。

（1）实测法。

一块约产于公元前 1900 年至 1600 年的古巴比伦石匾清楚地记载了圆周率=25/8=3.125。同一时期的古埃及文物，莱因德数学纸草书（*Rhind Mathematical Papyrus*）也表明圆周率等于分数 16/9 的平方，约等于 3.1605。

（2）几何法。

古希腊大数学家阿基米德（公元前 287—212 年）先从内接正六边形开始，不断将边数加倍，直到 96 边形，借助勾股定理，得到圆周率小数点后 3 位的精度：223/71<π<22/7，并取它们的平均值 3.141851 为圆周率的近似值。

在中国，三国时期的数学家刘徽首创"割圆术"。据《九章算术·圆田术》注中记载，他用正 3072 边形得到 π=3927/1250=3.1416。后来南朝杰出的数学家祖冲之运用刘徽的"割圆术"将圆周率算到 3.1415926 与 3.1415927 之间，并提出了约率 7 分之 22 和密率 113 分之 355，这个记录保持了 1000 多年。

1609 年，荷兰人 Ludolph Van Ceulen 继续阿基米德的事业，用正 2^{62} 边形得到 π 的 35 位精度。

1630 年，荷兰人惠更斯（Huygens,C.）将圆周率推算到 39 位。

（3）级数法。

法国数学家韦达（Viete Francois）是第一个提出以无穷乘积表示圆周率的人。1593 年，他在《数学问题面面观》中提到了这个充满 sin 和 cos 和半角公式。这个方法给了数学家们极大的启示。1655 年，英国数学家 John Wallis 提出一个简单的公式：4/π=(3×3×5×5×7×7···)/(2×4×4×6×6···)，乘数越大越准确。

1674 年，莱布尼茨也提出了类似的式子——格雷戈里-莱布尼茨级数。

$$\pi = (4/1) - (4/3) + (4/5) - (4/7) + (4/9) - (4/11) + (4/13) - (4/15)\cdots$$

1706 年，英国数学家梅钦（John Machin）发现了级数 Machin 公式。

$$\frac{\pi}{4}=4\arctan\frac{1}{5}-\arctan\frac{1}{239}$$

利用这个公式，梅钦计算 π 值突破 100 位小数大关。1789 年，斯洛法尼亚数学家 Jurij Vega 用这个公式计算出小数点后 140 位的 π 值，其中 137 位是正确的。

在梅钦之后，欧拉发现了另一个级数公式，只需一个小时就可以计算出 20 位，顶惠更斯的半辈子工作。

1874 年，英国数学家 William Shanks 利用 Machin 公式将 π 算到 707 位小数。不过，另一位数学家弗格森（D. F. Ferguson 经过一年的核算，发现 Shanks 的计算从小数点后 528 位起就是错的。

之后，数学家们发现了若干无穷数学级数，它们收敛于 π。只有经过无穷次计算，才能得到 π 的精确值。

（4）概率统计实验法。

用概率统计实验法计算 π 的方法已经有多种，其中最有趣的是在 1777 年出版的《或然性算术实验》一书中介绍的蒲丰（George-Louis Leclerc de Buffon）提出的实验计算方法。这个实验方法的操作很简单：找一根粗细均匀，长度为 d 的细针，并在一张白纸上画上一组间距为 l 的平行线（方便起见，常取 $l = d/2$），然后一次又一次地将小针任意投掷在白纸上。这样反复投多次，数数针与任意平行线相交的次数，于是就可以得到 π 的近似值。因为蒲丰本人证明了针与任意平行线相交的概率为 $p=2l/\pi d$。利用这一公式，可以用概率方法得到圆周率的近似值。在一次实验中，他选取 $l= d/2$，然后投针 2212 次，其中针与平行线相交 704 次，这样求得圆周率的近似值为 2212/704 = 3.142。当实验中投的次数相当多时，就可以得到 π 的更精确的值。

1850 年，一位叫沃尔夫的人在投掷 5000 多次后，得到 π 的近似值为 3.1596。目前宣称用这种方法得到最好结果的是意大利人拉兹瑞尼。1901 年，他重复这项实验，作了 3408 次投针，求得 π 的近似值为 3.1415929。

2）算法说明

根据迭代法，需要分析格雷戈里-莱布尼茨级数，找出其 3 个要素。为了便于计算，将格雷戈里-莱布尼茨级数简单变换为

$$pi4 = \pi / 4 = 1/1 - 1/3 + 1/5 - 1/7 + \cdots$$

这样，迭代求 π 就变成迭代求 pi4，计算的结果再乘 4 即可得到 π。

（1）建立迭代关系。

按照变换后的格雷戈里-莱布尼茨级数，可以把其每一项写为 1/i，下一项的分母为 i +=2。但是，这样还有问题，因为格雷戈里-莱布尼茨级数是一加一减，为了表示正负，把每一项写成 s/i。迭代时，下一项有迭代 s = −s，即可使各项正负交叠。对于 pi4 来说，迭代执行操作

$$s = -s; i\mathrel{+}= 2; pi4 = pi4 + s/i$$

（2）迭代初值。

按照格雷戈里-莱布尼茨级数，对 pi4 的迭代中有 3 个变量，它们的初值依次为

$$s = 1; i = 1.0; pi4 = 1.0$$

（3）确定迭代终止条件。

由于格雷戈里-莱布尼茨是无穷级数，所以得到其精确值是一个无穷计算过程，这是永远没有办法实现的。人们只能在达到需要的精度后结束迭代过程，即在 |π / 4 - pi4'| < 预先给定的误差后结束迭代。但是，精确的 π 是不知道的。一个变通的办法是：考虑这个级数是收敛的，也就是说，相邻两个中间值之差会越来越小，因此可以把一个中间值与精确 π 之差变通为两个迭代中间值之差，即当两个相邻中间值之差的绝对值小于给定误差时，就可以终止迭代。对本题来说，每一项变化的值就是 |s / i|。

现在要确定这个误差值如何选定。由于在 64 位的计算机中，float 类型的精度是 15 位，所以以小于 1.0e−15 的数作为误差，将会使迭代无限进行下去。并且，误差越小，运行时间越长。所以，误差值的选择应基于应用的需要，不必太小。

3）参考代码

代码 1-33 用求格雷戈里-莱布尼茨无穷级数计算 π 近似值的基本程序。

```
#code022601.py
s = 1; i = 1
pi4 = 1
err = 1e-10
while abs(s / i) > err:
    s = -s; i += 2; pi4 = pi4 + s/i
print ('误差为%G时的 π 值为%f.'%(err,pi4 * 4))
```

4）扩展代码

代码 1-34 分别按不同精度进行 π 近似值的计算，并显示每次用的时间。

```
if _ _name_ _ == '_ _main_ _':

    err = 1e-5
    while err > 1.0e-10:
        s = 1; i = 1; pi4 = 1
        while abs(s / i) > err:
            s = -s; i += 2; pi4 = pi4 + s/i
```

```
          print ('误差值:{0:g}\t 计算所得π值:{1:18.17f}.'.format(err, (pi4 * 4)))
          err = err/10
```

```
误差值:1e-05    计算所得π值:3.14161265318978522.
误差值:1e-06    计算所得π值:3.14159465358569223.
误差值:1e-07    计算所得π值:3.14159285358973950.
误差值:1e-08    计算所得π值:3.14159267359025041.
误差值:1e-09    计算所得π值:3.14159265558925771.
误差值:1e-10    计算所得π值:3.14159265378820107.
```

一般情况下，科学记数法把 $a \times 10^n$ 记为 ae+n（或 aE+n），其中($1 \le |a| < 10$，n 为整数)。

练习 1.7

1. 代码分析题

（1）执行下列各段代码后，*j* 指向的数据对象值分别是多少？

A.
```
j = 0
for i in range(j,10)
    j += i
```

B.
```
for j in range(10)
    j += j
```

（2）执行下面的代码后，*m* 和 *n* 分别指向什么？

```
n = 123456789
m = 0
while n != 0:
    m = (10 * m) + (n % 10)
    n /= 10
```

（3）阅读下面的代码，指出它们分别执行后，*j* 指向的对象是什么。

A.
```
j = 0
for i in range(10):
    j += j
```

B.
```
for j in range(10):
    j += j
```

C.
```
j = 0
for i in range(j, 10):
    j += i
```

（4）阅读下面的代码，指出它执行后，*m* 和 *n* 各指向的值是多少？

```
n = 123456789
m = 0
while n != 0:
    m = (10 * m) + (n % 10)
    n /= 10
```

（5）给出下面代码的输出结果。

```
v1 = [i%2 for i in range(10)]
v2 = (i%2 for i in range(10))
print(v1,v2)
```

（6）给出下面代码的输出结果。

```
for i in range(5,0,1):
    print(i)
```

（7）阅读下列代码段，指出与数列和 $1/12 + 1/22 + \cdots + 1/n2$ 一致的是哪一项？设 n 为正整数 1 000 000，total 的初始值为 0.0。

A.
```
for i in range(1, n + 1):
    total += 1 / (i * i)
```

B.
```
for i in range(1, n + 1):
    total += 1.0 / (i * i)
```

C.
```
for i in range(1, n + 1):
    total += 1.0 / i * I
```

D.
```
for i in range(1, n + 1):
    total += 1 .0/ (.1.0 * i * i)
```

E.
```
for i in range(1, n):
    total += 1.0 / (i * i)
```

F.
```
for i in range(1, n):
    total += 1.0 / (1.0 *i *)
```

2．程序设计题

（1）百马百担问题：有 100 匹马，驮 100 担货，大马驮 3 担，中马驮 2 担，两匹小马驮 1 担，则有大、中、小马各多少匹？请设计求解该题的 Python 程序。

（2）爱因斯坦的阶梯问题。设有一阶梯，每步跨 2 阶，最后余 1 阶；每步跨 3 阶，最后余 2 阶；每步跨 5 阶，最后余 4 阶；每步跨 6 阶，最后余 5 阶；每步跨 7 阶时，正好到阶梯顶。问共有多少个阶梯？

（3）破碎的砝码问题。法国数学家梅齐亚克在他所著的《数字组合游戏》中提出一个问题：一位商人有一个质量为 40 磅（1 磅=0.4536 千克）的砝码，一天不小心被摔成了 4 块。不料，商人发现一个奇迹：这 4 块的质量各不相同，但都是整磅数，并且可以是 1～40 之间的任意整数磅。问这 4 块砝码碎片的质量各是多少。

（4）奇妙的算式：有人用字母代替十进制数字写出下面的算式。请找出这些字母代表的数字。

$$
\begin{array}{r}
E\,G\,A\,L \\
\times \quad\quad L \\
\hline
L\,G\,A\,E
\end{array}
$$

（5）牛的繁殖问题。有一位科学家曾出了这样一道数学题：一头刚出生的小母牛从第四个年头起，每年年初要生一头小母牛。按此规律，若无牛死亡，买来一头刚出生的小母牛后，到第 20 年头上共有多少头母牛？

（6）把下列数列延长到第 50 项

1,2,5,10,21,42,85,170,341,682,…

（7）某日，王母娘娘送唐僧一批仙桃，唐僧命八戒去挑。八戒从娘娘宫挑上仙桃出发，边走边望着眼前箩筐中的仙桃咽口水，走到 128 里（1 里=500 米）时，倍觉心烦腹饥、口干舌燥不能再忍，于是找了个僻静处开始吃前头箩筐中的仙桃，越吃越有兴致，不觉得已将一筐仙桃吃尽，才猛然觉得大事不好。正在无奈之时，发现身后还有一筐，便转悲为喜，将身后的一筐仙桃一分为二，重新上路。走着走着，馋病复发，才走了 64 里路，便故伎重演，吃光一筐仙桃后，又把另一筐一分为二，才肯上路。以后，每走前一段路的一半，便吃光一头箩筐中的仙桃才上路。如此这般，最后走了一里路走完，正好遇上师傅唐僧。师傅唐僧一看，两个箩筐中各只有一个仙桃，于是大怒，要八戒交代一路偷吃了多少仙桃。八戒掰着指头，好久也回答不出来。

请设计一个程序，为八戒计算一下他一路偷吃了多少个仙桃。

（8）狗追狗的游戏。在一个正方形操场的四个角上放 4 条狗，游戏令下，让每条狗去追位于自己右侧的那条狗。若狗的速度都相同，问这 4 条狗要多长时间可以会师？操场的大小和狗的速度请自己设置。

（9）导弹追击飞机问题。图 1.14 为一个导弹追击飞机的示意图。在这个过程中，导弹要不断调整方向对准飞机。为了简化问题，假定飞机只沿 X 轴水平飞行，并且导弹与飞机在同一平面内飞行。图中，当飞机出现在坐标原点（0,0）时，导弹从（x0,y0）处开始追击飞机。

初始条件：

[x0,y0]: 初始时刻导弹的坐标；

[d,0]: 初始时刻飞机的坐标；

va: 飞机的速度；

vm: 导弹的速度。

请模拟飞机和导弹的飞行情况，并讨论系统在什么情况下收敛，在什么情况下震荡。

（10）一个人用定滑轮拖湖面上的一艘小船。如图 1.15 所示，假定地面比湖面高出 h，小船距岸边 d，人在岸上以速度 v 收绳，计算把小船拖到岸边要多长时间。

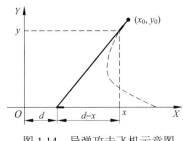
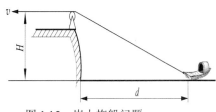

图 1.14　导弹攻击飞机示意图　　　　图 1.15　岸上拖船问题

（11）在口袋中放有手感相同的 3 只红球、4 只白球。随机从口袋中摸出 3 只球，然后放回口袋中，共摸 500 次，问摸到 3 只都是红球和白球的概率各都是多少？

（12）设计一个用蒙特卡罗方法求球的体积的程序。

第2章 Python 数据对象

在 Python 中，一切皆对象。其中，数据是程序处理与加工的对象。如何对数据进行管理关系到程序设计与执行的效率。本章介绍 Python 数据对象的基本属性与内置的数据类型。

2.1 Python 数据对象的属性

通常认为类型、身份（ID）和值（或内容）是数据对象的三要素。实际上，生命周期也是数据对象的一个重要属性。

2.1.1 Python 数据对象的类型

在 Python 中，数据是使用最多、最重要的对象。作为强类型语言，每个 Python 对象都属于特定的类型，或者说每个对象都是某个类型（类）的实例。而作为动态类型语言，Python 中类型只属于对象，而不属于变量。类型定义了每个对象的存储形式、取值集合、操作集合以及表现形态。当一个对象被创建时，系统会给其附加一个关于类型的头部标记。

1．Python 数据类型概述

Python 数据对象有许多类型（类）。这些类型（类）是定义出来的。根据定义的出处，Python 数据类型大体可以归结为如下 3 种。

1）内置数据类型

内置数据类型也称核心数据类型或标准数据类型，是 Python 核心模块中定义的数据类型。这些类型奠定了 Python 数据类型的基础，以满足程序设计最基本的应用。表 2.1 给出了 Python 3.0 的内置数据类型。

表 2.1　Python 3.0 的内置数据类型

类 型 分 类	类 型 名 称	描　　述	示　　　　例
数值类型	int	整数	123
	float	浮点数	12.3，1.2345e+5
	complex	复数	（1.23，5.67j）
布尔类型	bool	布尔值	True，False
序　列	str	字符串	'abc' "abc" '''abc''' "123"
	list	列表	[1,2,3]，['abc','efg','ijklm'],list[1,2,3]
	tuple	元组	(1, 2, 3, '4', '5')，tuple("1234")
字　典	dict	映射	{'name': 'wuyuan', 'blog': 'wuyuans.com', 'age': 23}

类 型 分 类	类 型 名 称	描　述	示　例
集　　合	Set	可变集合	set([1, 2, 3])
	frozenset	不可变集合	frozenset([1, 2, 3])

从结构角度看，这些数据类型可以分为如下 3 大类。

（1）基本类型。基本类型也称原子类型或标量类型，是不可再分的数据对象，主要包括数值类型和布尔类型。

（2）容器类型。容器（container）是值用来包装或装载物品的储存器（如箱、罐、坛）或者形成柔软不成形的包覆材料。在计算机程序中，容器类型也称组合数据类型，即它们是用来存储和组织对象的对象。Python 容器主要包括序列（sequence）、字典（dictionary）和集合（set）。它们分别以不同的方式存储基本类型或任何类型的条目，这个结构是递归的。表 2.2 给出了序列、字典和集合的基本特征。其中涉及的概念，后面继续介绍。

表 2.2　序列、字典和集合的基本特征

容 器 名 称		边　界　符	元 素 形 式	类型标识符	元素可变性	元素间分隔符	元素互异性	元素有序性
序列	列　表	[···]	对象	list	可	,	无	位置有序
	元　组	(···)	对象	tuple	否			
	字符串	'···'/"···"/'''···'''/"""···"""	字符	str	否	无		
字　　典		{···}	键-值对	dict	可	,(元素间)　:(键值间)	键唯一	无
集　　合		{···}	对象	set	可	,	有	
				frozenset				

（3）其他类型。Python 一切皆对象，一切对象都有数据类型，如 None、模块、类、函数、文件等，都有特定的数据类型。

2）导入类型

为了扩展应用范围，现代程序设计语言都在核心之上开发了许多应用模块。这些模块各有自己的应用领域，并定义了具有这些应用领域特点的数据类型。

3）用户定义类型

Python 是面向对象的程序设计语言。面向对象程序设计的一个特点就是允许程序员为任何具有相同属性的数据对象定义类（class）。具体内容在第 4 章讨论。

2．Python 对象类型的获取

1）用 type()函数获取数据对象类型

在程序中，数据对象可以表现为两种形式：一种是字面量或称为一个类型的实例对象形式；另一种是被指向它的变量形式。

Python 提供了一个内置函数 type()，用于返回一个对象的类型。

代码 2-1　用 type()测试对象类型示例。

```
>>> a = 3
>>> type(3)                        #获取一个整数的类型
<class 'int'>
>>> type(a)                        #获取变量 a 当前绑定对象的类型
<class 'int'>
>>> a = 3.1425926
>>> type(3.1415926)                #获取一个小数的类型
<class 'float'>
>>> type(a)                        #获取变量 a 当前绑定对象的类型
<class 'float'>
>>> a = 'abcde'
>>> type('abcde')                  #获取一个字符串字面量的类型
<class 'str'>
>>> type(a)                        #获取变量 a 当前绑定对象的类型
<class 'str'>
>>> a = [1,3,5]'
>>> type([1,3,5])                  #获取一个列表实例的类型
<class 'list'>
>>> type(a)                        #获取变量 a 当前绑定对象的类型
<class 'list'>
>>> a = (1,3,5)
>>> type((1,3,5))                  #获取一个元组实例的类型
<class 'tuple'>
>>> type(a)                        #获取变量 a 当前绑定对象的类型
<class 'tuple'>
>>> a = {'a':1,'b':2,'c':3}
>>> type({'a':1,'b':2,'c':3})      #获取一个字典实例的类型
<class 'dict'>
>>> type(a)                        #获取变量 a 当前绑定对象的类型
<class 'dict'>
>>> type(abs)                      #获取一个内置函数的类型
<class 'builtin_function_or_method'>
>>> import math;type(math)         #获取一个模块实例的类型
<class 'module'>
```

2）用 isinstance()判断一个对象是否为某类的实例

isinstance()用于判断一个对象是否为某个类的实例，格式如下。

```
isinstance(对象,类型)
```

代码 2-2　用 isinstance ()获取对象的类型。

```
>>> isinstance(5,int)
True
>>> isinstance(5,float)
False
```

```
>>> isinstance('1',int)
False
>>> isinstance('abc',str)
True
```

3．Python 数据类型的动态性

Python 的数据类型具有如下两个重要特征。

（1）在 Python 中，数据对象的类型不需要声明。如代码 2-1 中所示，一个对象一经创建，Python 就会根据其存在形式自动判定出其类型，并在内部为其添加一个类型标志。

（2）类型属于对象，而不属于变量。在 Python 中，变量与数据对象是相关而又分离的两个概念：数据对象是数据的存在，而变量是数据对象的引用；类型属于对象，而不是属于变量。或者说，一个变量可以指向任何类型的对象。

这两个特征也被称为 Python 数据类型的动态性，即 Python 是一种动态类型语言。这种动态性可以简化程序，编写更少的代码。

代码 2-3 Python 动态数据类型演示。

```
>>> a = 2
>>> type(a)
<class 'int'>
>>> a = 3.1415926
>>> type(a)
<class 'float'>
>>> a = 'abcde'
>>> type(a)
<class 'str'>
>>> a = [1,3,5]
>>> type(a)
<class 'list'>
>>> a = abs
>>> type(a)
<class 'builtin_function_or_method'>
>>> import math as a
>>> type(a)
<class 'module'>
```

结论：在 Python 中，变量之"变"在于其指向的对象可变。

2.1.2 Python 对象的身份码 ID 与判是操作

1．对象的身份码

在 Python 程序中，一个对象一旦被创建，就会得到一个系统分配的唯一的标识码 (identity)，也称对象的身份码，并且这个身份码将伴随这个对象一生，即一旦对象被创建，它的身份码就不允许更改。

对象的身份码可以用内置函数 id()获取。

代码 2-4 对象身份码的获取示例。

```
>>> a = 3
>>> b = 3.1415926
>>> c = 'abcde'
>>> d = [1,3,5]
>>> e = (1,3,5)
>>> f = {'a':1,'b':2,'c':3}
>>> g = abs
>>> import math as h
>>> id(a)
1349432448
>>> id(b)
1460841485368
>>> id(c)
1460852180224
>>> id(d)
1460841475592
>>> id(e)
1460852256128
>>> id(f)
1460852143664
>>> id(g)
1460841379448
>>> id(h)
1460850431624
```

关于对象 ID 的意义，虽然还没有公开，但可以理解对象的类型和计算出的近乎内存地址编码。

2．对象的判等与判是操作

在 Python 应用中有两类操作使用极为频繁：一类是判等操作，有两个操作符==和!=，用于判定两个对象的值是否相等；另一类是判是操作，有两个操作符 is 和 is not，用于判定两个对象是否为同一个对象，即它们的身份码是否相同。

需要说明的是，这两类操作符的功能虽然不同，但它们的取值都是 True 或 False：成立为 True（真），不成立为 False（假）。

代码 2-5 对象的判等与判是。

```
>>> a = 5; b = 2 + 3
>>> a == b, a is b
(True, True)
>>> id(a == b), id( a is b)
(1348952288, 1348952288)
>>> a != b, a is not b
(False, False)
>>> id(a != b), id(a is not b)
(1348952320, 1348952320)
```

2.1.3 可变对象与不可变对象

Python 将对象分为可变（mutable）对象和不可变（immutable）对象是 Python 数据的另一特点。可变对象是指对象的内容可变，而不可变对象是指对象值不可变。

（1）不可变对象类型：int、float、complex、str(string)、tup（tuple）、frozenset。

（2）可变对象类型：list。

（3）比较特别的是 dict(dictionary)。其每个元素由键-值两部分组成。其键不可变，但值可变。

简单地说，在 Python 中，除了列表、集合和字典型对象外，其他内置数据对象都是不可变数据对象。

采用不可变对象，是 Python 用函数式编程思想改造命令式编程方面迈出的关键一步。

1．不可变对象的存储分配

不可变对象指向的内存中的值不能被改变。当改变某个变量时，由于其指的值不能被改变，相当于把原来的值复制一份后再改变，这会开辟一个新的地址，变量再指向这个新的地址。

代码 2-6 不可变对象的存储分配示例。

```
>>> b = a = 5
>>> id(a),id(b)
(1349432512, 1349432512)
>>> b is a,b == a
(True, True)
>>> a += 1                          #a 值改变
>>> id(a),id(b)
(1349432544, 1349432512)
>>> b is a, b == a
(False, False)
```

这段代码的执行情况如图 2.1 所示。它说明：

（1）Python 不可变数据对象采用按值存储。

（2）不可变数据对象的值改变，就变成另外一个对象。

（3）当有多个变量指向同一不可变对象（如 5）时，若其中一个变量（如 a）引起对象的值变化时，只有该变量(a)指向新对象(6)，其他变量(b)仍指向原来的对象(5)。

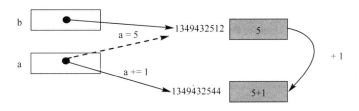

图 2.1　对象的值改变就成为另一个对象

2．可变对象的存储分配

可变对象是其内存中的值可以被改变。对一个变量的赋值操作，实际上是其所指向对象值发生改变，并没有发生复制行为，也没有开辟新的存储空间，通俗点说就是原地改变。

代码 2-7 可变对象的存储分配示例。

```
>>> x = list1 = [1,3,5]; list2 = [1,3,5,7]
>>> id(x),id(list1),id(list2)
(1686495337864, 1686495337864, 1686484872712)
>>> list1.append(7)                              #用 append() 方法为 list1 追加一个元素 7
>>> list1,x
([1, 3, 5, 7], [1, 3, 5, 7])
>>> x is list1, x == list1
(True, True)
>>> list1 is list2, list1 == list2
(False, True)
```

由此段代码运行结果可以看出：

（1）可变对象值的变化不会形成新的对象，所有指向它的变量也不会改变指向。

（2）由于对象值可变，就可能形成两个对象的值相同，而身份代码不同的情况。

2.1.4　Python 数据对象生命期与垃圾回收

对象的生命期指程序运行时，对象从被创建到该被回收之间的时间段。

1．对象的创建

在 Python 程序中，对象要由类（class）的构建方法创建。关于类的构造方法的概念，将在第 4 章介绍。这里先了解如下 4 点。

（1）class 与 type 的概念基本相同，但 type 只用于内置类型。

（2）每个类都有自己的构造方法并且构造方法与类同名。例如，int 类型的构造方法为int()，complex（复数）的构造方法为 complex()等。

（3）构造方法的参数应当是与所在类型兼容的字面实例——字面量。若构造方法不带参数，则创建空对象。

（4）对于内置的类型，当写入一个字面量时，系统会自动将其确定为适合的类型。这种形式可以称为隐式构造方法。

代码 2-8 对象创建示例。

```
>>> int()                                        #创建空整数（0）
0
>>> int(12)
12
>>> 12
12
>>> float (3.1415926)
3.1415926
```

```
>>> complex(int(2),int(3))
(2+3j)
>>> str('abcdefg')
'abcdefg'
>>> "abc"
'abc'
>>> list([1,2,3,4,5])
[1, 2, 3, 4, 5]
>>> [1,2,3,4,5]
[1, 2, 3, 4, 5]
```

2．引用计数器与垃圾回收

任何一个计算机的硬件资源都是有限的。为了保障系统高效地运行，有效回收不再使用资源——垃圾，是非常必要的。那么，如何判定一个对象是否为垃圾呢？

如前所述，变量是指向对象的引用，每一个变量都代表了该对象的一个引用。指向一个对象的变量越多，该对象的引用就越多。当一个对象没有变量指向它时，也就表明这个变量不再使用，就可以被清除——其占有的系统资源应该被回收了。为此，Python 使用引用计数这一简单技术跟踪和回收垃圾，即当对象被创建时，Python 解释器除了会为其创建一个类型标志码、一个 ID 外，还会为其创建一个引用计数器，来内部跟踪指向该数据对象的变量数量：数据对象每新增一个引用，其引用计数器就加 1；每执行一次 del 操作，其引用计数器就减 1。当引用计数器为零后，解释器就会择机将这个对象占用的资源当作垃圾回收，即将这个对象销毁。因此，Python 不是针对变量进行存储分配，而是直接针对对象分配存储空间。但是存储空间的回收却与有无变量指向对象有关。

代码 2-9　观察下面的代码。

```
>>> 5.5 is 5.3
False
>>> id(5.3)
1686484883952
>>> id(5.4)
1686484884000
>>> id(5.5)
1686484883952
```

讨论：在这段代码中出现了一个很奇怪的现象：5.3 与 5.5 不是同一个对象，但对象 5.3 与对象 5.5 使用了相同的身份码。这显然不符合身份码是唯一的原则。那么，问题在哪里呢？是不是 Python 解释器出现了故障？

实际不是 Python 解释器出现故障，并且这一结果是完全正确的。原因在于，对象 5.3 没有被任何变量引用，即其引用计数器为 0。因此用完它后，会被垃圾回收器回收：可能是立即被回收，也可能是等一点时间。这样，这个身份码就会被重新使用。另一方面也说明，一个没有被变量引用的对象只能被使用一次，之后就会被清理。因此，要再重复使用一个对象，最少应当定义一个变量指向它。

3. 对象引用计数的增减方法

1）引用计数增加方法

（1）对象被创建：x = 1.23。
（2）对象引用被再引用：y = x。
（3）对象引用被作为参数传递给函数：fun(x)。
（4）对象引用作为容器对象的成员：a = [1,x,'33']。

2）引用计数减少方法

（1）本地引用离开其作用域，如上面的 fun(x)函数结束时，x 指向的对象引用减 1。
（2）对象的引用被显式地销毁：del x 或者 del y。
（3）对象的一个别名被赋值给其他对象：x = 789 或 x = None。
（4）对象从一个窗口对象中移除：myList.remove(x)。

为获取引用计数的值，可以使用 sys 模块中的函数 getrefcount()。

代码 2-10　引用计数增减示例。

```
>>> from sys import getrefcount
>>> getrefcount(1.23)
2
>>> a = 1.23
>>> getrefcount(a)
2
>>> b = a
>>> getrefcount(a)
3
>>> c = [1,2,a]
>>> getrefcount(c)
2
>>> getrefcount(a)
4
>>> d = [b,b]
>>> getrefcount(a)
6
>>> del d
>>> getrefcount(a)
4
>>> del c
>>> getrefcount(1.23)
2
>>> getrefcount(a)
3
>>> del a
>>> getrefcount(a)
Traceback (most recent call last):
  File "<pyshell#18>", line 1, in <module>
```

```
    getrefcount(a)
NameError: name 'a' is not defined
>>> getrefcount(b)
2
```

4．Python 垃圾回收策略

Python 垃圾回收是基于引用计数（reference counting）的。但是，由于垃圾回收时，Python 不能进行其他任务，频繁的垃圾回收将大大降低 Python 的工作效率。如果内存中的对象不多，就没有必要总启动垃圾回收。所以，Python 只会在特定条件下采用对应的策略自动启动垃圾回收。

1）标记-清除机制

标记-清除（mark and sweep）基本思路是先按需分配，等到没有空闲内存的时候从寄存器和程序栈上的引用出发，遍历以对象为节点、以引用为边构成的图，把所有可以访问到的对象打上标记，然后清扫一遍内存空间，把所有没标记的对象释放。

2）使用分配对象与取消分配对象的差值控制启动垃圾回收器

当 Python 运行时，会记录其中分配对象(object allocation)和取消分配对象(object deallocation)的次数。当两者的差值高于某个阈值时，垃圾回收才会启动。

3）分代回收策略

程序在运行过程中往往会产生大量的对象，许多对象很快产生和消失，但也有一些对象长期被使用。出于信任和效率的考虑，通常存活时间越久的对象，在后面的程序中使用的概率越大。基于这个前提，Python 在采用引用计数原则和采用分配对象与取消分配之差控制垃圾回收启动的同时，还采用了分代(generation)回收的策略，目的在于减少垃圾回收过程中扫描对象引用数量的频率。

按照分代回收策略，Python 将所有对象分为 0，1，2 三代。所有的新建对象都是 0 代对象。当某一代对象经历过垃圾回收依然存活，那么它就被归入下一代对象。垃圾回收启动时，一定会扫描所有的 0 代对象。如果 0 代对象经过一定次数垃圾回收，就启动对 0 代对象和 1 代对象的扫描清理。当 1 代对象也经历了一定次数的垃圾回收后，那么会启动对 0，1，2 代对象（即对所有对象）的扫描清理。

2.1.5　Python 小整数对象池与大整数对象池

1．小整数对象池

在程序中，使用[−5,256]范围内的小整数对象（如循环变量等）的机会很多，并会继续频繁使用。由于对象的创建与回收都是有代价的，这样即用即弃，形成对象的频繁创建与回收，必然会付出非常可观的代价，而收获的却是很小的内存空间的再利用，不合算。为此，Python 对小整数对象提供相应的存储池——小整数对象池，让这些小整数只创建一次，然后放进小整数池常驻，不被回收。

小整数池中的数据对象是按值存放的——不会重复存放同一个值。对于超出这个范围的对象，则保存在其他地方，也可能会重复存储。

代码 2-11 小整数对象池的作用示例。

```
>>> a = -5
>>> b = -5
>>> print (a is b)
True
>>> c = -6
>>> d = -6
>>> print (c is d)
False
>>> e = 256
>>> f = 256
>>> print (e is f)
True
>>> g = 257
>>> h = 257
>>> print (g is h)
False
```

说明：

（1）该代码是在 IDLE 中运行的结果。这种情况下，每一句之间都相对独立，即使是同一个值，只要超出小对象规定的范围，都会重新创建一个对象。

（2）小整数对象池提供的机制也称为小整数常驻机制。

2．大整数对象池

当将语句组织成语句块时，Python 会创建一个大整数对象池，让处于同一代码块的大整数不重复存储。

代码 2-12 大整数对象池的作用示例。

```
>>> def fun():
    a1 = -6
    a2 = -6
    print (a1 is a2)
    b1 = 257
    b2 = 257
    print (b1 is b2)
>>> fun():
False
True
```

说明：

（1）作为语句块运行时，Python 将会为每个块开辟一个大整数对象池。在同一个大整数对象池中，不会存在同值对象。

（2）大整数的范围是大于−5 的整数。

练习 2.1

1．选择题

（1）下列关于 Python 变量的叙述中，正确的是____。

    A．在 Python 中，变量是值可以变化的量

    B．在 Python 中，变量是可以指向不同对象的名字

    C．变量的值就是所指向对象的值

    D．变量的类型与所指向对象的类型一致

（2）对于代码

```
a = 56
```

下列判断中，不正确的是____。

    A．对象 56 的类型是整型   B．变量 a 的类型是整型

    C．变量 a 绑定的对象是整型   D．变量 a 指向的对象是整型

（3）通常说的数据对象的四要素是____。

    A．名字、id、值、引用   B．类型、名字、id、生命周期

    C．类型、名字、值、生命周期   D．类型、id、值、生命周期

（4）关于 Python 内存管理，下列说法中错误的是____。

    A．变量不必事先声明   B．变量无须先创建和赋值便可而直接引用

    C．变量无须指定类型   D．可以使用 del 释放资源

（5）下列情况中，会导致 Python 对象的引用计数变化的是____。

    A．对象被创建   B．变量之间赋值

    C．执行 del 语句   D．退出代码段

2．判断题

（1）在 Python 中，定义变量不需要事先声明其类型。   （   ）

（2）在 Python 程序中，变量用于存储数据。   （   ）

（3）在 Python 程序中，变量用于引用可能变化的值。   （   ）

（4）在 Python 程序中，变量的类型可以是随时发生变化的。   （   ）

（5）虽然不需要在使用前显式地声明变量及其类型，但是 Python 仍属于强类型编程语言。   （   ）

（6）除非显式地修改变量类型或删除变量，否则变量将一直保持之前的类型。   （   ）

（7）在 Python 中可以使用变量表示任意大的数字，不用担心范围问题。   （   ）

（8）Python 中常用的序列结构有列表、元组、字符串、集合等。   （   ）

（9）在 Python 程序运行过程中，其值不发生变化的数据对象称为常量。   （   ）

（10）在 Python 程序运行过程中，可以随程序运行而更改的量称为变量。   （   ）

（11）Python 中的变量不需要声明，变量的赋值操作即变量的声明和定义过程。　　（　　）

（12）在 Python 中，变量是指一个特定的存储空间，即一定字节数的内存单元。　　（　　）

（13）在 Python 中，定义变量就是定义变量的名称、类型和值。　　　　　　　　（　　）

（14）在 Python 中，变量的类型决定了分配的内存单元的多少，即多少个字节。　（　　）

（15）在 Python 中，变量的值发生改变时，改变的是存储单元中的内容，而变量的地址是不变的。

（　　）

3. 简答题

（1）有人说，变量用于在程序中可能会变化的值。这句话准确吗？

（2）有的程序设计语言要求使用一个变量前，先声明变量的名字及其类型，但 Python 不需要。为什么？

（3）有人说，操作符 is 与==是等价的。这句话正确吗？

2.2　Python 基本数据类型

本节介绍几种常用 Python 基本数据类型的性质和用法。

2.2.1　bool 类型

1. 命题与布尔类型

任何条件都以命题为前提，要以命题的"真"（True）、"假"（False）决定对某一选择说"yes"，还是说"no"。所以，条件是一种只有 True 和 False 取值空间的表达式。这种数据类型称为布尔（bool）类型，以纪念在符号逻辑运算领域做出特殊贡献的 19 世纪最重要的数学家之一乔治·布尔（George Boole，1815—1864，见图 2.2）。

注意：

（1）布尔类型只有两个实例对象：True 和 False。

（2）True 与 False 都是字面量，也是保留字。

（3）在底层，True 被解释为 1，False 被解释为 0。所以，常把布尔类型看作是一种特殊的 int 类型。进一步扩展，把一切空（0、空白、空集、空序列）都当作 False，把一切非空（有、非 0、非空白、非空集、非空序列）都当作 True。

图 2.2　乔治·布尔

代码 **2-13**　布尔类型属性获取。

```
>>> True == 1,False == 0
(True, True)
>>> True is 1,False is 0
(False, False)
>>> id(True),id(1)
(1350066400, 1350546496)
>>> id(False),id(0)
(1350066432, 1350546464)
```

2. 关系表达式

在多数情况下，布尔对象由关系表达式创建。Python 的关系表达式由含有比较操作符、判等操作符、判是操作符和判属操作符的合法表达式组成。表 2.3 为这 4 类表达式的含义和用法。

表 2.3　Python 关系操作符

类　型	操　作　符	功　能	示　例
比较操作符	<、<=、>=、>	大小比较	a < b、a <= b、a >= b、a > b
判等操作符	==、!=	相等性比较	a == b、a != b
判是操作符	is、is not	是否为同一对象	a is b、a is not b
判属操作符	in、not in	是否是一个容器成员	a in b、a not in b

说明：

（1）只有当操作对象的类型兼容时，比较才能进行。判等、判是和判属操作则无此限制。

（2）由两个字符组成的比较操作符和判等操作符中间一定不可留空格。例如，<=、==和>=绝对不可以写成< =、= =和> =。

（3）注意区分操作符"=="与"="。前者进行相等比较，后者进行赋值操作。

（4）一般来说，关系操作符的优先级别比算术操作符低，但比赋值操作符高。因此，一个表达式中含有关系操作符、算术操作符和赋值操作符时，先进行算术操作，再进行关系操作，最后进行赋值操作。

（5）判等和比较操作符的优先级高于判是和判属操作符。

（6）比较操作符和判等操作符具有左优先的结合性。

代码 2-14　关系操作符优先级别和结合性测试示例。

```
>>> a = 2 + 2 > 6
>>> a
False
>>> b = 2 + 3 == 5
>>> b
True
>>> c = 3 is 3.1
>>> c
False
>>> c = 2 + 3 is 5.1
>>> c
False
>>> d = 1 + 2 in (1,2,3)
>>> d
True
>>> 3 is 3 == 1                    #比较判等操作符与判是操作符的优先级
False
```

```
>>> 1 + 2 == 3 < 5          #测试比较操作符和判等操作符的结合性
True
```

说明：

（1）对于表达式 3 is 3 == 1，若判等操作的优先级不高于判是，则会先计算 3 is 3 得 True(=1)，再计算 1 == 1 得 True，与实际运算结果矛盾。所以，必定有判等操作符的优先级比判是操作符的优先级高。

（2）对于表达式 1 + 2 == 3 < 5，若比较操作符和判等操作符是右优先的结合性，则要先计算 3 < 5 为 True(相当于 1)，再计算 1 + 2 == 1，结果应当为 False。这与实际运行结果不符，所以它们的结合性应当是左优先的。

3．逻辑表达式

1）逻辑运算的基本规则

逻辑运算也称布尔运算。最基本的逻辑运算只有 3 种：not（非）、and（与）和 or（或）。表 2.4 为逻辑运算的真值表——逻辑运算的输入与输出之间的关系。

表 2.4　逻辑运算的真值表

a	b	not a	a and b	a or b
True	任意	False	b	True
False	任意	True	False	b

代码 2-15　验证逻辑运算真值表。

```
>>> a = True
>>> b = 2; a and b;type(a and b); a or b;type(a or b)
2
<type 'int'>
True
<type 'bool'>
>>> b = 0; a and b;type(a and b); a or b;type(a or b)
0
<type 'int'>
True
<type 'bool'>
>>>
>>> a = False
>>> b = 2; a and b;type(a and b); a or b;type(a or b)
False
<type 'bool'>
2
<type 'int'>
>>> b = 0; a and b;type(a and b); a or b;type(a or b)
False
<type 'bool'>
0
```

```
<type 'int'>
>>> a = 1; not a
False
>>> a = 0; not a
True
```

进一步推广，可以得到如下结论。

（1）在下列两种情况下，表达式的值和类型都随 a 指向的对象。

- a 指向 True 时的 a or b；
- a 指向 False 时的 a and b。

（2）在下列两种情况下，表达式的值和类型都随 b 指向的对象。

- a 指向 True 时的 a and b；
- a 指向 False 时的 a or b。

（3）执行 not 操作的表达式，其结果一定是布尔类型。

（4）逻辑运算符适合于对任何对象的操作。

（5）3 个逻辑操作符的优先级不一样：

- not 最高，比乘除高，比幂低，是右优先结合。
- and、or 比算术低，比赋值高；其中，and 比 or 高，都是左优先结合。

2）短路逻辑

由上面的讨论可以看出：

（1）对于表达式 a and b，如果 a 为 False，表达式就已经确定，可以立刻返回 False，而不管 b 的值是什么，所以就不需要再执行子表达式 b。

（2）对于表达式 a or b，如果 a 为 True，表达式就已经确定，可以立刻返回 True，而不管 b 的值是什么，所以就不需要再执行子表达式 b。

这两种行为都被称为短路逻辑（short-circuit logic）或惰性求值（lazy evaluation），即第二个子表达式"被短路了"，从而避免了无用地执行代码。这是一个程序设计中可以采用的技巧，但使用时须注意两个参与运算的表达式中不能包含有副作用的操作，如赋值。不过，不用担心，因为 Python 已经把在任何布尔表达式中存在有副作用的表达式都看作语法错误了。

代码 2-16 错误的逻辑操作表达式示例。

```
>>> a > 2 and (a = 5 > 2)
SyntaxError: invalid syntax
>>> (a = 5) < 3
SyntaxError: invalid syntax
>>> (a = True) and 3 > 5
SyntaxError: invalid syntax
>>> !(a = True)
SyntaxError: invalid syntax
>>> a = 5 < 3
>>> a
False
```

3）重要逻辑运算法则

表 2.5 给出 9 条重要逻辑运算法则。为了简洁，表中用 1 代表 True，用 0 代表 False，用+代表 or，用·代表 and，用上画线代表 not，用 A 代表任意逻辑对象，并且=为数学中的等于符号。熟悉这些定律有助于在程序设计中很好地把握逻辑关系的简化或分解。

表 2.5　重要逻辑运算法则

名　　称	公　　式	
0-1 律	$A+0=A$ $A+1=1$	$A\cdot 0=0$ $A\cdot 1=A$
互补律	$A+\overline{A}=1$	$A\cdot\overline{A}=0$
重叠律	$A+A=A$	$A\cdot A=A$
交换律	$A+B=B+A$	$A\cdot B=B\cdot A$
分配律	$A\cdot(B+C)=A\cdot B+A\cdot C$	$A+B\cdot C=(A+B)\cdot(A+C)$
结合律	$(A+B)+C=A+(B+C)$	$(A\cdot B)\cdot C=A\cdot(B\cdot C)$
吸收律	$A+A\cdot B=A$	$A\cdot(A+B)=A$
反演律	$\overline{A\cdot B\cdot C\cdots}=\overline{A}+\overline{B}+\overline{C}+\cdots$	$\overline{A+B+C+\cdots}=\overline{A}\cdot\overline{B}\cdot\overline{C}\cdot\cdots$
还原率	$\overline{\overline{A}}=A$	

4．bool 表达式的用途

关系表达式和逻辑表达式可以统称 bool 表达式，即它们的运算结果都返回 bool 类型对象。在程序中，bool 表达式主要作为判断结构或循环结构的依据或条件。

2.2.2　int 类型

1．int 类型对象及其表示

int 类型的对象（简称整数() integer()）是不带小数点的数值对象。Python 允许用十进制、二进制、八进制和十六进制表示整数。

（1）十进制数用 0、1、2、3、4、5、6、7、8、9 十个数字符号和+、−两个正负号表示数值，具有逢十进一的计数规则。

（2）二进制数用数字 0 和字符 b(或 B)作为前缀，后面只用 0 和 1 表示数值，如 0b111 表示十进制 7。二进制具有逢二进一的计数规则。

（3）八进制以数字 0 和字符 o(或 O)作为前缀，后面用 1、2、3、4、5、6、7 八个符号表示数值，如 0o127 表示十进制 87。八进制具有逢八进一的计数规则。

（4）十六进制以数字 0 和字符 x（或 X）作为前缀，后面用 0～9 和 a～f（或 A～F）表示数值，如 0x15 表示十进制 21。十六进制数具有逢十六进一的计数规则。

从语法角度看，Python 整数的取值范围没有限制。不过，取值超过一个基本值后，取值越大，占用的存储空间越大，处理时间就越长。因此，虽然程序员不必担心取值超出范围，但超大的整数有可能会使计算机耗尽内存。

2．int 对象的创建

Int 类型的构造函数格式为

```
int ( 数值 [ = 0] , [base =] 进制 )
```

说明：

（1）进制用数字 2、8、10、16。"base ="可以省略。10 是默认进制，其他进制的 base 值不可省略。

（2）数值部分可以是与进制对应的数字字符串，默认值为 0。

（3）int()返回十进制数值对象。给出的参数必须能转换成十进制数。如果不能转换，将导致 ValueError。

（4）int 是内置类型，只要按照规则写出一个 int 字面量，系统就会将其创建为 int 类对象。

代码 2-17 int 对象创建示例。

```
>>> int('5',base = 10),int('5',10),int('5'),int(5),5       #合法的十进制int对象的创建
(5, 5, 5, 5,5)
>>> int('0',base = 10),int('0',10),int('0'),int(0),int(),0  #合法的十进制int对象0的创建
(0, 0, 0, 0, 0,0)
>>> int(5,base = 10)                                       #数值部分是十进制数值时，不可保留base
Traceback (most recent call last):
  File "<pyshell#14>", line 1, in <module>
    int(5,base = 10)
TypeError: int() can't convert non-string with explicit base
>>> int('123abcdef',base = 16),int('123abcdef',16)  #合法的十六进制int对象的创建
(4893429231, 4893429231)
>>> int('123abcdef')                                #非十进制对象创建时，不可缺省base部分
Traceback (most recent call last):
  File "<pyshell#17>", line 1, in <module>
    int('123abcdef')
ValueError: invalid literal for int() with base 10: '123abcdef'
>>> int('10101100',base = 2),int('10101100',2)      #合法的二进制int对象的创建
(172, 172)
>>> int('1234567',base = 8),int('1234567',8)        #合法的八进制int对象的创建
(342391, 342391)
>>> int('12345678',base = 8)                        #含有不符合对应进制的字符
Traceback (most recent call last):
  File "<pyshell#21>", line 1, in <module>
    int('12345678',base = 8)
ValueError: invalid literal for int() with base 8: '12345678'
>>> int('abcd')
Traceback (most recent call last):
  File "<pyshell#0>", line 1, in <module>
    int('abcd')
ValueError: invalid literal for int() with base 10: 'abcd'
```

3. int 类型对象操作

对于 int 类型对象，可以进行下列操作。

（1）整型算术操作符：+、-、*、//（整除）、%、**。除（/）虽然可以对 int 对象进行操作，但实际上是浮点除，得到的结果是 float 类型。

（2）math 模块中的数学运算函数。

（3）int 类型定义的方法。Python 的对象都有其对应的类。在类中不仅定义了有关数据成员，还有一些行为成员。这些行为成员称为类方法。Int()构造方法就是其中一个方法。其次还有一些其他方法，这些类成员可以用 dir 函数获取。图 2.3 是用 dir(int)获取的 int 类成员。

```
>>> dir(int)
['__abs__', '__add__', '__and__', '__bool__', '__ceil__', '__class__', '__delattr__', '__dir__', '__divmod__', '__doc__', '__eq__', '__float__', '__floor__', '__floordiv__', '__format__', '__ge__', '__getattribute__', '__getnewargs__', '__gt__', '__hash__', '__index__', '__init__', '__init_subclass__', '__int__', '__invert__', '__le__', '__lshift__', '__lt__', '__mod__', '__mul__', '__ne__', '__neg__', '__new__', '__or__', '__pos__', '__pow__', '__radd__', '__rand__', '__rdivmod__', '__reduce__', '__reduce_ex__', '__repr__', '__rfloordiv__', '__rlshift__', '__rmod__', '__rmul__', '__ror__', '__round__', '__rpow__', '__rrshift__', '__rshift__', '__rsub__', '__rtruediv__', '__rxor__', '__setattr__', '__sizeof__', '__str__', '__sub__', '__subclasshook__', '__truediv__', '__trunc__', '__xor__', 'bit_length', 'conjugate', 'denominator', 'from_bytes', 'imag', 'numerator', 'real', 'to_bytes']
>>>
```

图 2.3　用 dir(int)获取的 int 类成员

这些方法以后会逐步了解。这里只介绍其中一个方法 bit_length()，它的作用是获取一个对象的二进制位数。

代码 2-18　int 类 bit_length()方法的用法示例。

```
>>> i = 123
>>> i.bit_length()          #获取 i 的二进制位数
7
>>> bin(i)                  #将 i 转换为二进制，以核实获取的位数是否正确
'0b1111011'
```

说明：类方法与其他函数形式上相同，但调用方式不同：一般函数将需要计算的对象作为参数。而方法是把被计算的对象作为调用者，将对象放在前面，以圆点（.）表示该方法是其分量。

（4）其他操作，如位操作。这里不再介绍。

2.2.3　float 类型

1. float 类型对象及其类型参数

float（浮点）类型对象是带一个小数点，或者是含有科学计数标志 e 或者 E 的数值数据对象。或者说，一个带有小数点或幂的数字，Python 就会将它解释为一个 float 类型对象。在底层，float 类型的数据是以浮点格式表示的，即采用科学记数法将为每种浮点数据分配的二进制宽度划分为符号位（sign bit）、阶码（即指数 exponent）和尾数（也称有效位数 significand）3 部分。目前，多数系统采用 IEEE 754 标准（即 IEC60559）。在 Python 中，

有关 float 的信息保存在 sys 模块的 float_info 中。

代码 2-19 测试 float 类型信息。

```
>>> import sys
>>> sys.float_info
sys.float_info(max=1.7976931348623157e+308,          max_exp=1024,          max_10_exp=308,
min=2.2250738585072014e-308,  min_exp=-1021,  min_10_exp=-307,  dig=15,  mant_dig=53,
epsilon=2.220446049250313e-16, radix=2, rounds=1)
```

这个测试结果表明 Python 的 float 类型具有如下类型参数。

（1）最大值：max=1.7976931348623157e+308，二进制 max_exp=1024 位。

（2）最小值：min=2.2250738585072014e-308, 二进制 min_exp=-1021。

（3）十进制精度：dig=15，二进制尾数 53 位（含一个符号位）。

（4）数据间隔：epsilon=2.220446049250313e-16。

这些参数表明，在计算机中，有限的字长和存储容量也不可能表示任意精度，并且有些有限位数的十进制数用二进制不能用有限位数表示。因此，在计算机中带小数点的数不称为实数，而称为浮点数。

2．float 类型对象的创建

float 类的构造方法为 float(x)，它可以将类型兼容的对象（如数值或字符串）转换为 float 对象。

3．float 类型对象操作

float 对象可以进行算术、关系、赋值操作，但是无法在相差极小的两个浮点数之间进行比较或判等操作。因为许多实数不能在有限精度内准确地用二进制表示，而且 Python 浮点数的最大精度是 15 位。

代码 2-20 比较操作符的限制。

```
>>> 不宜对太小的浮点数进行比较
>>> 1. + 1.e-16 > 1.
False
>>> 1. + 1.e-15 > 1.
True
```

2.2.4　complex 类型

1．complex 对象及其创建

复数（complex）通过实部+虚部表示。在 Python 中，compex 对象有两种表示方法。

（1）用实部 + 虚部的书面形式创建。其中，虚部以 j 或 J 结尾。

（2）实部可有可无。

（3）实部和虚部都用浮点数表示。

复数对象用内置的 complex(real,imag)构造。但是，按照上述规则书写的字面量，会被自动解释为复数对象。

代码 2-21 创建复数对象。

```
>>> 2 + 3j
(2+3j)
>>> 5j
5j
>>> complex(3,5)
(3+5j)
>>> complex(,6)
SyntaxError: invalid syntax
>>> complex(0,7)
7j
```

注意，使用 complex 创建复数对象时，实部不可缺省。

2．complex 对象的操作

可以对 complex 对象施加算术、判等、判是、判属、赋值等操作，但是不可对其施加比较操作。

代码 2-22 complex 对象操作的限制。

```
>>> 不可对复数进行比较操作
>>> a = 2 + 3j
>>> b = 1 + 5j
>>> a >= b

Traceback (most recent call last):
  File "<pyshell#2>", line 1, in <module>
    a >= b
TypeError: no ordering relation is defined for complex numbers
```

2.2.5 Python 数据类型转换

为了给程序员的计算提供方便，多数程序设计语言都允许类型兼容的对象进行转换。例如，为了取得计算的精度，需要将 int 类型对象向 float 类型转换等，否则计算结果就会不可思议。

代码 2-23 不可思议的计算示例。

```
>>> 2 // 3 * 10000000
0
```

为了避免这种情形，就需要进行类型转换。但是，这种转换必须在类型兼容的对象之间进行。例如，可以将一个 int 类型对象转换成 float 类型，因为它们类型兼容；而不能将非数字字符串转换为 int 或 float 类型对象，因为它们类型不兼容。

代码 2-24 类型兼容与不兼容的转换。

```
>>> int('abc')                          #类型不兼容
```

```
Traceback (most recent call last):
  File "<pyshell#0>", line 1, in <module>
    int('abc')
ValueError: invalid literal for int() with base 10: 'abc'
>>> int('a')                          #类型不兼容
Traceback (most recent call last):
  File "<pyshell#1>", line 1, in <module>
    int('a')
ValueError: invalid literal for int() with base 10: 'a'
>>> float(2)                          #类型兼容
2.0
```

一般来说，类型转换有显式和隐式两种形式。

1. 显式数据类型转换

有时需要对数据的类型进行转换。对于内置数据类型的转换，可以使用内置的数据类型转换函数。表 2.6 为一些内置数据类型转换函数。这些函数返回一个新的对象，表示转换的值。

表 2.6 一些内置数据类型转换函数

函　数	描　述
int(x [,base])	将 x 转换为一个整数
float(x)	将 x 转换为一个浮点数
complex(real [,imag])	创建一个复数
str(x)	将对象 x 转换为字符串
repr(x)	将对象 x 转换为表达式字符串
eval(str)	用来计算在字符串中的有效 Python 表达式,并返回一个对象
tuple(s)	将序列 s 转换为一个元组
list(s)	将序列 s 转换为一个列表
set(s)	转换为可变集合
dict(d)	创建一个字典。d 必须是一个序列 (key,value)元组
frozenset(s)	转换为不可变集合
chr(x)	将一个整数转换为一个字符
ord(x)	将一个字符转换为它的整数值
hex(x)	将一个整数转换为一个十六进制字符串
oct(x)	将一个整数转换为一个八进制字符串

代码 2-25 对象类型转换示例。

```
>>> float(5)
5.0
>>> int(12.345)
12
>>> int(1234.567)
1234
```

```
>>> chr(123)
'{'
>>> ord('a')
97
>>> hex(123)
'0x7b'
>>> oct(123)
'0o173'
```

2．隐式数据类型转换

隐式数据类型转换是在表达式中自动进行的，也称自动转换。Python 自动转换在两种情况下进行：一种是遇到特殊运算符，如 Python 3.0 中的除（/）计算；另一种是当一个表达式中含有类型不同、但相互兼容的数据对象时，这时低类型会自动向高类型转换。

代码 2-26　对象类型隐式转换示例。

```
>>> 2 / 3 * 1000000                    #Python 3.0中的浮点除（/）执行浮点计算返回float类型
666666.6666666666
```

练习 2.2

1．选择题

（1）如果 a = 2，则表达式 not a<1 的值为_____。

    A．2　　　　　　　　B．0　　　　　　　　C．False　　　　　　　D．True

（2）如果 a = 1,b = 2,c = 3，则表达式.(a == b < c) == (a == b and b < c)的值为_____。

    A．−1　　　　　　　B．0　　　　　　　　C．False　　　　　　　D．True

（3）表达式 1!= 1 >= 0 的值为_____。

    A．1　　　　　　　　B．0　　　　　　　　C．False　　　　　　　D．True

（4）表达式 1 > 0 and 5 的值为_____。

    A．1　　　　　　　　B．5　　　　　　　　C．False　　　　　　　D．True

（5）表达式 1 is 1 and 2 is not 3 的值为_____。

    A．2　　　　　　　　B．3　　　　　　　　C．False　　　　　　　D．True

（6）如果 a =1, b =True，则表达式 a is 2 or b is 1 or 3 的值为_____。

    A．1　　　　　　　　B．3　　　　　　　　C．False　　　　　　　D．True

（7）如果 a = 2 + 3j，b =True，则表达式 b and a 的值为_____。

    A．(2 + 3j)　　　　　B．−1　　　　　　　C．False　　　　　　　D．True

（8）如果 a=2 + 3j，b=True，则表达式 a and −b 的值为_____。

    A．(2 + 3j)　　　　　B．−1　　　　　　　C．False　　　　　　　D．True

（9）下列表达式中，值为 True 的是_____。

    A．5 + 4j > 2−3j　　　B．3 > 2 > 2　　　　C．(3,2) < ("a", "b")　　D．"abc" > "xyz"

（10）下面关于 Python 数据类型的说法中，正确的是_____。

A．带小数点的数称为实数　　　　　　　　B．带小数点的数称为浮点数

C．可以使用科学记数法描述的数称为浮点数　D．能进行精确除的数称为浮点数

（11）下面关于 Python 复数的说法中，正确的是_____。

A．带有 j 或 J 的数字称为复数　　　　　　B．由实部和虚部两部分组成的数称为复数

C．复数的虚部要以一个 j 或 J 结束　　　　D．复数的虚部要以一个 j 或 J 开头

（12）关于 Python 中的复数，下列说法中错误的是_____。

A．表示复数的语法是 real + imag j　　　　B．实部和虚部都是浮点数

C．虚部必须有小写的后缀 j　　　　　　　D．方法 conjugate 返回复数的共轭复数

（13）在下列词汇中，不属于 Python 支持的数据类型的是_____。

A．char　　　　　　B．int　　　　　　C．float　　　　　　D．list

（14）表达式 type(1+2L*3.14) 的执行结果是_____。

A．<type 'int'>　　B．<type 'long'>　　C．<type 'float'>　　D．<type 'str'>

2．判断题

（1）比较操作符、逻辑操作符、身份认定操作符适用于任何对象。　　　　　　（　　）

（2）表达式 1. + 1.0e−16 > 1.0 的值为 True。　　　　　　　　　　　　　　（　　）

（3）操作符 is 与==是等价的。　　　　　　　　　　　　　　　　　　　　　（　　）

（4）表达式 not (number % 2 == 0 and number % 3 == 0)与(number % 2 != or number % 3 != 0)是等价的。

（　　）

（5）表达式(x >= 1) and (x < 10)与(1 <= x < 10)是等价的。　　　　　　　　（　　）

（6）表达式 not(x > 0 and x < 10)与(x < 0) or (x > 10)是等价的。　　　　　　（　　）

3．代码分析题

（1）给出下面两个表达式的值，然后上机验证，给出解释。

（a）0.1 + 0.1 + 0.1 == 0.3

（b）0.1 + 0.1 + 0.1 == 0.2

（2）1 or 2 和 1 and 2 的输出分别是什么？

（a）A．1 or 2 结果 1

（b）1 and 2 结果 2

（3）下面代码的输出结果是什么？

```
value = 'B' and 'A' or 'C'
print(value)
```

（4）给定以下赋值：

```
a = 10; b = 10; c = 100; d = 100; e = 10.0; f = 10.0
```

请问下面各表达式的输出是什么？为什么？

(a)　a is b

(b)　c is d

(c) e is f

4．简答题

（1）Python 整数的最大值是多少？

（2）实型数和浮点数的区别在什么地方？

（3）上网查询后回答，Decimal 类型和 Fraction 类型适合在什么情况下使用？

5．程序设计题

（1）用 Python 打印一个表格，给出十进制[0,32]之间每个数对应的二进制、八进制和十六进制数。要求所有的线条都用字符组成。

（2）用 Python 打印一个表格，给出 0°～360°之间每隔 20°的 sin、cos、tan 值。要求所有的线条都用字符组成。

2.3 序　列

序列（sequence），就是元素的有序排列。Python 有元组（tuple）、列表（list）和字符串（string）3 种内置序列容器，它们的元素都按照某种方式有序地排列。三者之间的区别不仅在边界符上，而且还在可变性和元素的性质上：元组和字符串对象是不可变的容器，列表是可变容器；列表和元组的元素可以是任何以逗号（,）分隔的对象，而字符串的元素是没有分隔符的字符列表。

2.3.1 序列对象的构建

列表、元组和字符串都可以用如下两种方式构建对象：使用字面量构建和用构造方法构建。

1．使用字面量构建

不管是元组，还是列表或字符串，它们创建对象的方法相似且非常简单，只要用边界符将序列元素括起来，就成为序列对象。当一个序列有多个元素时，元素之间应使用合法的分隔符分隔。

代码 2-27　创建合法的字符串对象示例。

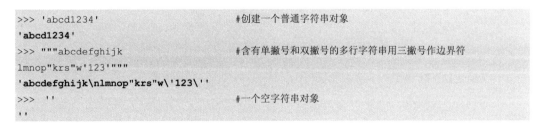

说明：

（1）Python 字符串是由单个字符为元素组成的序列。这些单个字符可以是键盘上打出的任何字符，也可以是转义字符。

（2）三撇号字符串与单撇号字符串和双撇号字符串的区别在于，它可以是多行的，可以直接包含换行，也可以直接包含单撇号和双撇号。

代码 2-28 创建合法的列表对象示例。

```
>>> ['ABCDE','Hello',"ok",'''Python''',123]          #创建一个列表对象
['ABCDE', 'Hello', 'ok', 'Python', 123]
```

代码 2-29 创建合法的元组对象示例。

```
>>> ('ABCDE','Hello',"ok",'''Python''',123)          #创建一个元组对象
 ('ABCDE', 'Hello', 'ok', 'Python', 123)
>>> (123,)                                           #要创建只有一个元素的元组,最后加一个分隔符
(123,)
>>> 1,2,3                                             # 圆括号可以省略
(1, 2, 3)
```

非但如此，还可以用变量指向这些用符号常量构建的序列对象。

代码 2-30 用变量指向序列对象示例。

```
>>> str1 = 'abcd1234'                                #创建一个普通字符串对象,并用变量 str1 指向它
>>> list1 = ['ABCDE','Hello',"ok",'''Python''',123]  #创建一个列表对象,并用变量 list1 指向它
>>> tup1 = ('ABCDE','Hello',"ok",'''Python''',123)   #创建一个元组对象,并用变量 tup1 指向它
```

2．用构造方法构建序列对象

用构造方法构建序列对象的语法如下。

list(<u>iterable</u>)   #用可枚举对象 iterable 构建一个列表对象

tuple(<u>iterable</u>)   #用可枚举对象 iterable 构建一个元组对象

str(<u>字符串字面量</u>)   #用可枚举对象 iterable 构建一个字符串对象

当参数缺省时，构建的是一个空序列对象。

代码 2-31 用构造方法构建序列对象示例。

```
>>> list1 = list()                      #构建一个空列表对象
>>> list1
[]
>>> list2 = list("I like Python,2017")  #用字符串（可枚举）对象构建一个空列表对象
>>> list2
['I', ' ', 'l', 'i', 'k', 'e', ' ', 'P', 'y', 't', 'h', 'o', 'n', ',', '2', '0', '1', '7']
>>> list3 = list(range(1,20,3))         #用 range()函数返回的递增整数序列构建一个列表对象
>>> list3
[1, 4, 7, 10, 13, 16, 19]
>>>
>>> t1 = tuple('a','b','c',1,2,3)       #错误,不能用多个参数
Traceback (most recent call last):
  File "<pyshell#10>", line 1, in <module>
    ti = tuple('a','b','c',1,2,3)
TypeError: tuple() takes at most 1 argument (6 given)>>> t1=tuple(['a','b','c',1,2,3])
>>> t1=tuple(['a','b','c',1,2,3])       #ok
```

```
>>> t1
('a', 'b', 'c', 1, 2, 3)
>>> t2 = tuple(range(1,20,3))          #用 range()函数返回的递增整数序列构建一个元组对象
>>> t2
(1, 4, 7, 10, 13, 16, 19)
>>> type(list1)                        #测试类型
<class 'list'>
>>> list2 = list('Hello,Python')       #将字符串用函数 list()转换为列表
>>> list2
['H', 'e', 'l', 'l', 'o', ',', 'P', 'y', 't', 'h', 'o', 'n']
```

注意：任何对象不再使用时，都可以用 del 语句删除指向它的变量。不过，当一个对象的引用为 0 时，将会由垃圾处理机制自动回收。

2.3.2 序列通用操作

不管是哪种序列对象，都可以使用下列操作符进行操作。

1．序列对象的元素索引与切片

序列的基本特征是有序，即序列中的元素包含了一个从左到右的顺序，这个顺序用元素在序列中的位置偏移量表示。这个位置偏移量也称为序列号或下标（index，索引），可以分为如图 2.4 所示的正向和反向两个体系。

图 2.4　序列的正向索引与反向索引

注意：正向下标最左端为 0，向右按 1 递增；反向下标最右端为–1，向左按–1 递减。使用索引/切片操作符（[]）可以对序列进行索引/切片操作。

1）索引

索引（index）是快捷获取信息的手段。在序列容器中，索引一个元素的操作由索引操作符（[]，也称为下标操作符）和下标进行。

代码 2-32　序列索引示例。

```
>>> list1 = ['ABCDE','Hello',"ok",'''Python''',123]
>>> list1[3]
'Python'
>>> s1 = 'abcd1234'
>>> s1[-3]
'2'
>>> t1 = ('ABCDE','Hello',"ok",'''Python''',123)
>>> t1[-5]
'ABCDE'
```

2）切片

切片操作的格式如下。

| 序列对象变量 [起始下标 ：终止下标 ：步长] |

说明：

（1）切片就是在序列中划定一个区间[起始下标：终止下标)，并按步长选取元素，但不包括终止下标指示的元素。

（2）步长的默认值为 1，即不指定步长，就是获取指定区间中的每个元素，但不包括终止下标指示的元素。

（3）起始下标和终止下标省略或表示为 None，分别默认为起点和终点。

（4）起始在左、终止在右时，步长应为正；起始在右、终止在左时，步长应为负，否则切片为空。

代码 2-33 序列切片示例。

```
>>> list1 = ['ABCDE','Hello',"ok",'''Python''',123]
>>> list1[:]                              #起始、终止、步长都缺省
['ABCDE', 'Hello', 'ok', 'Python', 123]
>>> list1[None:]                          #起始为 None，其他缺省
['ABCDE', 'Hello', 'ok', 'Python', 123]
>>> list1[::2]                            #起始、终止缺省，步长为2
['ABCDE', 'ok', 123]
>>> list1[1:3]                            #步长缺省，起始、终止分别为1，3
['Hello', 'ok']
>>> list1[-5:-2]                          #反向索引：起始在左，步长为正
['ABCDE', 'Hello', 'ok']
>>> list1[2:2]                            #起始与终止相同，取空
[]
>>> list1[2:3]
['ok']
>>> s1 = "ABCDEFGHIJK123"
>>> s1[-2:-10:2]                          #反向索引：起始在右，步长为正，将得空序列
''
>>> s1[-2:-11:-2]                         #反向索引：起始在右，步长为负
'2KIGE'
>>> s1[11:2:-2]                           #正向索引：起始在右，步长为负
'1JHFD'
```

2．序列对象连接与重复操作

Python 用连接操作符（+）和重复操作符（*）进行序列的连接和重复操作，格式如下。

| 序列1 + 序列2 |

| 序列 * 重复次数 |

代码 2-34 序列连接与重复示例。

```
>>> list1 = ['ABCDE','Hello',"ok",'''Python''',123]
>>> list2 = ['xyz',567]
>>> list1 + list2
['ABCDE', 'Hello', 'ok', 'Python', 123, 'xyz', 567]
>>> list2 * 3
['xyz', 567, 'xyz', 567, 'xyz', 567]
>>> s1 = "ABCDEFGHIJK123"
>>> s2 = 'abcdfg'
>>> s1 + s2
'ABCDEFGHIJK123abcdfg'
>>> s2 * 3
'abcdfgabcdfgabcdfg'
```

3. 序列对象判定操作

序列对象的判定操作包括如下 4 类，它们均得到 bool 值：True 或 False。

（1）对象值比较操作符：>、>=、<、<=、==和!=。

（2）对象身份是否判定操作符：is 和 is not。

（3）成员所属判定操作符：in 和 not in。

（4）布尔操作符：not、and 和 or。

（5）判定序列对象的元素是否全部或部分为 True 的内置函数：all()和 any()。

代码 2-35 对序列进行判定操作示例。

```
>>> list1 = ['ABCDE','Hello',"ok",'''Python''',123]; list2 = ['xyz',567]
>>> list1 == list2
False
>>> list1 != list2
True
>>> list1 > list2
False
>>> list1 < list2
True
>>> 'ABCDE' in list1
True
>>> ['xyz',567] is list2
False
>>> list2 is ['xyz',567]
False
>>> list3 = ['xyz',567]; list3 == list2
True
>>> list is list2
False
>>> t1 = (1,2,3); t2 = (1,2,3); t3 = (1,2,0)
>>> t1 == t2
True
>>> t1 is t2
```

```
False
>>> t1 = t2; t1 is t2
True
>>> all(t3)
False
>>> any(t3)
True
```

说明：

（1）相等比较（==）与是否比较（is）不同，相等比较的是值，是否比较的是 ID。

（2）序列对象不是按照值存储的，即值相等，不一定是同一对象。

（3）字符串之间的比较是按正向下标，从 0 开始以对应字符的码值（如 ASCII 码值）作为依据进行的，直到对应字符不同，或所有字符都相同，才能决定大小或是否相等。

4. 获取序列对象的长度、最大值、最小值与元素和

下面 4 个 Python 内置函数用于获取序列有关数据。

len(obj)：返回对象 obj 的元素个数。

max(s)：返回序列 s 的最大值（仅限字符串或数值序列）。

min(s)：返回序列 s 的最小值（仅限字符串或数值序列）。

sum(s)：返回序列 s 的元素之和（仅限数值序列）。

代码 2-36 对序列求元素个数、最大元素、最小元素与和示例。

```
>>> list1 = ['ABCDE','Hello',"ok",'''Python''',123]; s1 = 'qwertyuiop'; t1 = (1.23,3.1416,1.414)
>>> len(list1)
5
>>> max(list1)                                    #错误，非数值序列、非字符串求最大值
Traceback (most recent call last):
  File "<pyshell#10>", line 1, in <module>
    max(list1)
TypeError: '>' not supported between instances of 'int' and 'str'
>>> max(s1)
'y'
>>> sum(s1)                                       #错误，非数值序列求和
Traceback (most recent call last):
  File "<pyshell#20>", line 1, in <module>
    sum(s1)
TypeError: unsupported operand type(s) for +: 'int' and 'str'
>>> sum(t1)
5.7856
```

5. 序列元素排序

可以用内置函数 sorted()返回一个序列元素排序后的列表。该函数的格式如下。

sorted(序列对象[, key = 排序属性][, reverse = False/True])

说明：

（1）排序的前提是元素间可以相互比较。若一个序列中有不可相互比较的元素，就不可排序。

（2）一个序列中的元素对象可以有许多属性，要用 key 指定按照哪个属性排序。例如，对字符串可以指定 str.lower。通常，对于字符串元素以及数值型元素对象，key 项可以缺省，默认按照数值排序。对于字符串对象，按照编码值（如 ASCII 码值）排序。

（3）sorted()函数默认按照升序排序，但可以用 reverse 的取值 True/False 决定是否反转。

（4）sorted()返回一个列表。

代码 2-37　序列元素排序示例。

```
>>> list1 = ['ABCDE','Hello',"ok",'''Python''']
>>> s1 = 'qwertyuiop'
>>> t1 = (1.23,3.1416,1.414); t2 = ('a','y',1,2,'n')
>>> sorted(list1,key = str.lower)
['ABCDE', 'Hello', 'ok', 'Python']
>>> sorted(s1)
['e', 'i', 'o', 'p', 'q', 'r', 't', 'u', 'w', 'y']
>>> sorted(s1,reverse = True)
['y', 'w', 'u', 't', 'r', 'q', 'p', 'o', 'i', 'e']
>>> sorted(t1)
[1.23, 1.414, 3.1416]
>>> sorted(t2)                              #错误，t2 中含不可比较元素
Traceback (most recent call last):
  File "<pyshell#28>", line 1, in <module>
    sorted(t2)
TypeError: '<' not supported between instances of 'int' and 'str'
```

说明：产生一个错误的原因是无法对不可相互比较的序列元素排序。

6．序列拆分

一个序列可以按照元素数量被拆分。下面分 3 种情形讨论。

1）变量数与元素数一致

当变量数与元素数一致时，将为每个变量按顺序分配一个元素。

代码 2-38　变量数与元素数一致时的序列拆分示例。

```
>>> t1 = ("zhang",'male',20,"computer",3,(70,80,90,65,95))
>>> name,sex,age,major,year,grade = t1
>>> name
'zhang'
>>> sex
'male'
>>> age
20
>>> major
```

```
'computer'
>>> year
3
>>> grade
(70, 80, 90, 65, 95)
```

2）变量数少于元素数

变量数与元素数不一致，将导致 ValueError。但是，用比序列元素个数少的变量拆分一个序列，可以获取一个子序列。办法是，在欲获取子序列的变量前加一个星号。

代码 2-39　在序列中获取一个子序列的拆分示例。

```
>>> grade = (70, 80, 90, 65, 95)
>>> first,*middles,last = sorted(grade)    #用 middles 获取数据排序后再去掉最高成绩和最低成绩
>>> sum(middles)/len(middles)              #计算中间段的平均成绩
80.0
```

3）获取仅关心的元素

为了获取仅关心的元素，可以用匿名变量（_）进行虚读。

代码 2-40　在序列中安排部分虚读示例。

```
>>> t1 = ("zhang",'male',20,"computer",3,(70,80,90,65,95))
>>> name,_,_,*learningStatus = t1         #嵌入虚读的匿名变量
>>> name
'zhang'
>>> learningStatus
['computer', 3, (70, 80, 90, 65, 95)]
```

7．序列遍历

遍历（traversal）是指按某条路径巡访容器中的元素，使每个元素均被访问到，而且仅被访问一次。遍历的关键是设计巡访路径。对于序列这样的线性容器来说，最容易理解的遍历路径列表是通过一个对象值的迭代，形成一条遍历路径。为此可以使用 for 循环。具体有 3 种办法。

（1）用 len()函数计算出序列长度，用 range()函数产生一个索引序列控制 for 循环。

（2）隐匿列表长度，利用本身的序列控制 for 循环。

（3）用内置的 enumerate()将序列转换为索引序列控制 for 循环。

代码 2-41　遍历序列的 3 种 for 结构示例。

```
>>> t1 = ('one', 'two', 'three')
#办法 1：利用 len()和 range()控制 for
>>> for i in range (0,len(t1)):
    print (i,t1[i])
0 one
1 two
2 three
#办法 2：直接用 t1 序列控制 for
```

```
>>> for i in t1:
    print (i)
one
two
three
#办法 3-1: enumerate()控制 for
>>> for i, element in enumerate(t1):
    print(i,t1[i])
0 one
1 two
2 three
```

2.3.3 列表的个性化操作

列表的基本特征是有序和可变。有序是序列容器的共性。体现这个共性的操作前面已经介绍了。表 2.7 是体现其可变性的操作函数。这些函数仅属于列表类型，是列表容器的另一方面属性。为体现类（类型）的属性性，这种函数都被特别称为方法（method），并且要用圆点（.）操作符——也称分量操作符进行访问。可以看出，内置的序列操作函数是将所操作对象作为参数，而列表个性化操作方法是作为操作对象的分量调用。

表 2.7　列表个性化操作的主要方法（设 aList = [3,5,7,5]）

方 法 名	功　　能	参 数 示 例	执 行 结 果
aList.append(obj)	将对象 obj 追加到列表末尾	obj = 'a'	aList: [3,5,7,5, 'a']
aList.clear()	清空列表 aList		aList:　[]
aList.copy()	复制列表 aList	bList = aList.copy()	bList:　[3,5,7,5]
		id(aList)	2049061251528
		id(bList)	2049061251016
aList.count(obj)	统计元素 obj 在列表中出现的次数	obj = 5	2
aList.extend(seq)	把序列 seq 一次性追加到列表末尾	seq = ['a',8,9]	aList:　[3,5,7, 'a',8,9]
aList.index(obj)	返回 obj 首个位置索引值；若无 obj，则抛出异常	obj = 5	1
aList.insert(index,obj)	将对象 obj 插入列表中下标为 index 的位置	index = 2,obj =8	aList:　[3,5,8,7,5]
aList.pop(index)	移除 index 指定元素（默认尾元素），返回其值	index = 3	3, aList:　[3,5,7]
aList.remove(obj)	移除列表中 obj 的第一个匹配项	obj = 5　.	aList:　[3,7,5]
aList.reverse()	列表中的元素进行原地反转		aList:　[5,7,5,3]
aList.sort()	对原列表进行原地排序		aList:　[3, 5, 5, 7]

下面从应用的角度讨论列表的几种个性化操作。

1．向列表增添元素

向列表增添元素有如下 5 种办法。

1）利用加号（＋）

代码 2-42　利用加号向序列添加元素示例。

```
>>> aList = [3,5,9,7];bList = ['a','b']
```

```
>>> aList += bList
>>> aList
[3, 5, 9, 7, 'a', 'b']
```

2）利用乘号（*）

代码 2-43 利用乘号向序列添加元素示例。

```
>>> aList = [3,5,9,7]
>>> aList * 3
[3, 5, 9, 7, 3, 5, 9, 7, 3, 5, 9, 7]
```

3）用 append() 函数向列表尾部添加一个对象

代码 2-44 用 append() 方法向列表尾部添加一个对象示例。

```
>>> aList = [3,5,9,7];bList = ['a','b']
>>> aList.append(bList)
>>> aList
[3, 5, 9, 7, ['a', 'b']]
>>> aList.append(True)
>>> aList
[3, 5, 9, 7, ['a', 'b'], True]
```

4）用 extend() 方法向列表尾部添加一个列表

代码 2-45 用 extend() 方法向列表尾部添加一个对象示例。

```
>>> aList = [3,5,9,7];bList = ['a','b']
>>> aList.extend(bList)
>>> aList
[3, 5, 9, 7, 'a', 'b']
```

将这个结果与代码 2-42 的结果比较。

5）用 insert() 方法将一个元素插入到指定位置

代码 2-46 用 insert() 方法将一个对象插入到指定位置示例。

```
>>> aList = [3,5,9,7];bList = ['a','b']
>>> aList.insert(2,bList)
>>> aList
[3, 5, ['a', 'b'], 9, 7]
>>> aList.insert(4,2)
>>> aList
[3, 5, ['a', 'b'], 9, 2, 7]
```

这 5 种办法各有特色，但也有异曲同工之效。

2．从列表中删除元素

Python 对于从列表中删除元素，有 del、remove、pop 3 种操作。它们的区别在于：

（1）del 根据索引（元素所在位置）删除。

（2）remove 是删除首个符合条件的元素。

（3）pop 返回的是弹出的那个数值。

代码 2-47 在列表中删除元素示例。

```
>>> aList = [3,5,7,9,8,6,2,5,7,1]
>>> del aList[3]
>>> aList
[3, 5, 7, 8, 6, 2, 5, 7, 1]
>>> aList.remove(7)
>>> aList
[3, 5, 8, 6, 2, 5, 7, 1]
>>> aList.remove(10)
Traceback (most recent call last):
  File "<pyshell#39>", line 1, in <module>
    aList.remove(10)
ValueError: list.remove(x): x not in list
>>> aList.pop(3)
6
>>> aList
[3, 5, 8, 2, 5, 7, 1]
```

使用时要根据你的具体需求选用合适的方法。

3．赋值（=）与复制（copy()）

（1）赋值（=）只是让另一个变量指向同一个对象。

（2）复制（copy()）是创建另一个同值对象。

代码 2-48 赋值（=）与复制（copy()）异同示例。

```
>> aList=[3,5,7,9]
>>> bList = aList
>>> bList
[3, 5, 7, 9]
>>> id(aList),id(bList)
(2788871571976, 2788871571976)
>>> cList = aList.copy()
>>> cList
[3, 5, 7, 9]
>>> id(aList),id(cList)
(2788871571976, 2788871570312)
```

练习 2.3

1．判断题

（1）元组与列表的不同仅在于一个是用圆括号作边界符，一个是用方括号作边界符。　　　　（　　）

（2）列表是可变的，即使它作为元组的元素，也可以修改。   （   ）

2. 选择题

（1）Python 语句 s = 'Python';print(s[1:5])的执行结果是_____。

    A．Pytho   B．ytho   C．ython   D．Pyth

（2）Python 语句 list1 = [1,2,3]; list2 = list1;list1[1] = 5;print(list1)的执行结果是_____。

    A．[1,2,3]   B．[1,5,3]   C．[5,2,3]   D．[1,2,5]

（3）Python 语句 list1 = [1,2,3];list1.append([4,5]);print(len(list1))的执行结果是 _____。

    A．3   B．4   C．5   D．6

（4）Python 中列表切片操作非常方便,若 l = range(100)，以下选项中正确的切片方式是_____。

    A.l[−3]   B.l[−2:13]   C.l[::3]   D．l[2−3]

3. 填空题

（1）Python 语句 list1=[1,2,3.4];list2=[5,6,7];print(len(list1 + list2))的执行结果是_____。

（2）Python 语句 print(tuple(range(2)),list(range(2)))的执行结果是_____。

（3）Python 语句 print(tuple([1,3,]),list([1,3,]))的执行结果是_____。

（4）设有 Python 语句 t=('a','b','c','d','e','f','g'),则 t[3]的值为_____、t[3:5]的值为_____、t[:5]的值为_____、t[5:]的值为_____、t[2::3]的值为_____、t[−3]的值为_____、t[::−2]的值为_____、t[−3: −1]的值为_____、t[−3:]的值为_____、t[−99: −7]的值为_____、t[−99: −5]的值为_____、t[::]的值为_____、t[1: −1]的值为_____。

（5）设有 Python 语句 list1=['a','b'],则语句系列 list1=append([1,2]);list1.extend('34');list1.extend([5,6]); list1.insert(1,7);list1.insert(10,8);list1.pop();list1.remove('b');list1[3:]=[];list1.reverse()执行后，list1 的值为_____。

4. 代码分析题

（1）执行下面的代码，会出现什么情况？

```
a = []
for i in range(10):
    a[i] = i * i
```

（2）对于 Python 语句

```
s1 = '''I'm Zhang, and I like Python.''';s2 = s1
s3 = '''I'm Wang, and I like Python.''';s4 = 'too'
```

下列各表达式的值是什么？

    A．s2 == s1   B．s2.count('n')

    C．id(s1)==id(s2)   D．id(s1)==id(s3)

    E．s1 <= s4   F．s2 >= s4

    G．s1 != s4   H．s1.upper()

    I．s1.find(s4)   J．len(s1)

    K．s1[4:8]   L．3 * s4

    M．s1[4]   N．s1[−4]

O. min(s1) P. max(s1)

Q. s1.lower() R. s1.rfind('n')

S. s1.startswith("n") T. s1.isalpha()

U. s1.endswith("n") V. s1 + s2

（3）阅读下面的代码片段，给出第 2、4、6、8 行的输出。

```
[1] list = [ [ ] ] * 5
[2] list                      # output?
[3] list[0].append(10)
[4] list                      # output?
[5] list[1].append(20)
[6] list                      # output?
[7] list.append(30)
[8] list                      # output?
```

（4）下面代码的输出是什么？请解释你的答案。

```
def extendList(val, list=[]):
    list.append(val)
    return list


list1 = extendList(10)
list2 = extendList(123,[])
list3 = extendList('a')
print "list1 = %s" % list1print "list2 = %s" % list2print "list3 = %s" % list3
```

如何修改函数 extendList 的定义，才能得到希望的行为？

5. 程序设计题

（1）编写代码，实现下列变换：

A. 将字符串 s = "alex" 转换成列表

B. 将字符串 s = "alex" 转换成元祖

C. 将列表 li = ["alex", "seven"] 转换成元组

D. 将元祖 tu = ('Alex', "seven") 转换成列表

（2）有如下元组：

```
tu = ('alex', 'eric', 'rain')
```

请编写代码，实现下列功能：

A. 计算元组长度并输出

B. 获取元组的第 2 个元素，并输出

C. 获取元组的第 1~2 个元素，并输出

D. 使用 for 输出元组的元素

E. 使用 for、len、range 输出元组的索引

F. 使用 enumerate 输出元祖元素和序号（序号从 10 开始）

（3）现在有 2 个元组(('a'),('b'),('c'),('d'))，请使用 Python 中的匿名函数生成列表[{'a':'c'},{'b':'d'}]。

（4）一位经常参加国际学术会议的学者有一个通讯录，每条通讯信息都有国家、城市、姓名、电话号码、邮件地址和专业。有一次，他要到某个城市出差。请设计一个程序，帮他找出这个城市的朋友的姓名和电话号码。

2.4 字 符 串

字符串是一种应用极其广泛的特殊序列类型，单独在这本节介绍。

2.4.1 字符串编码与解码

1. 常用编码标准

在计算机底层，任何数据都是用 0，1 表示的。为了能用 0，1 对文字编码，并且能共享，一些标准化组织制定了一些编码标准。

1）ASCII 编码

ASCII（American Standard Code for Information Interchange，美国标准信息交换代码）由美国国家标准学会（American National Standard Institute , ANSI）制定，后被国际标准化组织（International Organization for Standardization, ISO）定为国际标准。它使用指定的 7 位或 8 位二进制数组合表示基于拉丁字母的语言文字符号，形成 128 或 256 种可能的字符集，包括大写和小写拉丁字母、数字 0～9、标点符号、非打印字符（换行符、制表符等 4 个）和控制字符（退格、响铃等）。这种字符集在全世界范围内的应用极为有限。

2）Unicode

Unicode（统一码、万国码、单一码）是一种 2 字节计算机字符编码，1990 年开始研发，1994 年正式公布。它占用比 ASCII 大一倍的空间，为欧洲、非洲、中东、亚洲大部分国家文字的每个字符都设定了统一并且唯一的二进制编码，以满足跨语言、跨平台进行文本转换与处理的要求。但是，可以用 ASCII 表示的字符使用 Unicode 就是浪费。

3）UTF-8

UTF（Unicode Transformation Format，通用转换格式）是为弥补 Unicode 空间浪费而开发的中间格式的字符集。其中应用广泛的是 UTF-8(8-bit Unicode Transformation Format)。它是一种变长编码。例如，对于 ASCII 字符集中的字符，UTF-8 只使用 1 字节，并且与 ASCII 字符表示一样，而其他的 UnicodeE 字符转换成 UTF-8 至少需要 2 字节。

4）GBK

GBK（guobiaokuozhan,国标扩展）码是《汉字内码扩展规范》（*Chinese Internal Code Specification*）的简称，由中华人民共和国全国信息技术标准化技术委员会于 1995 年 12 月 1 日制定，国家技术监督局标准化司、电子工业部科技与质量监督司于 1995 年 12 月 15 日联合以技监标函 1995 229 号文件的形式将它确定为技术规范指导性文件。由于 IBM 在编写 Code Page 的时候将 GBK 放在第 936 页，所以称为 CP936。

5）字节序列

字节序列是以 8b 为单位组织的序列，是一种特殊的字符串，元素为大于等于 0 且小于 256 的整数，通常用 ASCII 码表示。为了与字符串区别，在字面量之前要加一个字符 b。例如，b'abc'、b'abc\x"、b'abc'x'"、b"xyz"、b"""""等。Python 字节序列有两种基本形式：字符串（bytes）和字节数组（bytearray）。前者是不可变对象，后者是可变对象，它们对应的构造函数分别为 bytes()和 bytearray()。

2．Python 字符串编码与解码操作

在 Python 3.0 中，字符串不再区分 ASCII 编码和 Unicode 编码，默认采用 UTF-8，并允许创建字符串时指定编码方式。表 2.8 为字符串编码与解码的有关方法。

表 2.8　字符串编码与解码的有关方法

（s：字符串变量；b：字节码变量；object：序列对象；**encoding：编码格式；errors：错误控制**）

方　　法	功　　能	说　　明
str(object = b''.encoding = 'UTF-8', = 'strict')	构造函数	如果出错，默认报一个 ValueError 异常，除非 errors 指定的是'ignore'或者 'replace'
b.decode(encoding = 'UTF-8', = 'strict')	解码字节码 b 为相应的字符串对象	
s.encode(encoding = 'UTF-8', errors = 'strict')	将 s 编码为字节码对象	

代码 2-49　字符串的编码与解码示例。

```
>>> s1 = '我喜欢 Python!'
>>> b1 = s1.encode(encoding = 'cp936')          #将 s1 按 cp936 格式编码为字节码
>>> b1
b'\xce\xd2\xcf\xb2\xbb\xb6Python!'
>>> b1.decode(encoding = 'cp936')               #将 b1 按 cp936 格式解码
'我喜欢 Python!'
```

3．字符串中的汉字

严格地说，str 其实是字节串，它是 unicode 经过编码后的字节组成的序列。例如，对 UTF-8 编码的 str'汉'使用 len()函数时，结果是 3。因为实际上，UTF-8 编码的'汉' == '\xE6\xB1\x89'。Unicode 才是真正意义上的字符串，对字节串 str 使用正确的字符编码进行解码后获得，并且 len(u'汉') == 1。

4．编码声明

在 Python 源代码文件中，如果要用到非 ASCII 字符，则需要在文件头部进行字符编码的声明。字符编码声明的语法如下。

```
# coding 编码名称
```

例如，采用 UTF-8，可以声明为

```
# coding: UTF-8
```

也可以写成

```
#***** coding: UTF-8*****
```

说明：

（1）Python 只检查#、coding 和编码代号，其他字符都不影响 Python 的判断。

（2）Python 中可用的字符编码有很多，并且还有许多别名，还不区分大小写，如 UTF-8 可以写成 u8。

（3）需要注意的是，声明的编码必须与文件实际保存时用的编码一致，否则很有可能出现代码解析异常。

5. 转义字符

进行格式控制，要用到转义字符。这里首先介绍转义字符。顾名思义，转义字符就是赋予某些字符以特殊的意义。表 2.9 列出了一些常用转义字符。它们都以反斜杠为前缀，目的是告诉计算机后面的字符是转义字符。

表 2.9　转义字符

转义字符	描　　述	转义字符	描　　述	转义字符	描　　述	转义字符	描　　述
\(行尾)	续行符	\a	响铃	\n	换行	\f	换页
\\	反斜杠符号	\b	退格(Backspace)	\v	纵向制表符	\o	八进制，后为八进制字符
\'	单引号	\e	转义	\t	横向制表符	\x	十六进制，后为十六进制字符
\"	双引号	\000	空	\r	回车	\000	终止，忽略之后的字符串

说明：

（1）转义字符中，大部分是用一个字符代表一些常见的计算机操作，如换行、回车、制表、响铃、换页、退格、续行、终止等。八进制、十六进制标识的转义字符也是这个意义。

（2）还有一些是为了避免与其他字符已经赋予的意义冲突、混淆而变义的。例如，要在字符序列中增加一个反斜杠，但是反斜杠已经被定义为转义字符前缀，为此就在其前再加一个反斜杠，告诉计算机后面的斜杠有特殊意义——不再是转义字符前缀。再如，计算机程序中都将一个、两个或三个单撇号成对使用作为一串字符的起止符。如果这串字符中又要用到撇号，则在其前加上反斜杠。这些转义字符实际上是为恢复原意而用的。

（3）有时并不想让转义字符生效，只想显示字符串原来的意思，这就要用 r 和 R 定义原始字符串，如 print r'\t\r'的实际输出为\t\r。

6. Python 短字符串的驻留机制

字符串的一个重要特征是其内存驻留（intern）机制，简称字符串驻留（string interning）机制。意思就是，为每个取值相同的字符串，在内存中只保留一个副本。intern 机制，简单说就是维护一个字典，这个字典维护创建了字符串 key 与其字符串对象（value）关联。

以后每次创建字符串对象都会从这个字典中先查询，如果没有则创建，如果重复则建立新引用。由于 Python 字典的键-值映联关系是基于哈希函数的（见 2.5.1 节），所以通过键可以很方便地找到值的位置。

字符串驻留是有条件的。

（1）仅限数字、大小写拉丁字母和下画线组成的字符串可以驻留。

代码 2-50 对字符串组成字符的限制示例。

```
>>> a ='a012345678901234567891234'
>>> b ='a012345678901234567891234'
>>> a is b
True
>>> a = 'qwertyuiop[]asdfghjklzxcvbnm,./'              #含非规定字符
>>> b = 'qwertyuiop[]asdfghjklzxcvbnm,./'
>>> a is b
False
>>> a = "王"; b = "王"; a is b                          #含非规定字符
False
```

（2）字符串不能太长，特别是通过乘法运算符得到的字符串，长度必须小于 20。

代码 2-51 长度限制示例。

```
>>> a ='abc0123456789012345678912345abcdefaabc0123456789012345678912345abcdefef'
>>> b ='abc0123456789012345678912345abcdefaabc0123456789012345678912345abcdefef'
>>> a is b
True
>>> a='abc0123456789012345678912345abcdefaabc0123456789012345678912345abcdefefa
Abc0123456789012345678912345abcdefaabc0123456789012345678912345abcdefef'
                        #太长字符串
>>> b='abc0123456789012345678912345abcdefaabc0123456789012345678912345abcdefefa
abc0123456789012345678912345abcdefaabc0123456789012345678912345abcdefef'
                        #太长字符串
>>> a is b
False
>>> b ='abcde'*4; a ='abcde'*4; a is b                 #长度为 20
True
>>> b ='abcde'*4 +'a'; a ='abcde'*4 +'a'; a is b       #长度为 21
False
```

（3）编译期间就确定了的字符串——静态字符串采用驻留机制，但仅限于规定字符。

代码 2-52 静态字符串驻留示例。

```
>>> a = 'abcdef'                              #静态字符串
>>> b = 'abc' + 'def'                         #静态字符串
>>> c = ''.join(['abc','def'])               #动态字符串
>>> a,b,c
('abcdef', 'abcdef', 'abcdef')
>>> a is b, a is c
(True, False)
```

（4）在语句块中，字符串驻留机制可以在字符类型上突破，但不允许在长度上突破。

代码 2-53 在语句块中，字符串驻留在字符类型上的突破和在长度上的保留示例。

```
>>> def fun ():
        s1 = '*' * 21
        s2 = '*' * 21
        print (s1 is s2)
        s3 = '王'
        s4 = '王'
        print (s3 is s4)

>>> fun ():
False
True
```

2.4.2　字符串的个性化操作

不同于其他序列，字符串的个性化操作主要包括字符串搜索、测试、修改、分割和连接。

1．字符串搜索与测试

1）字符串搜索

字符串搜索是在给定的区间[beg，end]内搜索指定字符串，默认的搜索区间是整个字符串。Python 字符串的搜索方法见表 2.10。

表 2.10　**Python 字符串的搜索方法**

方　　法	功　　能
s.count(str, beg = 0, end = len(s))	返回区间内 str 出现的次数
s.endswith(obj, beg = 0, end = len(s))	在区间内检查字符串是否以 obj 结尾：若是，则返回 True，否则返回 False
s.find(str, beg = 0, end = len(s))	在区间内检查 str 是否包含在 s 中：若是，则返回开始的索引值，否则返回−1
s.index(str, beg = 0, end = len(s))	与 find()方法一样，只不过如果 str 不在 s 中，就会报一个异常
s.rfind(str, beg = 0,end = len(s))	类似于 find()函数，不过是从右边开始查找
s.rindex(str, beg = 0,end = len(s))	类似于 index()，不过是从右边开始
s.startswith(obj, beg = 0,end = len(s))	在区间内，若以 obj 开头，则返回 True，否则返回 False

2）字符串测试

字符串测试是判断字符串元素的特征，具体方法见表 2.11。

表 2.11　**Python 字符串不划分区间的检查统计类操作方法**

方　　法	功　　能
s.isalnum()	若 s 非空且所有字符都是字母或数字，则返回 True，否则返回 False
s.isalpha()	如果 s 至少有一个字符并且所有字符都是字母，则返回 True，否则返回 False
s.isdecimal()	如果 s 只包含十进制数字，则返回 True，否则返回 False
s.isdigit()	如果 s 只包含数字，则返回 True，否则返回 False
s.islower()	如果 s 中包含有区分大小写的字符，并且它们都是小写，则返回 True，否则返回 False
s.isnumeric()	若 s 中只包含数字字符，则返回 True，否则返回 False
s.isspace()	若 s 中只包含空格，则返回 True，否则返回 False

方　　法	功　　能
s.istitle()	若 s 是标题化的(见 title())，则返回 True，否则返回 False
s.isupper()	若 s 中包含有区分大小写字符，并且它们都是大写，则返回 True，否则返回 False
s.isdecimal()	检查字符串是否只包含十进制字符。只用于 unicode 对象

这些方法都比较简单，就不举例说明了。

2．字符串修改

应当注意，字符串对象是不可变（immutable）序列对象。这种不可变意味着一经创建就不可在同一个位置赋值。但是，这并不妨碍基于一个字符串创建另一个新字符串，而用指向原来字符串的变量指向它，就好像改变了原来的字符串。表 2.12 列出了 Python 字符串的修改操作方法。

表 2.12　Python 字符串的修改操作方法

方　　法	功　　能
s.capitalize()	把字符串 s 的第一个字符大写
s.center(width)	返回一个原字符串居中并使用空格填充至长度 width 的新字符串
s.expandtabs(tabsize = 8)	把字符串 s 中的 tab 符号转为空格，tab 符号默认的空格数是 8
s.ljust(width)	返回一个原字符串左对齐，并使用空格填充至长度 width 的新字符串
s.lower()	将转换 s 中的所有大写字符转换为小写
s.lstrip()	删除 s 首部的空格
s.rstrip()	删除 s 末尾的空格
s.strip([obj])	删除 s 首尾空格
s.maketrans(intab, outtab)	创建字符映射转换表。intab 表示需要转换的字符串；outtab 为转换的目标字符串
s.replace(str1, str2, num = s.count(str1))	把 s 中的 str1 替换成 str2，若 num 指定，则替换不超过 num 次
s.rjust(width)	返回一个原字符串右对齐，并使用空格填充至长度 width 的新字符串
s.swapcase()	翻转 s 中的大小写
s.title()	返回"标题化"的 s，即所有单词都以大写开始，其余字母均为小写
s.translate(table, del = "")	根据 table 给出的翻译表转换 s 的字符，del 参数为要过滤掉的字符
s.upper()	将 s 中的小写字母转换为大写
s.zfill(width)	返回长度为 width 的字符串，原字符串 s 右对齐，前面填充 0

代码 2-54　s.translate(table, del = "")应用示例。

```
>>> if __name__ == '__main__':
    m = {'a':'A','e':'E','i':'I'}
    s = "this is string example....wow!!!"
    transtab = str.maketrans(m)              #构建翻译表
    print (s.translate(transtab))            #进行转换


thIs Is strIng ExAmplE....wow!!!
```

说明：方法 str.maketrans(m)是用字典 m 构建一个翻译表。

除 translate()方法外，其他方法的使用比较简单，这里就不举例说明了。

3．字符串分隔与连接

表 2.13 给出了对 Python 字符串进行分隔与连接的方法。

表 2.13　对 Python 字符串进行分隔与连接的方法

方　　法	功　　能
s.split(str = "", num = s.count(str))	返回以 str 为分隔符将 s 分隔为 num 个子字符串组成的列表，num 为 str 个数
s.splitlines()	返回在每个行终结处进行分隔产生的行列表，并剥离所有行终结符
s.partition(str)	返回第一个 str 分隔的 3 个字符串元组：(s_pre_str,str,s_post_str)。 若 s 中不含 str，则 s_pre_str == s
s.rpartition(str)	类似于 partition()，不过是从右边开始查找
str.join(seq)	以 str 作为连接符，将 seq 中的各元素（的字符串表示）连接为一个新的字符串

代码 2-55　字符串分割与连接示例。

```
>>> s1 = "red/yellow/blue/white/black"
>>> list1 = s1.split('/')              #返回用每个'/'分隔子串的列表
>>> list1
['red', 'yellow', 'blue', 'white', 'black']
>>>
>>> s1.partition('/')                  #返回用第一个'/'分隔为 3 个子串的元组
('red', '/', 'yellow/blue/white/black')
>>> s1.rpartition('/')                 #返回用最后一个'/'分隔为 3 个子串的元组
('red/yellow/blue/white', '/', 'black')
>>>
>>> s2 = '''red
yellow
blue
white
black'''
>>> s2.splitlines()                    #返回按行分隔的列表
['red', 'yellow', 'blue', 'white', 'black']

>>> '#'.join(list1)                    #用#连接各子串
'red#yellow#blue#white#black'
```

2.4.3　字符串格式化与 format()方法

1．字符串格式化表达式

Python 字符串的格式化表达式由字符串格式化操作符（%）连接两个表达式组成，格式如下。

格式化字符串 % 被格式化对象

说明：

（1）格式化字符串由格式化字段和一些可缺省字符组成。格式字段（也称格式指令）用于指示被格式化对象在字符流中的格式，其一般结构如下。

```
%[flag][width][.precision]typecode
```

- flag：可以为+（右对齐）、–（左对齐）、0（0填充）、"（空格）。
- width：宽度。
- precision：小数点后精度（仅对浮点类型有用）。
- typecode：格式化对象类型，具体见表2.14。

（2）被格式化对象可以是一个标量（如一个字符串、一个数值），也可以是一个元组。

（3）格式化字符串中的格式化字段数目与被格式化对象要一致，并且要在类型上对应。

（4）格式化字符串中可以包括其他字符，这些字符不参与格式化操作，只原样返回。

（5）格式化表达式执行时，进行两个操作：一是将被格式化的对象按照格式化字段指定的格式转换为字符串；二是将用这些转换得到的字符串替换格式化字符串中对应的格式字段。

代码 2-56　格式化表达式应用示例。

```
>>> name = 'Zhang'
>>> "Hello,this is%+10.5s, and you?"% name          #对字符串格式化
'Hello,this is     Zhang, and you?'
>>> 'I\'m %-05.3d years old. How about you? '%20     #对整数格式化
"I'm 020   years old. How about you? "
>>> 'The book is priced at %08.3f yuan. '%23.45      #对浮点数格式化
'The book is priced at 0023.450 yuan. '
```

显然，print()的作用仅是将被格式化字符串插入到流向标准输出设备的字符流中。

2．str.format()方法

format()是从 Python 2.6 开始新增的一个字符串格式化方法。它有两种不同的使用形式：一种是由格式化模板字符串调用，用被格式化的对象（字符串和数字）做参数；另一种是在程序中直接调用，有两个参数：被格式化对象参数和格式化模板字段参数。这里介绍的是第一种方式。

在用模板字符串调用 format()时，模板字符串中含有一个或多个可替换的模板字段。模板字段用花括号（{}）括起，其作用是给某种类型的对象提供一个转换为字符串的模板。format()方法可以有一个或多个类型不同的对象参数。format()方法执行时，首先进行对象参数与模板字段项的匹配，然后将每个对象参数按照所匹配的模板字段指示格式转换为字符串，并替换所匹配的模板，返回一个被替换后的字符串。

1）format()的匹配方式

与字符串格式化表达式相比，format()方法的优势主要在于其对象参数与模板的匹配方式非常灵活。可以通过位置、序号、名称、索引（下标）进行匹配。

代码 **2-57** format()的匹配方式应用示例。

```
>>> #位置匹配
>>> '{} is {}, {} is {}.'.format('This','Zhang','he','Wang')
'This is Zhang, he is Wang.'
>>> #序号匹配
>>> '{2} is {3}, {0} is {1}.'.format('he','Wang','This','Zhang')
'This is Zhang, he is Wang.'
>>> #名字匹配
>>> '{pronoun1} is {name1}, {pronoun2} is {name2}.'
   .format(name2 ='Wang',pronoun1 ='This',pronoun2 ='he',name1='Zhang')
 'This is Zhang, he is Wang.'
>>> #下标匹配
>>> pronoun=('he','This');name =('Wang','Zhang')
>>> '{1[1]} is {0[1]}, {1[0]} is {0[0]}.'.format(name,pronoun)
'This is Zhang, he is Wang.'
```

2）format()格式规约

格式规约用于对格式进行精细控制，并采用冒号(:)后面的格式限定符控制。这些格式限定符主要有如下几类。

（1）对齐、填充、宽度。出现模板字段的前面部分，对所有对象都适用，主要包括：

- 对齐，包括<（左对齐）、^（居中）和>（右对齐）。
- 填充，用一个字符表示，默认为空格。
- 宽度一般是最小宽度。如果需要最大宽度，就在最小宽度后加一个圆点(.)后跟一个整数。

这三者的排列顺序是填充、对齐、最小宽度。

代码 **2-58** 格式化字符串中的对齐与填充示例。

```
>>> ls = 'left aligned'; cs = 'centered'; rs = 'right aligned'
>>> '{:<30}'.format(ls)
'left aligned                  '
>>> '{:>30}'.format(rs)
'                 right aligned'
>>> '{:^30}'.format(cs)
'           centered           '
>>> '{:=^30}'.format(cs)
'===========centered==========='
>>> '{:>>30}'.format(rs)
'>>>>>>>>>>>>>>>>>right aligned'
>>> '{:<<30}'.format(ls)
'left aligned<<<<<<<<<<<<<<<<<<'
```

（2）对数值数据增加如下限定符。

- =，用于填充 0 与宽度之间的分隔。
- 可选的符号字符：+（必须带符号的数值）、−（仅用于负数）、空格（让正数前空一格、负数带字符−）。

代码 **2-59** 数值填充与符号指定符应用示例。

```
>>> m = 12345678
>>> '{:=20}'.format(m)
'            12345678'
>>> '{:0=20}'.format(m)
'00000000000012345678'
>>> '{:0=20}'.format(-m)
'-0000000000012345678'
>>> '{:#^20}'.format(m)
'######12345678######'
>>> '{:%>20}'.format(m)
'%%%%%%%%%%%%12345678'
```

（3）仅用于整数的进制指定符：d（十进制）、x 与#x（小写十六进制）、X 与#X（大写十六进制）、o 与#o（八进制）、b 与#b（二进制）。其中，#引导可以获取前缀。

代码 **2-60** 进制指定符应用示例。

```
>>> "int:{0:d}; hex:{0:x}; oct:{0:o}; bin:{0:b}".format(56)      #不获取前缀
'int:56; hex:38; oct:70; bin:111000'
>>> "int:{0:d}; hex:{0:#x}; oct:{0:#o}; bin:{0:#b}".format(56)   #获取前缀
'int:56; hex:0x38; oct:0o70; bin:0b111000'
>>> "hex: {0:x}(x); {0:#x}(#x); {0:X}(X); {0:#X}(#X)".format(56) #十六进制前缀大小写
'hex: 38(x); 0x38(#x); 38(X); 0X38(#X)'
```

（4）仅用于浮点数的格式限定符有如下两项，它们要一起使用。。

- 小数点后的精度：在最小宽度后面加一个句点(.)，后跟一个整数。
- 类型字符：e 或 E（科学记数法表示）、f（标准浮点形式）、g（浮点通用格式）、%（百分数格式）。这类符号位于最后。

代码 **2-61** 浮点数格式指定符应用示例。

```
>>> x = 0.123456
>>> '{0:15.3e},{0:15.3f},{0:15.3%}'.format(x)
'      1.235e-01,          0.123,        12.346%'
>>> '{0:*<15.3e},{0:#^15.3f},{0:*>15.3%}'.format(x)
'1.235e-01******,#####0.123#####,********12.346%'
```

2.4.4 print()函数的格式控制

1. 在 print()函数中指定分隔符号

在 print()函数中，有两个参数用来指定数据项间的分隔符和行末字符。格式如下。

> **print** (对象 1.对象 2，…，**sep** = '分隔字符'，**end** = '行末字符')

这两个参数可以缺省。sep 参数项缺省，则默认为 sep = ''，即数据项之间以空格分隔；end 参数项缺省，则默认 end = '\n'，即行末附加一个换行操作；end = ''(空字符)，则不换行。

代码 2-62 在 print()函数中定义分隔符示例。

```
>>> print(1,2,3,sep='***', end = '###')        #数据项间用 3 个#分隔，行末多打印 3 个#号
1***,2***,3***###
>>> print(1,2,3,sep='\t')                       #用制表符分隔
1    ,2    ,3
```

2．用占位字段控制数据项格式

1）占位字段基本结构

Python 允许用格式字段指定输出数据的格式。形式如下。

'xxxx%格式字段 xxxxxx'%输出数据

说明：

（1）"输出数据"由"%"引出，是一个数据表达式，最好用圆括号括起。

（2）"x"是一些希望显示的字符。

（3）"格式字段"也称"占位字段"，由"%"引出的一个格式转换字符组成。格式转换字符也称占位类型字符，指定对应的数据项将以哪种格式打印。表 2.14 为常用格式转换字符，其中有些字符以后才会用到。

表 2.14　常用格式转换字符

格式字符	描　　述	格式字符	描　　述	格式字符	描　　述
%%	百分格式	%o	无符号整数(八进制)	%f	浮点数字(用小数点符号)
%c	字符及其 ASCII 码	%x	无符号整数(十六进制)	%g	浮点数字(根据值大小采用%e 或%f)
%s	字符串	%X	无符号整数(十六进制大写字符)	%G	浮点数字(类似于%g)
%d	有符号整数(十进制)	%e	浮点数字(科学记数法，用 e)	%p	用十六进制打印的内存地址

（4）"x"和"格式字段"要括在一对撇号之间，撇号可以是单撇、双撇或三撇。或者说它们应是合法的字符串。

（5）格式字符串中可以有多个格式字段，格式字段的数量与类型要与输出数据对应一致。

代码 2-63　格式字段的基本用法。

```
>>> print ("I'm %s" % ("zhang"))                           #打印字符串
I'm zhang
>>> print ("I'm %d years old" % (18))                      #打印整数
I'm 18 years old
>>> print("π=%f" % (3.1415926))                            #打印浮点数
π=3.141593
>>> print "π=%e" % (1/3.0)                                 #按科学记数法打印浮点数
π=3.333333e-01
>>> print ("I'm %s.My age is %d,and weight is %f."%('Zhang',18,63.5))  #一个语句输出多项
I'm Zhang.My age is 18,and weight is 63.500000.
```

2）宽度、精度、填充与对齐控制

（1）在格式字符与%之间插入数字，可以指定输出的宽度。其中，对浮点数可以用一个带小数点的数字指定：整数表示总宽度，小数点后面的数字表示精度（小数位数）。

（2）指定宽度比实际要输出的数据长时，多余位默认字符串与整数用空白填充；浮点数的小数部分用 0 填充；也可以指定字符填充。

（3）输出项默认为右对齐，用"-"指定左对齐。

代码 2-64 宽度/精度、填充和对齐控制示例。

```
>>> print ("NAME:%8s AGE:%8d WEIGHT:%8.2f" % ("Zhang", 18, 63.5))
                                          #指定占位符宽、填充、右对齐
NAME: Zhang AGE:    18 WEIGHT:  63.50
>>> print( "NAME:%-8s AGE:%-8d WEIGHT:%-8.2f" % ("Zhang", 18, 63.5) )
                                          #指定占位符宽度（左对齐）
NAME:Zhang  AGE:18     WEIGHT:63.50
>>> print ("NAME:%-8s AGE:%08d WEIGHT:%08.2f" % ("Zhang", 18, 63.5) )
                                          #指定占位符（只能用 0 当占位符）
NAME:jihite  AGE:00000018 WEIGHT:00063.50
```

3. format()方法

代码 2-65 使用 str.format()方法的 print()格式控制用法示例。

```
>>>#使用 str.format()函数
>>> print('#'*60)
############################################################
>>>#使用'{}'占位符
>>> print('I\'m {},{}'.format('Zhang','Welcome to my space!'))
I'm Zhang,Welcome to my space!
>>>
>>>#使用有编号的占位符
>>> print('{0},I\'m {1},my age is {2}.'.format('Hello','Zhang',18))
Hello,I'm Zhang,my age is 18.
>>>
>>>#可以改变占位符的位置
>>> print('{1},I\'m {0},my age is {2}.'.format('Zhang','Hello',18))
Hello,I'm Zhang,my age is 18.
>>>
>>>#使用有关信息代替占位符编号
>>> print('Hi,{name},{message}'.format(name = 'Wang',message = 'How old are you?'))
Hi,Wang,How old are you?
>>>
>>>#是格式控制示例
>>> import math
>>> print('The value of PI is approximately {}.'.format(math.pi))
The value of PI is approximately 3.14159265359.
>>> print('The value of PI is approximately {!r}.'.format(math.pi))
The value of PI is approximately 3.141592653589793.
>>> print('The value of PI is approximately {0:10.3f}.'.format(math.pi))
```

```
                                                            #控制宽度、精度，默认右对齐
The value of PI is approximately         3.142.
>> print('The value of PI is approximately {0:<10.3f}.'.format(math.pi))
                                                            #控制宽度、精度，左对齐
The value of PI is approximately 3.142    .
>> print('The value of PI is approximately {0:^10.3f}.'.format(math.pi))
                                                            #控制宽度、精度，居中
The value of PI is approximately   3.142  .
```

说明：format()是字符串格式化方法，它用一个格式化字符串调用 format()方法。在格式化字符串中可以引用一些{}字段用于 format()参数项的占位符。这些占位符中可以填充下列内容。

（1）序号或符号。

（2）用冒号（:）引出的格式填充符。

（3）对齐和宽度：^、<、>分别是居中、左对齐、右对齐，后面带宽度。

（4）精度与类型。精度常跟类型 f 一起使用。

其他类型主要是 b、d、o、x，分别是二进制、十进制、八进制、十六进制。

2.4.5　正则表达式

正则表达式（regular expression，简写为 regexp、regex、RE，复数为 regexps、regexes、regexen、REs，又称为正规表示法、常规表示法）最早由神经生理家 Warren McCulloch 和 Walter Pitts 提出，作为描述神经网络模型的数学符号系统。1956 年，Stephen Kleene 在其论文《神经网事件的表示法》中将其命名为正则表达式。后来，UNIX 之父 Ken Thompson 把这一成果应用于计算机领域。现在，在很多文本编辑器中，正则表达式用来检索、替换符合某个模式的文本。

1．模式与匹配

在文本处理时，会遇到许多问题，例如：

在一段文本中，是否含有数字？

在一段文本中，是否含有手机号码？

在一段文本中，是否含有 E-mail 地址？

对于这些问题，需要制定一些规则。例如，如何判断什么是手机号码等。正则表达式就是一套用于制定在文本处理时进行模式描述的小型语言。为此，引入模式（pattern）和匹配（matching）的概念。

模式是关于规则、规律的表达或命名，是一个与问题（problem）、解决方案（solution）和效果（consequences）相关的概念。匹配是在一段文本中查找满足模式的字符串的过程。通常，匹配成功就返回一个 match 对象。

2．正则表达式语法

正则表达式是一个特殊的字符序列，它能帮助人们方便地检查一个字符串是否与某种模式匹配。正则表达式由普通字符和有特殊意义的字符组成。这些有特殊意义的字符称为元字符（meta characters）。或者说，元字符就是文本进行文本操作的操作符。元字符及其组合组成一些"规则字符串"，用来表达对字符串的某种过滤逻辑。下面介绍一些常用的元字符。

1）基本正则元符号

表 2.15 为一些基本的正则元符号字符。

表 2.15　基本的正则元符号字符

字符	说　明	举　例
[]	其中的内容任选其一字符	[1234]，指 1，2，3，4 任选其一
()	表示一组内容，括号中可以使用"|"符号	(Python) 表示要匹配的是字符串"Python"
		逻辑或	a|b 代表 a 或者 b
^	在方括号中，表示"非"；不在括号中，匹配开始	[^12]，指除 1 或 2 的其他字符
–	范围（范围应从小到大）	[0-6a-fA-F] 表示在 0，1，2，3，4，5，6，a，b，c，d，e，f，A，B，C，D，E，F 中匹配

2）类型匹配元符号特殊字符

表 2.16 为一些用于指定匹配类型的元符号特殊字符。

表 2.16　用于指定匹配类型的元符号特殊字符

字　符	说　明
.	匹配终止符之外的任何字符
\w	匹配字母、数字及下画线，等价于[a-z A-Z 0-9]
\W	匹配非字母、数字及下画线，等价于[^a-z A-Z 0-9]
\s	匹配任意空白字符，等价于 [\t\n\r\f]
\S	匹配任意非空字符，等价于 [^\t\n\r\f]
\d	匹配任意数字，等价于 [0-9]
\D	匹配任意非数字，等价于[^0-9]
\n	匹配一个换行符
\t	匹配一个制表符

3）边界匹配元符号字符

表 2.17 为一些用于边界匹配的元符号特殊字符。

表 2.17　用于边界匹配的元符号特殊字符

字符	说　明	举　例
^	匹配字符串的开头	^a 匹配"abc"中的"a"；"^b"不匹配"abc"中的"b"；^\s*匹配"abc"中左边空格
$	匹配字符串的末尾	c$匹配'abc'中的'c'，b$不匹配'abc'中的'b'；'^123$'匹配'123'中的'123'；\s*$ 匹配"　abc　"中的右边空格
\A	匹配字符串的开始	略

字符	说　明	举　例
\Z	匹配字符串的结束(不包括行终止符)	略
\z	匹配字符串的结束	略
\G	匹配最后匹配完成的位置	略
\b	匹配单词边界，即单词和空格间的位置	'py\b' 匹配"python" "happy"，但不能匹配 "py2"、'py3'
\B	匹配非单词边界	py\B' 能匹配 "py2" "py3"，但不能匹配 "python" "happy"

4）指定匹配次数元符号字符

表 2.18 为一些用于限定重复匹配次数的元符号特殊字符。

表 2.18　用于限定重复匹配次数的元符号特殊字符

字　符	说　明	字　符	说　明
*	前一字符重复 0 或多次	*?	重复任意次，但尽量少重复
+	前一字符重复 1 或多次	+?	重复 1 或多次，但尽量少重复
?	前一字符重复 0 或 1 次	??	重复 0 或 1 次，但最好是 0 次
{m}	前一字符重复 *m* 次	{m,n}	重复 *m~n* 次，但尽量少
{m,}	前一字符至少重复 *m* 次		

5）常用的正则表达式示例

中华人民共和国手机号码：如+86 15811111111、0086 15811111111、15811111111 可表示为^(\+86|0086)?\s?\d{11}$。

中华人民共和国身份证号：15 位或 18 位，18 位最后一位有可能是 x（大小写均可），可表示为^\d{15}(\d{2}[0-9xX])?$或^\d{17}[\d|X]|\d{15}$。

日期格式：如 2012-08-17 可表示为^\d{4}-\d{2}-\d{2}$或^\d{4}(-\d{2}){2}$。

E-mail 地址：^\w+@\w+(\.(com|cn|net))+$。

Internet URL：^https?://\w+(?:\.[^\.]+)+(?:/.+)*$。

3．re 模块及其常用正则表达式处理方法

re 是 Python 的一个模块，可以为 Python 提供一个与正则表达式的接口。这个模块中有许多方法，可以将正则表达式编译为正则表达式对象（regular expression object）供 Python 程序引用，进行模式匹配搜索或替换等操作。

下面介绍 re 模块中常用的正则表达式处理方法。在这些方法中，需要使用的参数含义解释如下。

pattern：模式或模式名。

string：要匹配的字符串或目标字符串。

slags：标志位，用于控制正则表达式的匹配方式。

count：替换个数。

maxsplit：最大分隔字符串数。

1）re.search()

re.search()方法会在字符串内查找模式匹配，直到找到第一个匹配，然后返回一个 match 对象；如果字符串没有匹配，则返回 None。

原型：search(pattern, string, flags = 0)

代码 2-66　匹配 Zhang。

```
>>> import re
>>> text ="Hello,My name is Zhang3,nice to meet you..."
>>> k =re.search(r'Z(han)g3',text)
>>> if k:
    print (k.group(0),k.group(1))
else:
    print ("Sorry,not search!")

Zhang3 han
```

2）re.match()

re.match()尝试从字符串的开始匹配一个模式，即匹配第一个单词。匹配成功，则返回一个 match 对象，否则返回 None。

原型：match(pattern, string, flags = 0)

代码 2-67　匹配 Hello 单词。

```
>>> import re
>>> text = "Hello,My name is kuangl,nice to meet you..."
>>> k=re.match("(H....)",text)
>>> if k:
    print (k.group(0),'\n',k.group(1) )
else:
    print ("Sorry,not match!")

Hello
 Hello
```

re.match()与 re.search()的区别：re.match()只匹配字符串的开始，如果字符串开始不符合正则表达式，则匹配失败，函数返回 None；而 re.search()匹配整个字符串，直到找到一个匹配。

3）re.findall()

re.findall()在目标字符串中查找所有符合规则的字符串。如果匹配成功，则返回的结果是一个列表，其中存放的是符合规则的字符串；如果没有符合规则的字符串，则返回一个

None。

原型：findall(pattern, string, flags = 0)

代码 **2-68**　查找邮件账号。

```
>>> import re
>>> text = '<abc01@mail.com> <bcd02@mail.com> cde03@mail.com'    #第 3 个故意没有尖括号
>>> re.findall(r'(\w+@m....[a-z]{3})',text)
['abc01@mail.com', 'bcd02@mail.com', 'cde03@mail.com']
```

4）re.sub()

re.sub()用于替换字符串的匹配项，并返回替换后的字符串。

原型：sub(pattern, repl, string, count = 0)

代码 **2-69**　将空白处替换成*。

```
>>> import re
>>> text="Hi, nice to meet you where are you from?"
>>> re.sub(r'\s','*',text)
'Hi,*nice*to*meet*you*where*are*you*from?'
>>> re.sub(r'\s','*',text,5)                                    #替换至第 5 个
'Hi,*nice*to*meet*you*where are you from?'
```

5）re.split()

re.split()用于分隔字符串。

原型：split(pattern, string, maxsplit = 0)

代码 **2-70**　分隔所有的字符串。

```
>>> import re
>>> text = "Hi, nice to meet you where are you from?"
>>> re.split(r"\s+",text)
['Hi,', 'nice', 'to', 'meet', 'you', 'where', 'are', 'you', 'from?']
>>> re.split(r"\s+",text,5)                                     #分隔前 5 个
['Hi,', 'nice', 'to', 'meet', 'you', 'where are you from?']
```

6）re.compile()

re.compile()可以把正则表达式编译成一个正则对象。

原型：compile(pattern, flags = 0)

代码 **2-71**　编译字符串。

```
>>> import re
>>> k = re.compile('\w*o\w*')                                   #编译带 o 的字符串
>>> dir(k)                                                      #证明 k 是对象
['__class__', '__copy__', '__deepcopy__', '__delattr__', '__dir__', '__doc__',
'__eq__', '__format__', '__ge__', '__getattribute__', '__gt__', '__hash__',
'__init__', '__init_subclass__', '__le__', '__lt__', '__ne__', '__new__',
'__reduce__', '__reduce_ex__', '__repr__', '__setattr__', '__sizeof__',
```

```
'_ _str_ _', '_ _subclasshook_ _', 'findall', 'finditer', 'flags', 'fullmatch',
'groupindex', 'groups', 'match', 'pattern', 'scanner', 'search', 'split', 'sub', 'subn']
>>> text = "Hi, nice to meet you where are you from?"
>>> print(k.findall(text))                                    #显示所有包涵o的字符串
['to', 'you', 'you', 'from']
>>> print(k.sub(lambda m: '[' + m.group(0) + ']',text))    #将字符串中含有o的单词用[]括起来
Hi, nice [to] meet [you] where are [you] [from]?
```

4. match 对象与分组匹配

re 模块和正则表达式对象调用 match()方法或 search()方法匹配成功后，都会返回 match
（匹配）对象。这时，还可以进一步使用 match 对象的方法进行分组匹配。

match 对象的分组匹配也称为子模式匹配，方法有 3 个。

m.group([group1,…])：返回匹配到的一个或者多个子组。

m.groups([default])：返回一个包含所有子组的元组。

m.groupdict(([default])：返回匹配到的所有命名子组的字典。key 是 name 值，value 是
匹配到的值。

m.start([group])：返回匹配的组的开始位置。

m.end([group])：返回匹配的组的结束位置。

m.span([group])：返回匹配的组的位置范围，即(m.start(group),m.end(group))。

代码 2-72　提取文本中的电话号码。

```
>>> import re
>>> findsPhoneNum = "Zhang's 0510-13571998,Wang's 020-13572010,Li's 010-13572008,Zhao's
0351-13571956"
>>> patt = re.compile('(0\d{2,3})-(\d{7,8})')
>>> index = 0
>>> mResult = patt.search(findsPhoneNum,index)
>>> patt = re.compile('(0\d{2,3})-(\d{7,8})')
>>> index = 0
>>> while True:
    mResult = patt.search(findsPhoneNum,index)
    if not mResult:
        break
print('*'* 50)
    print('结果: ')
    for i in range(3):
        print('搜索内容: ',mResult.group(i),\
'从',mResult.start(i),'到 ',mResult.end(i),',范围: ',mResult.span(i))
    index = mResult.end(2)


**************************************************
结果:
搜索内容:  0510-13571998 从 8 到  21 ,范围:  (8, 21)
搜索内容:  0510 从 8 到  12 ,范围:  (8, 12)
搜索内容:  13571998 从 13 到  21 ,范围:  (13, 21)
**************************************************
结果:
```

```
搜索内容: 020-13572010 从 29 到 41 ,范围: (29, 41)
搜索内容: 020 从 29 到 32 ,范围: (29, 32)
搜索内容: 13572010 从 33 到 41 ,范围: (33, 41)
*************************************
结果:
搜索内容: 010-13572008 从 47 到 59 ,范围: (47, 59)
搜索内容: 010 从 47 到 50 ,范围: (47, 50)
搜索内容: 13572008 从 51 到 59 ,范围: (51, 59)
*************************************
结果:
搜索内容: 0351-13571956 从 67 到 80 ,范围: (67, 80)
搜索内容: 0351 从 67 到 71 ,范围: (67, 71)
搜索内容: 13571956 从 72 到 80 ,范围: (72, 80)
```

练习 2.4

1．判断题

（1）' '、\t、\f、\n 和\r 称为空白字符。 （ ）

（2）用 format()函数可以将任意数量的字符串或数字按照模板字符串中对应的格式模板字段进行转换并替换后，将这个模板字符串返回。 （ ）

（3）正则表达式中的 search()方法可用来在一个字符串中寻找模式，匹配成功则返回对象，匹配失败则返回空值 None。 （ ）

（4）正则表达式中的元字符\D 用来匹配任意数字字符。 （ ）

2．选择题

（1）Python 语句 print(len('\x48\x41!'))的执行结果是_____。

    A．9   B．6   C．5   D．3

（2）Python 语句 print('\x48\x41!')的执行结果是_____。

    A．'\x48\x41!'   B．4841!   C．4841   D．HA!

（3）下列关于字符串的说法中，错误的是_____。

    A．字符串以\0 标志字符串的结束

    B．字符应该视为长度为 1 的字符串

    C．既可以用单引号，也可以用双引号创建字符串

    D．在三引号字符串中可以包含换行、回车等特殊字符

（4）要将 3.1415926 变成 00003.14，正确的格式化是_____。

    A．"%.2f"% 3.1415629   B."%8.2f"% 3.1415629

    C．"%0.2f"% 3.1415629   D."%08.2f"% 3.1415629

3．代码分析题

（1）下面代码的输出是什么？

```
import re
sum = 0;pattern = 'boy'
```

```
if re.match(pattern,'boy and girl'): sum += 1
if re.match(pattern,'girl and boy'): sum += 2
if re.search(pattern,'boy and girl'): sum += 3
if re.search(pattern,'girl and boy'): sum += 4
print (sum)
```

（2）下面代码的输出是什么？

```
import re
re.match("to"."Wang likes to swim too")
re.search("to"."Wang likes to swim too")
re.findall("to"."Wang likes to swim too")
```

（3）下面代码的输出是什么？

```
import re
m = re.search("to"."Wang likes to swim too")
print (m.group(),m.span())
```

4．程序设计题

（1）编写代码，实现下列变换。

    A．将字符串 s = "alex" 转换成列表。

    B．将字符串 s = "alex" 转换成元祖。

    C．将列表 li = ["alex", "seven"] 转换成元组。

    D．将元祖 tu = ('Alex', "seven") 转换成列表。

（2）有如下列表

```
li = ["hello", 'seven', ["mon", ["h", "kelly"], 'all'], 123, 446]
```

请编写代码，实现下列功能。

    A．输出 Kelly。

    B．使用索引找到 all 元素并将其修改为 ALL。

（3）设计一个函数 myStrip()，它可以接收任意一个字符串，输出一个前端和后端都没有空格的字符串。

2.5　字典与集合

字典（dictionary）和集合（set，frozenset）是 Python 的两类内置无序容器。在形式上，它们都以大括号作为边界符。

2.5.1　字典

1．字典与哈希函数

在 Python 中，字典是具有如下特点的容器。

（1）以花括号（{}）作为边界符。

（2）可以有 0 个或多个元素，元素间用逗号分隔，没有顺序关系。

（3）每个元素都是一个 key:value 的键值对，键值之间用冒号（:）连接。

（4）键是可哈希的对象。

在 Python 中，不可变对象（bool、int、float、complex、str、tuple、frozenset 等）是可hash 对象，可变对象通常是不可 hash 对象。哈希也称为散列，就是把任意长度的输入（又叫作预映射，pre-image）通过散列算法变换成固定长度的输出，该输出就是散列值。这些值具有均匀分布性和唯一性。所以，字典的键具有唯一性，并且具有不可变性。

代码 2-73 可哈希对象举例。

```
>>> import math
>>> hash(123456)
123456
>>> hash(1.23456)
540858536241164289
>>> hash(math.pi)
326490430436040707
>>> hash(math.e)
1656245132797518850
>>> hash('123456')
-7223035130123995062
>>> hash('abcdef')
-6277361403050886944
>>> hash((1,2,3,4,5,6))
-14564427693791970
>>> hash(3+5j)
5000018
>>> hash([1,2,3,4,5,6])              #对可变对象进行哈希计算出现错误
Traceback (most recent call last):
  File "<pyshell#17>", line 1, in <module>
    hash([1,2,3,4,5,6])
TypeError: unhashable type: 'list'
```

（5）键-值映射（mapping）：键的作用是通过哈希函数计算出对应值的存储位置。或者说，通过键可以方便地计算出对应值的存放地址（id），而不需要一个一个地寻找地址。

（6）值是可变对象或不可变对象。

2. 字典对象的创建

通常，字典对象可以通过如下 3 种方式创建。

（1）用字面量直接创建。

（2）用构造方法 dict()创建。

（3）用 fromkeys()方法创建。

代码 2-74 字典对象创建示例。

```
>>> #用字面量创建字典对象
```

```
>>> studDict = {'name':'Zhang','sex':'m','age':18,'major':'computer'};studDict
{ 'name': 'Zhang', 'sex': 'm', 'age': 18, 'major': 'computer'}
>>> #用构造方法转换得到字典对象
>>> studDict = dict((['name','Zhang'],['sex','m'],['age',18],['major','computer']));
studDict
{'name': 'Zhang', 'sex': 'm', 'age': 18, 'major': 'computer'}
>>> #创建空字典对象
>>> d1 = {};d2 = dict()
>>> #用空字典对象调用 fromkeys()方法创建值都为 None 的字典对象
>>> {}.fromkeys(['name','sex','age','major'])
{'name': None, 'sex': None, 'age': None, 'major': None}
>>> #有重复键时，前面的键值对作废
>>> d3 ={'a':1,'b':2,'a':3}; d3
{'a': 3, 'b': 2}
```

3. 可作用于字典的主要操作符

表 2.19 列出了可作用于字典的主要操作符。

表 **2.19** 可作用于字典的主要操作符

操 作 符	功 能
=	d2 = d1，为字典对象增添一个引用变量 d2
is	d1 is d2，测试 d1 与 d2 是否指向同一字典对象
in，not in	测试一个键是否在字典中
[ ]	用于以键查值、以键改值、增添键值对

代码 2-75 可作用于字典的主要操作符应用示例。

```
>>> studDict1 = {'name':'Zhang','major':'computer'}
>>> studDict2 = studDict1                              #赋值操作
>>> studDict2 is studDict1                             #id 是否相同测试
True
>>> studDict2 == studDict1                             #取值是否相等测试
True
>>> 'major' in studDict2                               #测试键是否存在
True
>>> 'sex' in studDict2                                 #测试键是否存在
False
>>> studDict1['name']                                  #以键查值
'Zhang'
>>> studDict2['sex'] = 'm'                             #增添新键值对
>>> studDict2
{'name': 'Zhang', 'major': 'computer', 'sex': 'm'}
>>> studDict2['name'] = 'Wang';studDict2               #以键改值
{'name': 'Wang', 'major': 'computer', 'sex': 'm'}
>>> len(studDict2)                                     #计算字典长度
3
>>> del studDict2['major'] ; studDict2                 #删除元素
{'name': 'Wang', 'sex': 'm'}
```

```
>>> del studDict2                                        #删除字典对象
>>> studDict2                                            #显示不存在字典内容
Traceback (most recent call last):
  File "<pyshell#25>", line 1, in <module>
    studDict2
NameError: name 'studDict2' is not defined
```

4．用于字典操作的函数和方法

1）用于字典操作通用函数

字典操作通用函数包括标准内置函数和容器通用函数，如 type()、str()、len()、hash() 等。这些函数的用法与其他容器相同，这里不再赘述。

2）字典定义的方法

除了构造方法 dict()外，还为字典定义了其他一些方法，见表 2.20。

表 2.20　Python 字典中定义的内置方法

方　　法	功　　能
dict1.clear()	删除字典内的所有元素
dict1.copy()	返回一个 dict1 的副本
dict1.fromkeys(seq,val=None)	创建一个新字典，以序列 seq 中的元素为键，val 为字典所有键对应的初始值
dict1.get(key[, d=None])	key 在，返回 key 的值；key 不在，返回 d 值或无返回
dict1.has_key(key)	如果键在字典 dict1 里，则返回 True，否则返回 False
dict1.items()	返回 dict1 中可遍历的(键，值) 组成的序列
dict1.keys()	以列表返回一个字典所有的键
dict1.pop(key[,d])	若 key 在 dict1 中，则删除 key 对应的键值对；否则返回 d，若无 d，则出错
dict1.popitem()	在 dict1 中随机删除一个元素，返回该元素组成的元组；若 dict1 为空，则出错
dict1.setdefault(key, d=None)	若 key 已在 dict1 中，则返回对应值，d 无效；否则添加 key:d 键值对，返回值 d
dict1.update(dict2)	把字典 dict2 的元素追加到 dict1 中
dict1.values()	返回一个以字典 dict1 中所有值组成的列表

代码 2-76　字典方法应用示例。

```
>>> studDict1 = {'name':'Zhang','sex':'m','age':18,'major':'computer'}
>>> studDict2 = studDict1.copy();studDict2
{'name': 'Zhang', 'sex': 'm', 'age': 18, 'major': 'computer'}
>>> studDict3 = studDict1.fromkeys(studDict1);studDict3
{'name': None, 'sex': None, 'age': None, 'major': None}
>>> list1 = studDict1.keys();list1
dict_keys(['name', 'sex', 'age', 'major'])
>>> list2 =studDict1.values();list2
dict_values(['Zhang', 'm', 18, 'computer'])
>>> studDict3 = studDict1.fromkeys(list1,88);studDict3
{'name': 88, 'sex': 88, 'age': 88, 'major': 88}
>>> studDict4 = studDict1.popitem();studDict4
```

```
('major', 'computer')
>>> studDict1
{'name': 'Zhang', 'sex': 'm', 'age': 18}
>>> studDict1.pop('age',20)
18
>>> studDict1
{'name': 'Zhang', 'sex': 'm'}
>>> studDict1.setdefault('city','wuxi')
'wuxi'
>>> studDict1
{'name': 'Zhang', 'sex': 'm', 'city': 'wuxi'}
>>> studDict1.update(studDict2);studDict1
{'name': 'Zhang', 'sex': 'm', 'city': 'wuxi', 'age': 18, 'major': 'computer'}
```

2.5.2 集合

1. 集合及其对象创建

Python 的集合具有数学意义上集合的所有概念，其基本特点是无序、互异，并可分为可变集合（set）和不可变集合（frozenset）两种类型。可变集合的元素可以添加、删除，而不可变集合不能。可变集合是不可 hash 的，而不可变集合是可 hash 的。

集合对象可以通过构造方法创建：用 set()创建可变集合对象，用 frozenset()创建不可变集合对象。

代码 2-77 集合对象创建示例。

```
>>> s1 = set();s1                          #创建空集合对象
set()
>>> s2 = {1,2,3,4,5}; s2                    #用集合字面量创建集合对象
{1, 2, 3, 4, 5}
>>> s3 = set(1,2,3,4,5);s3                  #set()不直接接收一般形式的参数
Traceback (most recent call last):
  File "<pyshell#3>", line 1, in <module>
    s3 = set(1,2,3,4,5);s3
TypeError: set expected at most 1 arguments, got 5
>>> s4 = set({1,2,3,4,5}); s4               #用集合字面量作为 set()参数
{1, 2, 3, 4, 5}
>>> s5 = set([1,2,3,4,5]);s5                #用列表作为 set()参数
{1, 2, 3, 4, 5}
>>> s6 = set(i for i in range(0,10)); s6    #用迭代器作为 set()参数
{0, 1, 2, 3, 4, 5, 6, 7, 8, 9}
>>> s7 = set('I\'m a student.'); s7         #用字符串作为 set()参数
{'m', 'e', 'n', 'I', ' ', "'", '.', 'u', 'a', 'd', 't', 's'}
>>> fs1 = frozenset('I\'m a student.'); fs1 #用字符串作为 frozenset()参数
frozenset({'m', 'e', 'n', 'I', ' ', "'", '.', 'u', 'a', 'd', 't', 's'})
```

2. 集合的容器性操作

集合作为一种无序的容器，可以进行容器性操作。表 2.21 给出了集合对象的主要容器性操作的函数。这些操作不修改集合，所以适合 set，也适合 frozenset。

表 2.21 集合对象的主要容器性操作的函数（集合对象：**s1 = {1，2，3，4，5}，s2={'a','b','c'}**

函数/方法	功　能	结　果
len(s1)	求集合元素个数	5
max(s1)	求最大元素	'c'
min(s1)	求最小元素	'a'
sum(s1)	求元素之和（不可有非数值元素）	15
s1.copy()	新建集合对象（s3 = s1.copy）	

3．集合运算操作

集合运算操作分为操作符和方法两种。这些运算操作都不对被操作集合对象进行修改，因此既适用于 set，也适用于 frozenset。

1）Python 集合运算适用操作符

表 2.22 为集合运算适用操作符。

表 2.22　集合运算适用操作符

Python 操作符	对应数学符号	功　能	示例表达式 s1 = set(['a','b','c']);s2 = set (['a','b'])	结　果
=		赋值	>>> s3 = s1; s3	{'a','b','c'}
In、not in	∈、∉	判断对象是/不是集合的成员	>>> 'a' in s1	True
==、!=	=、≠	判断两集合是否相等/不等	>>> s1 == s2	False
<	⊂	严格子集判断	>>> s1 < {'a','b','c'}	False
<=	⊆	子集判断	>>> s1 <= {'a', 'b', 'c'}	True
>	⊃	严格超集判断	>>> s1 > s2	True
>=	⊇	超集判断	>>> s1 >= {'a', 'b', 'c'}	True
&	∩	获取交集	>>> s1 & {'r','s','t','b'}	{'b'}
|	∪	获取并集	>>> s1 | {'r','s','t','b'}	{'a', 't', 'b', 's', 'r', 'c'}
–	–或\	相对补集或差补	>>> s1 - s2	{'b'}
^	△	对称差分	>>> {'r','s','t','b'} ^ s1	{'r', 's', 't'}
for		遍历 s1 中的元素	>>> for I in s1:	

图 2.5 形象地说明了两个集合之间的交、并、差和对称差之间的关系。

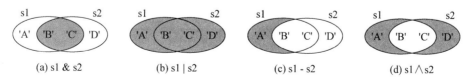

(a) s1 & s2　　(b) s1 | s2　　(c) s1 - s2　　(d) s1∧s2

s1 = set{('A', 'B', 'C')}; s2 = set{('B', 'C', 'D')}

图 2.5　两个集合之间的交、并、差和对称差示意

代码 2-78　遍历集合中的元素示例。

```
>>> s1= frozenset({'a','z','w','s'})
>>> for i in s1:
    print(i,end ='\t')
z    s    w    a
```

除上述操作符外，还有 4 个复合操作符。

```
s1 |= s2 等价于 s1= s1 | s2
s1 &= s2 等价于 s1= s1 & s2
s1 -= s2 等价于 s1= s1 - s2
s1 ^= s2 等价于 s1= s1 ^ s2
```

它们形式上是改变了 s1，但是实际上是新建了 s1 所指向的集合对象。

代码 2-79　集合的复合赋值操作示例。

```
>>> s1= frozenset({1,2,3,4,5}); s1
frozenset({1, 2, 3, 4, 5})
>>> s2 ={'a','b','c'}
>>> s1 &= s2
>>> s1= frozenset({1,2,3,4,5})
>>> id(s1)
1935428451016
>>> s1 &= s2; s1
frozenset()
>>> id(s1)
1935428451912
```

2）Python 集合运算方法

Python 的集合运算方法与其运算操作符在功能上基本一样，对应关系见表 2.23。

表 2.23　Python 集合运算方法

集合运算方法	运算表达式	集合运算方法	运算表达式
s1.isdisjoint(s2)	s1 == s2	s1.intersection(s2,…)	s1 & s2 & …
s1.issubset(s2)	s1 <= s2	s1.difference(s2,…)	s1 − s2 − …
s1.issuperset(s2)	s1 >= s2	s1.symmetric_difference(s2)	s1 ^ s2 ^…
s1.union(s2,…)	s1	s2	…		

4．可变集合操作方法

表 2.24 为仅适合于可变集合的方法。它们将对原集合进行改变。

表 2.24　仅适合于可变集合的方法

set 专用方法	功　能	set 专用方法	功　能
s1.add(obj)	在 s1 中添加对象 obj	s1.update(s2)	将 s1 修改为与 s2 之并集
s1.clear()	清空 s1	s1.intersection_update (s2)	将 s1 修改为与 s2 之交集
s1.discard(obj)	若 obj 在 s1 中，则将其删除	s1.difference_update (s2)	将 s1 修改为与 s2 之差集

set 专用方法	功　能	set 专用方法	功　能
s1.pop()	若 s1 非空，则随机移出一个元素；否则导致 KeyError	s1.symmetric_difference_update (s2)	将 s1 修改为与 s2 之对称差集
s1.remove(obj)	若 s1 有 obj，则移出；否则导致 KeyError		

代码 2-80　修改可变集合示例。

```
>>> s1 = {1,2,3,4,5}; s2 = {3,4,5,6,7}
>>> s1.pop()
1
>>> s1
{2, 3, 4, 5}
>>> s2.discard(3); s2
{4, 5, 6, 7}
>>> s1.update(s2); s1
{2, 3, 4, 5, 6, 7}
>>> s1={2,3,4,5}; s1.intersection_update (s2); s1
{4, 5}
>>> s1 = {2,3,4,5}; s1.difference_update (s2); s1
{2, 3}
>>> s1 ={2,3,4,5}; s1.symmetric_difference_update (s2); s1
{2, 3, 6, 7}
```

练习 2.5

1．选择题

（1）在后面的可选项中选择下列 Python 语句的执行结果。

print(type({}))的执行结果是＿＿＿＿＿＿。

print(type([]))的执行结果是＿＿＿＿＿＿。

print(type(()))的执行结果是＿＿＿＿＿＿。

A．<class 'tuple'>　　　B．<class 'dict'>　　　C．<class 'set'>　D．<class 'list'>

（2）集合 s1 = {2, 3, 4, 5}和 s2 = {4, 5, 6, 7}执行操作 s3 = s1; s1.update(s2)后，s1、s2、s3 指向的对象分别是＿＿＿＿＿＿。

   A．{2, 3, 4, 5, 6, 7}、{2, 3, 4, 5, 6, 7}、{2, 3, 4, 5, 6, 7}

   B．{2, 3, 4, 5, 6, 7}、{4, 5, 6, 7}、{2, 3, 4, 5, 6, 7}

   C．{2, 3, 4, 5, 6, 7}、{4, 5, 6, 7}、{2, 3, 4, 5}

   D．{2, 3, 4, 5}、{2, 3, 4, 5, 6, 7}、{2, 3, 4, 5}

（3）下列代码执行时会报错的是＿＿＿＿＿＿。

   A．v1 = {}　　　　　　　　　　B．v2 = {3:5}

   C．v3 = {[1,2,3]:5}　　　　　　D．v4 = {(1,2,3):5}

（4）以下不能创建一个字典的语句是_____。

    A．dict1 = {}   B．dict2 = { 3 : 5 }

    C．dict3 = dict([2 , 5],[3 , 4])   D．dict4 = dict(([1,2],[3,4]))

（5）下面不能创建一个集合的语句是_____。

    A．s1 = set ()   B．s2 = set ("abcd ")

    C．s3 = (1, 2, 3, 4)   D．s4 = frozenset((3,2,1))

（6）下列说法中，错误的是（   ）。

    A．除字典类型外，所有标准对象均可用于布尔测试

    B．空字符串的布尔值是 False

    C．空列表对象的布尔值是 False

    D．值为 0 的任何数字对象的布尔值都是 False

2．填空题

（1）Python 代码 d = {1:'a',2:'b',3:'c',4:'d'};del d[1]; del d[3];d[1] = 'A';print(len(d))的执行结果是_____。

（2）Python 代码 score = {'language':80, 'math':90,'physics':88,'chemistry':82}; score['physics'] = 96; print(sum(score.value() / len(score))) 的执行结果是_____。

（3）Python 代码 print(set([3,5,3,5,8]))的执行结果是_____。

（4）Python 代码 d1 = {1: 'food'}; d2 = {1: '食品', 2: '图书'}; d1.update(d2); print(d1.[1])的执行结果是_____。

（5）在下画线处填写其上代码执行后的输出。

```
>>> b = [{'g':1}] * 4
>>> print(b)
[_____]
>>> b[0]['g'] = 2
>>> print(b)
[_____]
```

（6）在下画线处填写其上代码执行后的输出。

```
>>> b = [{'g':1}] + [{'g':1}] + [{'g':1}] + [{'g':1}]
>>> print(b)
[_____]
>>> b[0]['g'] = 2
>>> print(b)
[_____]
```

（7）在下画线处填写其上代码执行后的输出。

```
>>> a = {'g' : 1}
>>> b = [a] * 4
>>> b[0]['g'] = 2
>>> print(b)
```

```
[                              ]
>>> print(a)
[                              ]
```

（8）在下画线处填写其上代码执行后的输出。

```
>>> a = {'g' : 1}
>>> b = [a] + [a] + [a] + [a]
>>> b[0]['g'] = 2
>>> print(b)
[                              ]
>>> print(a)
[                              ]
```

3．代码分析题

```
tu = ("alex", [11, 22, {"k1": 'v1', "k2": ["age", "name"], "k3": (11,22,33)}, 44])
```

请回答下列问题：

（1）tu 变量中的第一个元素 alex 是否可被修改？

（2）tu 变量中的"k2"对应的值是什么类型？是否可以被修改？如果可以，请在其中添加一个元素"Seven"。

（3）tu 变量中的"k3"对应的值是什么类型？是否可以被修改？如果可以，请在其中添加一个元素"Seven"。

4．简答题

（1）数据对象的可变性（immutable）指什么？Python 的哪些类型是可更改的（mutable）？哪些不可更改？

（2）哪些 Python 类型是按照顺序访问的？它们和映射类型的不同是什么？

5．程序设计题

（1）有如下值集合 [11,22,33,44,55,66,77,88,99,90]，将所有大于 66 的值保存至字典的第一个 key 中，将小于 66 的值保存至第二个 key 中。

（2）有字典 dic = {'k1': "v1", "k2": "v2", "k3": [11,22,33]}，请编写代码，实现下列功能。

（a）循环输出所有的 key。

（b）循环输出所有的 value。

（c）循环输出所有的 key 和 value。

（d）在字典中添加一个键值对"k4"："v4"，输出添加后的字典。

（e）修改字典中"k1"对应的值为"alex"，输出修改后的字典。

（f）在 k3 对应的值中追加一个元素 44，输出修改后的字典。

（g）在 k3 对应的值的第 1 个位置插入一个元素 18，输出修改后的字典。

（3）给出 0～1 000 中的任一个整数值，就会返回代表该值的符合语法规则的形式英文，如输入 89，返回 eight-nine。

2.6　Python 数据文件

2.6.1　数据文件概述

1．文件对及其类型

文件（file）是一种特殊的、被命名的数据容器，其特殊之处是建立在外部介质上，而不是内存中，可以实现数据的持久化。

依照存储内容，可以把文件分为程序文件和数据文件。按照操作特点，可以把文件分为顺序读写文件和随机读写文件。按照编码形式，可以把文件分为文本文件（text file）和二进制文件（binary file）。文本文件以字符为单位进行存储，即文本文件是字符串组成的文件。纯文本文件（txt 文件）、HTML 文件和 XML 文件都是常见的文本文件。二进制文件以字节为单位进行存储，即二进制文件是字节串组成的文件。一般不可显示的字符，如音频、图像、视频等数据都以二进制文件存储。

2．Python 文件名与后缀

一个完整的文件名由文件名和文件名后缀组成。文件名由用户自己命名，文件名后缀是由系统定义并自动添加的，一般用于表示文件的类型。下面是 Python 程序中常用的文件名后缀。

.py：Python 程序的文件名后缀。

.txt：文本文件的文件名后缀。

.dat：二进制文件的文件名后缀。

3．文件对象的操作过程

不管是文本文件，还是二进制文件，它们的操作过程都大体上分为三步：创建文件对象（即打开文件）、文件操作和文件关闭。

1）打开文件

简单地说，打开文件就是创建一个由程序到被操作文件之间的通道。这个通道在Windows 系统中称为文件句柄（file handle），在 UNIX/Linux 系统中称为文件描述符或文件标签。通过它，可以获取或建立文件的有关信息。只有这个通道建立了，才能有效地进行文件的读写等操作。通常，人们也将这个通道对象称为文件对象。所以，打开文件被解释为创建一个文件对象。

在创建文件对象的同时，系统还会自动创建 3 个标准 I/O 对象。

- stdin（标准输入）。
- stdout（标准输出）。
- sterr（标准错误输出）。

这 3 个对象都与终端相连接，可以方便数据的输入与输出。

2）文件操作

文件对象创建之后，就可以对文件进行读写操作了。

3）文件关闭

在文件操作时，各种操作的数据都会首先保存在缓冲区中，除非缓冲区满或执行关闭操作，否则不会将缓冲区内容写到外存。文件关闭操作的主要作用是将留在缓冲区的信息最后一次写入外存，切断程序与外存中该文件的通道。如果不执行文件关闭——关闭文件标签就停止程序运行，则有可能丢失信息。

文件关闭要使用文件对象的方法 close()。

2.6.2　open() 函数

1．open() 函数的语法

通常把文件对象的创建形象地称为文件打开。在 Python 中，最常用的文件打开方式是使用 Python 的内置函数 open()。它执行后创建一个文件对象和 3 个标准 I/O 对象，并返回一个文件描述符（句柄）。其语法如下。

```
open(filename[, mode[, buffering[, encoding[,
    errors[, newline[, closefd=True]]]]]])..
```

2．参数说明

1）filename：文件名

filename 是要打开的文件名，是 open() 函数中唯一不可或缺的参数。通常，上述 filename 包含了文件存储路径在内的完整文件名。只有被打开的文件位于当前工作路径下时，才可以忽略路径部分。

为了把文件建立在特定位置，可以在交互环境下用 os 模块中的 os.mkdir() 函数。

代码 2-81　创建一个文件夹。

```
>>> import os
>>> os.mkdir(('D:\myPythonTest'))
```

如果在给定路径或当前路径下找不到指定的文件名，将会触发 IOError。

2）mode：文件打开的模式

文件打开时需要指定打开模式。打开模式主要用于向系统请求下列资源。

（1）打开后是进行文本文件操作（以't'表示），还是进行二进制文件操作（以'b'表示），以便系统进行相应的编码配置。

（2）打开后是进行读操作（以'r'或缺省表示），还是进行写操作（以'w'表示覆盖式从头写，以'a'表示在文件尾部追加式写）或读写操作（以'+'表示），以便系统为其配备相应的缓冲区、建立相应的标准 I/O 对象并初始化文件指针位置是在文件头（'r'或缺省、'w'），还是在文件尾（'a'）。

（3）用'U'表示以通用换行符模式打开。一般来说，不同平台用来表示行结束的符号是不同的，如\n、\r，或者\r\n。如果只写了一种处理换行符的方法，则无法被其他平台认可，而要为每一个平台都写一个方法，又太麻烦。为此，Python 2.3 创建了一个特殊换行符 newline(\n)。当使用'U'标志打开文件时，所有的行分隔符（或行结束符，无论它原来是什么）通过 Python 的输入方法（如 read()）返回时都会被替换为 newline(\n)，同时还用对象的 newlines 属性记录它曾"看到的"文件的行结束符。

上述基本的打开模式符号可以组合成表 2.25 所示的文件打开模式。

表 2.25 组合的文件打开模式

文件打开模式		操 作 说 明
文本文件	二进制文件	
r	rb	以只读方式打开，是默认模式，必须保证文件存在
rU 或 Ua		以读方式打开文本文件，同时支持文件含特殊字符（如换行符）
w	wb	以写方式新建一个文件，若已存在，则自动清空
a	ab	以追加模式打开：若文件存在，则从 EOF 开始写；若文件不存在，则创建新文件写
r +	rb+	以读写模式打开
w+	wb+	以读写模式新建一个文件
a+	ab+	以读写模式打开

3）buffering：设置 buffer

0：代表 buffer 关闭（只适用于二进制模式）。
1：代表 line buffer（只适用于文本模式）。
>1：表示初始化的 buffer 大小。
若不提供该参数或者给定负值，则按照如下系统默认缓冲机制进行。
（1）二进制文件使用固定大小缓冲区。缓冲区大小由 io.DEFAULT_BUFFER_SIZE 指定，一般为 4096B 或 8192B。
（2）对文本文件，若 isatty()返回 True，则使用行缓冲区；其他与二进制文件相同。

4）errors：报错级别

strict：字符编码出现问题时会报错。
ignore：字符编码出现问题时程序会忽略而过，继续执行下面的代码。

5）closefd：传入参数

True：传入的 file 参数为文件的文件名（默认值）。
False：传入的 file 参数只能是文件描述符。
Ps：文件描述符，一个非负整数。
注意：使用 open 打开文件后一定要记得关闭文件对象。

6）其他

encoding：返回数据的编码（一般为 UTF-8 或 GBK）。

newline：用于区分换行符（只对文本模式有效，可以取的值有 None、'\n'、'\r'、''、'\r\n'）。

2.6.3　文件属性与方法

1．文件属性

文件对象一经创建，就拥有了自己的属性。文件对象的主要属性见表 2.26。

表 2.26　文件对象的主要属性（f 表示文件对象）

文件对象的属性	描　　述
f.closed	文件已经关闭，为 True；否则为 False
f.mode	文件的打开模式
f.name	文件的名称
f.encoding	（文本）文件使用的编码
f.newlines	文件中用到的换行模式：无，返回 None；只一种，返回一字符串；有多种，返回遇到的行分隔符元组
f.softspace	如果空间明确要求具有打印，则返回 False；否则返回 True

其中：

（1）f.encoding 为文件使用的编码：当 Unicode 字符串被写入数据时，将自动使用 f.encoding 转换为字节字符串；若 f.encoding 为 None 时，则使用系统默认编码。

（2）f.softspace 为 0 表示输出一数据后要加上一个空格符；为 1 表示不加。这个属性一般用不到，由程序内部使用。

2．文件方法

表 2.27 为文件对象的常用内置方法。在文件对象方法中，最关键的两类方法是文件对象的关闭方法 close()和文件对象的读写方法。

表 2.27　文件对象的常用内置方法（f 表示文件对象）

	文件对象的方法	操　　作
读	f.read([size=-1])	从文件读取 size 个字节（Python 2）或字符（Python 3.0）;size 缺省或为负，读取所有剩余内容
	f.readline([size=-1])	从文件中读取并返回一行（包括行结束符），如果 size 有定义，则返回 size 个字符
	f.readlines([size])	读出所有行组成的 list，size 为读取内容的总长
写	f.write(str)	将字符串 str 写入文件
	f.writelines(seq)	向文件写入字符串序列 seq，不添加换行符。seq 应该是一个返回字符串的可迭代对象
指针	f.tell()	获得文件指针当前位置（以文件的开头为原点）
	f.seek(offset[,where])	从 where（0 为文件开始；1 为当前位置；2 为文件末尾）将文件指针偏移 offset 字节
其他	f.flush()	把缓冲区的内容写入硬盘，刷新输出缓存
	f.close()	刷新输出缓存，关闭文件，否则会占用系统的可打开文件句柄数
	f.truncate([size])	截取文件，只保留 size 字节
	f.isatty()	文件是否为一个终端设备文件（UNIX 系统中）：若是，则返回 True；否则返回 False
	f.fileno()	获得文件描述符—— 一个数字

3. 文件操作示例

代码 **2-82** 文件操作示例。

```
>>> import os
>>> os.mkdir('D:\myPythonTest')                          #创建一个文件夹
>>> f = open(r'D:\\myPythonTest\test1.txt','w')          #以写方式打开 f
>>> f.write('Python\n')                                  #写入一行
7
>>> f.close()                                            #文件关闭
>>> f = open(r'D:\\myPythonTest\test1.txt','r')          #以读方式打开
>>> f.read()                                             #读出剩余内容
'Python\n'
>>> f.write('how are you?\n')                            #企图在读模式下写，导致错误
Traceback (most recent call last):
  File "<pyshell#59>", line 1, in <module>
    f.write('abcdefg\n')
io.UnsupportedOperation: not writable
>>> f.close()                                            #关闭文件
>>> f = open(r'D:\\myPythonTest\test1.txt','a')          #为追加打开
>>> f.write('how are you?\n')                            #在追加模式下写
13
>>> f.close()                                            #关闭文件
>>> f = open(r'D:\\myPythonTest\test1.txt')              #以默认(读)方式打开文件
>>> f.read(20)                                           #读出 20 个字符
'Python\nhow are you?\n'
>>> f.close()                                            #关闭文件
>>> f.read()                                             #在文件关闭之后操作
Traceback (most recent call last):
  File "<pyshell#10>", line 1, in <module>
    f.read()
ValueError: I/O operation on closed file.
```

说明：

（1）在字符串前面添加符号 r，表示使用原始字符串。

（2）不按照打开模式操作，会导致 io.UnsupportedOperation 错误。

（3）一个文件在关闭后还对其进行操作会产生 ValueError。

练习 2.6

1. 选择题

（1）为进行读操作，打开二进制文件 abc 的正确语句是____。

    A. open (abc,'b')   B. open('abc', 'rb')   C. open('abc', 'r+')   D. open('abc', 'r')

（2）函数 open() 的作用不包括____。

    A. 读写对象是二进制文件，还是文本文件

B．读写模式是只读、读写、添加，还是修改

C．建立程序与文件之间的通道

D．是顺序读写，还是随机读写

（3）为进行写入，打开文本文件 file1.txt 的正确语句是____。

A．f1 = open('file1.txt', 'a') 　　　　　B．f1 = open('file1', 'w')

C．f1 = open('file1', 'r+') 　　　　　　D．f1 = open('file1.txt', 'w+')

（4）下列不是文件对象写方法的是____。

A．write() 　　　　B．writeline() 　　　　C．writelines() 　　　　D．writefile()

（5）以下文件打开方式中，两种打开效果相同的是____。

A．open(filename,'r') 　　　　　　　　B．open(filename,"w+")

C．open(filename,"rb") 　　　　　　　D．open(filename,"w")

2．判断题

（1）在 open()函数的打开方式中，有"+"，表示文件对象创建后，将进行随机读写；无"+"，表示文件对象创建后，将进行顺序读写。　　　　　　　　　　　　　　　　　（　　）

（2）close()函数的作用是关闭文件。　　　　　　　　　　　　　　　　　　　　（　　）

（3）在 Python 中，显式关闭文件没有实际意义。　　　　　　　　　　　　　　（　　）

（4）用 read()方法可以设定一次要读出的字节数量。设计这个数量的合适原则：一次尽可能多读；如果需要，最好全读；如一次不能读完，则可按缓冲区大小读取。　　　　　（　　）

3．程序设计题

（1）建立一个存储人名的文件，输入时不管大小写，但在文件中的每个名字都以首字母大写、其余字母小写的格式存放。

（2）有两个文件 a.txt 和 b.txt，先将两个文件中的内容按照字母表顺序排序，然后创建一个文件 c.txt，存储为 a.txt 与 b.txt 按照字母表顺序合并后的内容。

第3章 Python 过程组织与管理

程序过程技术是面向过程程序设计的关键技术，也是面向对象程序设计的支撑技术。程序过程由一组指令描述。随着计算机应用的深入，程序代码量急剧增大，复杂性随之膨胀。在这种情况下，如何组织与管理过程关系到程序的可靠性、可测试性、正确性和执行效率。

由于各种原因，程序代码可能会被正常执行，也可能会在执行中出现异常。作为一个健壮的程序，不仅应当正确地执行不出现异常的代码，还应当能执行可能会出现异常的代码，并在异常出现时可以处理异常，即使无法处理，也应该能显示出现了什么问题，不致让用户莫名其妙。

本章介绍 Python 在正常执行和有可能出现异常两种情况下的过程组织方式，它们分别称为函数和异常处理。在介绍了这两种过程组织结构后，本章还会介绍与它们有关的标识符访问规则——命名空间与作用域规则。

3.1 Python 函数

在 Python 程序中，函数是组织与管理过程的最基本形式。本节介绍 Python 函数定义、返回、调用中要使用的一些基本技术。

3.1.1 函数及其关键环节

函数（function）技术是程序模块化的产物。程序模块化是一种控制问题复杂性的手段，其基本思想是将一个复杂的程序按照功能进行分解，使每一个模块成为功能单一的代码块封装体，不仅使结构更加清晰，而且大大降低了复杂性和设计难度，并在一定程度上实现了代码复用，有利于提高程序的可靠性、可测试性、可维护性和正确性。

作为承载模块职能的重要机制，函数具有三方面的意义：一是形成一段代码的封装体；二是实现一个功能；三是可以被重复使用。图 3.1 为函数被重复使用的示意图。

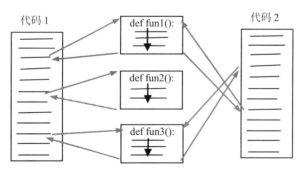

图 3.1　函数被重复使用的示意图

作为程序模块化的元件和一段代码的封装体，不仅要求函数之间的关系要清晰可读，而且要求一个函数中，语句之间的关系也要清晰可读。使语句之间关系清晰的方法是采用结构化的语句结构。图 3.2 为目前广泛采用的 3 种结构化的基本语句结构。这 3 种基本语句结构的共同特点是"单入口、单出口"。

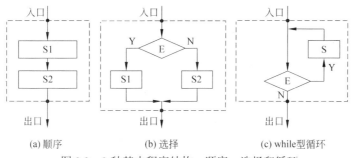

图 3.2　3 种基本程序结构：顺序、选择和循环

许多程序可以用函数作元件构建而成。在用 Python 进行开发时，可以采用内置的函数，也可以采用标准库中的或第三方社区开发的函数。但它们是有限的，还需要程序员自己设计一些函数。本节介绍有关函数设计的技术。

函数机制包含定义、调用和返回三大环节。图 3.3 形象地表示了三者之间的关系。

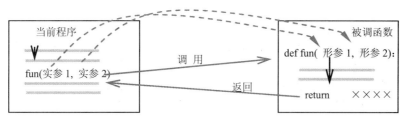

图 3.3　函数的定义、调用和返回

1．函数调用

1）函数调用的形式

函数调用是一个表达式，格式为

函数名（**实际参数列表**）

函数 pow(x,y)用来计算 x^y，定义时并不知道 x 是多少，y 是多少，所以，x 和 y 称为形式参数（formal parameters），简称形参（parameter）。调用这个函数式，必须说明需要计算的 x 的实际值和 y 的实际值。例如，计算 2^8 时，调用的表达式为 pow(2,8)，其中 2 和 8 称为实际参数（actual parameter），简称实参（argument）。

调用表达式可以单独构成一个语句，如 print()；也可用来组成别的表达式，如表达式 a = pow(2,8)。

2）函数调用的作用

简单地说，函数就是用一个名字代表一段程序代码。所以，函数调用就是通过一个函数名使用一段代码，并且根据需要还要向函数传递一些数据。这些数据的传递通过参数的虚实结合进行。总之，函数调用是通过 3 个关键性操作完成的。

（1）参数传递。计算机执行程序的流程在当前程序中，当执行到调用表达式时，就会先把函数调用表达式中的实际参数传递给函数定义中的形式参数。例如，用 pow(2,8)调用函数会把 2 传递给 x，把 8 传递给 y。

（2）保存现场。由于当前程序没有结束，所以会有一些中间执行结果和状态。为了能在函数返回时接着执行，就要将这些中间执行结果和状态保存起来。不过，这个操作是系统在后台进行的操作，在程序中并不表现出来。

（3）流程转移。将计算机执行程序的流程从当前调用语句转移到函数的第一个语句，开始执行函数中的语句。

需要注意的是，要调用一个模块中的函数，必须先用 import 将模块导入。

2．函数定义

Python 的函数定义结构如下所示，由函数头（function header）和函数体（function body）两部分组成。

```
def 函数名 （参数列表）:
    函数体
```

1）函数头

函数头由关键字 def 引出，并由函数名及其后面括在圆括号中的零个或多个形式参数变量名称组成。

Python 函数名是函数名变量的简称，必须是合法的 Python 标识符。def 是一个执行语句关键字。当 Python 解释执行 def 语句后，就会创建一个函数对象，并将其绑定到函数名变量。函数可能需要 0 个或多个参数。有多个参数时，参数间要用西文逗号（,）分隔。

函数头后面是一个西文冒号（:)，表示函数头的结束和函数体的开始。

2）函数体

函数体用需要的 Python 语句实现函数的功能。这些语句要按照 Python 的要求缩进。

3）函数嵌套

函数是用 def 语句定义的，凡是其他语句可以出现的地方，def 语句同样可以出现一个函数的内部。这种在一个函数体内又包含另外一个函数的完整定义的情况称为函数嵌套。

代码 3-1 函数嵌套示例。

运行结果如下。

```
a + b + g = 8, in B.
a + g = 3, in A.
```

说明:

(1) 程序的执行顺序在代码 3-1 中用带箭头的虚线标出。

(2) 像函数 B 这样定义在其他函数(函数 A)内的函数叫作内部函数,内部函数所在的函数叫作外部函数。当然,还可以多层嵌套。此时,除了最外层和最内层的函数外,其他函数既是外部函数,又是内部函数。

3．函数返回

函数体中非常重要的语句是 return 语句。

1) return 语句的作用

(1) 终止函数中的语句执行,将流程返回到调用处。

(2) 返回函数的计算结果。

程序执行返回后,会恢复调用前的现场状态,从调用处的后面继续执行原来的程序。

2) return 语句的用法

(1) 只返回一个值的 return 语句。

代码 3-2 利用海伦公式计算并返回三角形面积的函数。

```
import math
def triArea(a,b,c):
    s = (a + b + c) / 2
    area = math.sqrt((s - a) * (s - b) * (s - c) * s)
    return s                          #返回一个值
```

(2) 不返回值的 return 语句。这时,函数只执行一些操作。

代码 3-3 利用海伦公式计算并打印三角形面积的函数。

```
import math
def triArea(a,b,c):
    s = (a + b + c) / 2
    area = math.sqrt((s - a) * (s - b) * (s - c) * s)
    print ('三角形面积为: ', s       )        #打印一个值
    return                              #空的 return 语句
```

这种情况下,return 语句可以省略。如

```
import math
def triArea(a,b,c):
    s = (a + b + c) / 2
    area = math.sqrt((s - a) * (s - b) * (s - c) * s)
```

```
    print ('三角形面积为：', s      )                        #打印一个值
```

（3）在一个函数中可使用多个 return 语句，但只能有一个 return 语句被执行。

代码 3-4 判断一个数是否为素数的函数。

```
def isPrimer(number):
    if number < 2:
        return False
    for i in range(2,number):
        if number % i == 0:
    return False
    return True
```

这个函数中有 3 个 return 语句，但调用一次，只能由其中一个执行返回。

（4）返回多个值的 return。

代码 3-5 在边长为 r 的正方形中产生一个随机点的函数。

```
def getRandomPoint(r):
    x = random.uniform(0.0,r)
    y = random.uniform(0.0,r)
    #一个 return 返回两个值
```

对于这个函数，可以用下面的语句调用。

```
x,y = getRandomPoint(r)
```

实际上，这种返回值可以被看成一个元组对象。

3.1.2 Python 函数参数技术

在函数调用时，参数传递是一个关键环节。为了支持灵活多样的应用，Python 提供了多种函数参数技术。

1．不可变参数与可变参数

在 Python 函数中，每个参数都作为一个特殊的变量指向某一对象。因此，当一个程序要调用一个带参函数时，每个实参都按照值传递（pass-by-value）将其引用值传递给形参，即实参变量与形参变量都指向同一个对象。但是，按照实参引用值是可变性对象，还是不可变对象，在函数中的表现会有所不同。

1）实参引用不可变对象

当实参指向 int、float、str、bool、元组等不可变对象时，在函数中，任何对于形式参数的修改（赋值）都会使形参变量指向另外的对象，因而不会对实参变量的引用值产生任何影响，即这时对于实参对象值只可引用，不可修改，函数无副作用。

代码 3-6 不可变对象变量作参数。

```
def exchange(a,b):
```

```
    a, b = b, a                              #交换a,b
    print('\t Inside the function, a,b = ',a,b,sep = ',')

def main():
    x = 2; y = 3
    print('Before the call, x,y =',x,y,sep = ',')
    exchange(x,y)                            #调用函数exchange
    print ('After the call, x,y = ',x,y,sep = ',')

main()                                       #调用函数main
```

执行结果如下。

```
Before the call, x,y = ,2,3
        Inside the function, a,b = ,3,2
After the call, x,y = ,2,3
```

2）实参引用可变对象

当实参指向字典、列表等可变对象时，在函数中，任何对于形式参数的修改（赋值）都在实参变量引用的对象上进行，即这时对于实参对象值不仅可以引用，还可以修改，函数有副作用。

代码 3-7　列表对象变量作参数。

```
def exchange(a,i,j):
    a[i],a[j] = a[j],a[i]
    print('\t Inside the function, a = ',a)

def main():
    x = [0,1,3,5,7]
    print('Before the call, x =',x)
    exchange(x,1,3)                          #调用函数exchange,交换列表元素x[1],x[3]
    print ('After the call, x = ',x)

main()                                       #调用函数main
```

执行结果如下。

```
Before the call, x = [0,1,3,5,7]
        Inside the function, a = [0,5,3,1,7]
After the call, x = [0,5,3,1,7]
```

2. 默认参数、必选参数、可选参数与可变参数

1）有默认值的参数

当函数带有默认参数时，允许在调用时缺省这个参数，即调用方默认这个默认值。

代码 3-8 用户定义的幂计算函数。

```
def power(x, n = 2):
    p = x
    for i in range (1,n):
        p *= x
    return p
```

运行情况如下。

```
>>> power(3)                                          #缺省有默认值的实际参数
9
>>> power(3,3)
27
```

注意：

（1）默认参数必须指向不可变对象，因为默认参数使用的值是在函数定义时就确定的。

（2）当函数具有多个参数时，有默认值的参数一定要放在最后。

2）可选参数与必选参数

由代码 3-8 的执行情况可以看出，带有默认值的参数是可选的，所以这类参数也可以称为可选参数。而不带默认值的参数就称为必选参数。可选参数与必选参数的使用要点如下。

（1）要使某个参数是可选的，就给它一个默认值。

（2）必选参数和默认参数都有时，应当把必选参数放在前面，把默认参数放在后面。

（3）函数具有多个参数时，可以按照变化大小排队，把变化大的参数放在最前面，把变化最小的参数放在最后。程序员可以根据需要决定将哪些参数设计成默认参数。

3）可变数量参数

给一个形参名前加一个星号（*），表明这个参数将接收一个元素个数为任意的元组。

代码 3-9 以元组作为可变参数。

```
def getSum(para1,para2,*para3):
    total = para1 + para2
    for i in para3:
        total += i
    return total
```

运行情况如下。

```
>>> print(getSum(1,2))
3
>>> print(getSum(1,2,3,4,5))
15
>>> print(getSum(1,2,3,4,5,6,7,8))
36
```

3．位置参数与命名参数

在函数定义有多个参数的情况下，当函数调用时，实参向形参传递，通常是按照定义的形参列表中的位置顺序依次进行的。这种传递方式称为按位置传递。按位置传递的参数称为位置参数（positional arguments）。

位置参数的排列顺序是程序员的一种偏好。这种位置偏好可能不符合用户的习惯。此外，要求用户必须知道每个参数的意义。这样，参数少了还好，在多个参数的情况下，这种"盲输"难免出错。为此，Python 提供了命名参数，也称关键字参数（keyword arguments），使用户可以按名输入实际参数。

1）在实参中指定参数名

代码 3-10 在实参中指定参数名示例。

```
>>> def getStudentInfo(name,gender,age,major,grade):
    print ('name:',name,',gender:',gender,',age:',age,',major:',major,',grade:',grade)
```

（1）按位置参数调用情况如下。

```
>>> getStudentInfo('zhang','M',20,'computer',3)
name: zhang ,gender: M ,age: 20 ,major: computer ,grade: 3
```

（2）按位置并指定参数名调用情况如下。

```
>>> getStudentInfo(name ='zhang',gender = 'M',age = 20,major ='computer',grade = 3)
name: zhang ,gender: M ,age: 20 ,major: computer ,grade: 3
```

（3）用指定参数名方式调用情况如下。

```
>> getStudentInfo(major ='computer',grade = 3,name ='zhang',gender = 'M',age = 20)
name: zhang ,gender: M ,age: 20 ,major: computer ,grade: 3
```

（4）选择部分参数用指定参数名方式调用情况如下。

```
>>> getStudentInfo('zhang', 'M',major ='computer',grade = 3,age = 20)
name: zhang ,gender: M ,age: 20 ,major: computer ,grade: 3
```

2）强制命名参数

在形参列表中加入一个星号（＊），会形成强制命名参数（keyword-only），要求在调用时其后的形参必须显式地使用命名参数传递值。

代码 3-11 强制命名参数示例。

```
def getStudentInfo(name,gender,age,*,major,grade):
    print ('name:',name,',gender:',gender,',age:',age,',major:',major,',grade:',grade)
```

（1）不按强制命名参数要求调用情况如下。

```
>>> getStudentInfo('zhang','M',20,'computer',3)
```

发出如下错误信息。

```
Traceback (most recent call last):
  File "<pyshell#15>", line 1, in <module>
    getStudentInfo('zhang','M',20,'computer',3)
TypeError: getStudentInfo() takes 3 positional arguments but 5 were given
```

（2）按强制命名参数要求调用情况如下。

```
>>> getStudentInfo('zhang','M',20,major ='computer',grade = 3)
name: zhang ,gender: M ,age: 20 ,major: computer ,grade: 3
```

3）使用字典的关键字参数

字典是元素为键-值对的列表（将在下一节进一步介绍）。给最后一个形参名前加一个双星号（**），表明这个参数将接收一个元素数量为 0 或多个的字典。

代码 3-12　以字典作为可变参数。

```
def getStudentInfo(name,gender,age,**kw):
    print ('name:',name,',gender:',gender,',age:',age,',other:',kw)
```

运行情况如下。

```
>>> getStudentInfo(name ='zhang',gender = 'M',age = 20,major ='computer',grade = 3)
name: zhang ,gender: M ,age: 20 ,other: {'major': 'computer', 'grade': 3}
```

3.1.3　Python 函数的第一类对象特性

1．Python 函数也是对象

Python 一切皆对象。函数也是一类对象，并且与其他对象一样，具有身份、类型和值。因此，函数名就是指向函数对象的名字。

代码 3-13　获取函数的类型和 id 对象特性示例。

```
>>> def func():
    print ('I am a function')

>>> print (type(func))        #输出函数的类型
<class 'function'>
>>> print (id(func))          #输出函数的身份
2182932023360
>>> print (func)              #输出函数的值
<function func at 0x000001FC40E34840>
```

2．Python 函数是第一类对象

第一类对象（first-class object）是指可以赋值给一个变量、可以作为元素添加到集合对象中、可作为参数值传递给其他函数、还可以当作函数返回值的对象。Python 函数持有这些特征，也是第一类对象。

代码 3-14 函数赋值及作为返回值示例。

```
>>> def showName(name):
    def inner(age):
        print ('My name is:',name)
        print ('My age is:',age)
    return inner                        # 函数作为返回值

>>> F1 = showName                       #将函数赋值给变量 F1
>>> F2 = F1('Zhang')                    #用 F1 代表 showName,其返回（即 inner）赋值给 F2
>>> F2(18)                              #用 F2 代替 inner
My name is: Zhang
My age is: 18
```

说明：这里定义了函数 showName，其返回值是一个函数。也就是说，变量 F1 就是返回的 inner 函数，所以可以用 F2('18')执行函数 inner。

代码 3-15 函数作为参数传递示例。

```
>>> def func(name):                     #定义函数 func
    print ('My name is:',name)

>>> def showName(arg,name):             #arg 为形式参数
    print('I am a student')
    arg(name)                           #arg 以函数形式调用

>>> showName(func,'Zhang')              #func 作为实际参数
I am a student
My name is: Zhang
```

说明：函数名 func 作为实际参数传给形式参数 arg。

3.1.4 函数标注

Python 3.0 引入了函数标注，以增强函数的注释功能，让函数原型可以提供更多关于参数和返回的信息。

代码 3-16 关于函数参数类型和返回类型的标注。

```
>>> def getStudentInfo(name:str,gender:str,age:int)->tuple:
    return ('name:',name,',gender:',gender,',age:',age)
>>> print (getStudentInfo('Zhang','M',20))
('name:', 'Zhang', ',gender:', 'M', ',age:', 20)
```

代码 3-17 关于函数参数和返回的进一步标注。

```
>>> def getStudent\
Info(name:'一个字符串',gender:'性别',age:(1,50) )-> '返回一个关于学生信息的元组':
    return ('name:',name,',gender:',gender,',age:',age)

>>> print (getStudentInfo('Zhang','M',20))
('name:', 'Zhang', ',gender:', 'M', ',age:', 20)
```

说明：

（1）用冒号（:）对函数参数进行标注、使用->对返回值标注时，标注内容可以是任何形式，如参数的类型、作用、取值范围等，并且所有标注都会保存至函数的属性。

（2）查看这些注释可以通过自定义函数的特殊属性__annotations__获取,结果会以字典的形式返回。例如，对于代码3-17，可以写出

```
>>> getStudentInfo.__annotations__
{'gender': '性别', 'age': (1, 50), 'return': '返回一个关于学生信息的字典', 'name': '一个字符串'}
```

（3）进行标注不影响参数默认值的使用。

代码3-18 函数参数标注与默认值一起使用。

```
>>> def getStudentInfo(name:'一个字符串'='Zhang',gender:'性别'='M',age:(1,50)=20 )-> tuple:
    return ('name:',name,',gender:',gender,',age:',age)

>>> print (getStudentInfo())
('name:', 'Zhang', ',gender:', 'M', ',age:', 20)
```

3.1.5 递归

1．递归概述

图 3.4 为猴子自己画自己的递归场面。这种一个结构自己或部分由自己直接或间接组成的情形称为递归（recursion）。

图 3.4 猴子自己画自己的递归场面

在数学和计算机科学中，递归指由一种（或多种）简单的基本情况定义的一类对象或方法，并规定其他所有情况都能被还原为其基本情况。1967 年，美籍法国数学家曼德布罗特(B.B.Mandelbort) 在《科学》杂志上发表了题为《英国的海岸线有多长》的著名论文。他认为，海岸线作为曲线，其特征是极不规则、极不光滑的，呈现极其蜿蜒复杂的变化。人们往往不能从形状和结构上区分这部分海岸与那部分海岸有什么本质的不同。然而，这种几乎同样程度的不规则性和复杂性正说明海岸线在形貌上是自相似的，即局部形态和整体形态相似。后来，人们在空中拍摄的 100 千米长的海岸线与放大了的 10 千米长海岸线两

张照片，在没有建筑物或其他东西作为参照物时，看上去十分相似。

事实上，具有自相似性的形态广泛存在于自然界中，如连绵的山川、飘浮的云朵、岩石的断裂口、布朗粒子运动的轨迹、树冠、花菜、大脑皮层……曼德布罗特把这些部分与整体以某种方式相似的形体称为分形(fractal)。1975 年，他创立了分形理论(fractal theory)。分形提供了描述自然形态的几何学方法，使得在计算机上可以从少量数据出发，对复杂的自然景物进行逼真的模拟，并启发人们利用分形技术对信息作大幅度的数据压缩以及进行艺术创作。图 3.5 为一组分形艺术创作图片。

图 3.5 一组分形艺术创作图片

分形创作的基础是递归。图 3.6 说明了递归图形创作的基本过程。

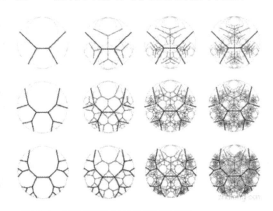

图 3.6 递归图形创作的基本过程

在程序设计领域，递归是指一种重要的算法，主要靠函数不断地直接或间接引用自身实现，直到引用的对象已知。

2. 简单递归问题举例——阶乘的递归计算

1）算法分析

通常，求 $n!$ 可以描述为

$n! = 1 * 2 * 3 * \cdots * (n-1) * n$

用递归算法实现，就是先从 n 考虑，记作 fact(n)。但是，$n!$不是直接可知的，因此要在 fact(n)中调用 fact($n-1$)；而 fact($n-1$)也不是直接可知的，还要找下一个 $n-1$……直到 $n-1$ 为 1 时，得到 1!=1 为止。这时，递归调用结束，开始一级一级地返回，最后求得 $n!$。

这个过程用演绎算式描述，可表示为

$n! = n * (n-1)!$

用函数形式描述，可以得到如下的递归模型。

$$\text{fact}(n) = \begin{cases} \text{非法} & (n < 0) \\ 1 & (n = 0 \text{ 或 } n = 1) \\ n * \text{fact}(n-1) & (n > 0) \end{cases}$$

图 3.7 为求 fact(5)的递归计算过程。

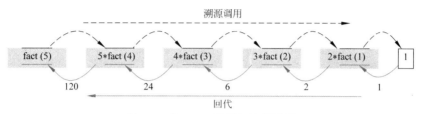

图 3.7　求 fact(5)的递归计算过程

2）递归算法要素

递归过程的关键是构造递归算法，或递归表达式，如 fact(n) = n * fact(n-1)。但是，光有递归表达式还不够。因为递归调用不应无限制地进行下去，当调用有限次以后，就应当到达递归调用的终点得到一个确定值（如图 3.7 中的 fact(1)=1），就应当开始返回。所以，递归有如下二要素。

（1）递归表达式。

（2）递归终止条件，或称递归出口。

3）递归函数参考代码

代码 3-19　计算阶乘的递归函数代码。

```
def fact(n):
    if n == 1 or n == 0:
        return 1
return n * fact(n - 1)
```

函数测试结果如下。

```
>>> fact(1)
1
>>> fact(5)
120
```

讨论：递归实际上是把问题的求解变为较小规模的同类型求解的过程，并且通过一系列的调用和返回实现。

3.1.6　lambda 表达式

lambda 表达式是用关键字 lambda 定义的函数，也称 lambda 函数，其基本格式如下。

> **lambda 参数列表：表达式**

代码 3-20　一个计算 3 个数之和的 lambda 表达式。

```
>>> f = lambda a, b = 2, c = 3: a + b + c
>>> f(3)
8
>>> f(3, 5, 1)
9
```

说明：

（1）lambda 表达式具有函数的主要特征：有参数，可以调用并传递参数，还可以让参数具有默认值。

（2）lambda 表达式虽然具有函数机能，但没有名字，所以也称为匿名函数。

（3）lambda 表达式不像函数那样由语句块组成函数体，它们仅是一种表达式，可以用在任何可以使用表达式的地方，如用 lambda 表达式作为实际参数。

代码 3-21　lambda 表达式作为参数。

```
>>> def apply(f,n):
    print(f(n))
>>>
>>> square = lambda x:x**2
>>> cube = lambda x:x**3
>>> apply(square,4)
16
>>> apply(cube,3)
27
```

（4）lambda 表达式可以嵌套。

代码 3-22　嵌套的 lambda 表达式：计算 $x*2+2$。

```
>>> incre_two = lambda x:x + 2
>>> multiply_incre_two = lambda x:incre_two(x * 2)
>>> print(multiply_incre_two(2))
6
```

练习 3.1

1. 判断题

（1）函数定义可以嵌套。　　　　　　　　　　　　　　　　　　　　　（　　）

（2）函数调用可以嵌套。　　　　　　　　　　　　　　　　　　　　　（　　）

（3）函数参数可以嵌套。 （　　）

（4）Python 函数调用时的参数传递，只有传值一种方式，所以形参值的变化不会影响实参。 （　　）

（5）一个函数中可以定义多个 return 语句。 （　　）

（6）定义 Python 函数时，无须指定其返回对象的类型。 （　　）

（7）可以使用一个可变对象作为函数可选参数的默认值。 （　　）

（8）函数有可能改变一个形式参数变量所绑定对象的值。 （　　）

（9）函数的形式参数是可选的，可以有，也可以无。 （　　）

（10）传给函数的实参必须与函数签名中定义的形参在数目、类型和顺序上一致。 （　　）

（11）函数参数可以作为位置参数或命名参数传递。 （　　）

（12）Python 函数的 return 语句只能返回一个值。 （　　）

（13）函数调用时，如果没有实参调用默认参数，则默认值被当作 0。 （　　）

（14）无返回值的函数称为 None 函数。 （　　）

（15）递归函数的名称在自己的函数体中至少要出现一次。 （　　）

（16）在递归函数中必须有一个控制环节用来防止程序无限期地运行。 （　　）

（17）递归函数必须返回一个值给其调用者，否则无法继续递归过程。 （　　）

（18）不可能存在无返回值的递归函数。 （　　）

2. 选择题

（1）代码

```
>>> def func(a, b=4,c=5):
    print (a,b,c)
>>> func(1,2)
```

执行后输出的结果是＿＿＿。

    A. 1 2 5   B. 1 4 5   C. 2 4 5   D. 1 2 0

（2）函数

```
def func(x,y,z = 1. *par, **parameter):
    print(x,y,z)
    print (par)
    print (parameter)
```

用 func（1,2,3,4,5, m = 6) 调用，输出结果是＿＿＿。

A.	B.	C.	D.
1 2 1	1 2 3	1 2 3	1 2 1
(3,4,5)	(4,5)	(4,5)	(4,5)
('m': 6)	{'m': 6}	(6)	(m = 6)

（3）代码

```
>>> x,y = 6,9
>>> def foo():
    global y
    x,y = 0,0
```

```
>>> x,y
```

执行后的显示结果是____。

    A．0 0   B．6 0   C．0 9   D．6 9

（4）下列关于匿名函数的说法中，正确的是____。

    A．lambda 是一个表达式，不是语句

    B．在 lambda 的格式中，lambda 参数 1，参数 2，…：是由参数构成的表达式

    C．Lambda 可以用 def 定义一个命名函数替换

    D．对于 mn = (lambda x,y:x if x < y else y),mn(3,5) 可以返回两个数字中的大者

3．代码分析题

（1）阅读下面的代码，指出函数的功能。

```
def f(m,n):
  if m < n:
      m,n = n,m
 while m % n != 0:
    r = m % n
    m = n
    n = r
return n
```

（2）阅读下面的代码，指出程序运行结果。

```
d = lambda p: p; t = lambda p: p * 3
x = 2; x = d(x); x = t(x); x = d(x); print(x)
```

（3）阅读下面的代码，指出其中 while 循环的次数。

```
def cube(i):
  i = i * i * i
i = 0
while i < 1000:
  cube(i)
  i += 1
```

（4）指出下面的代码输出几个数据，并说明它们之间的关系。

```
a = 1
id(a)
def fun(a):
    print (id(a))
    a = 2
    print (id(a))
fun(a)
id(a)
```

（5）指出下面的代码输出几个数据，说明它们之间的关系，并说明此题与（4）题不同的原因。

```
a = []
```

```
id(a)
def fun(a):
    print (id(a))
    a.append(1)
    print (id(a))
fun(a)
id(a)
```

（6）下面这段代码的输出结果是什么？请解释。

```
def extendList (val,list = []):
    list.append(val)
    return list

list1 = extendList(10)
list2 = extendList(123,[])
list3 = extendList('a')

print('list = %s'%list1)
print('list = %s'%list2)
print('list = %s'%list3)
```

（7）下面这段代码的输出结果是什么？请解释。

```
def multipliers():
    return ([lambda x:i * x for i in range (4)])

print ([m(2) for m in multipliers()])
```

4．程序设计题

（1）编写一个函数，求一元二次多项式的值。

（2）编写一个计算 $f(x)=x^n$ 的递归程序。

（3）假设银行一年整存整取的月息为 0.32%，某人存入了一笔钱。然后，每年年底取出 200 元。这样到第 5 年年底刚好取完。请设计一个递归函数，计算他当初共存了多少钱。

（4）设有 n 个已经按照从大到小顺序排列的数，现在从键盘上输入一个数 x，判断它是否在已知数列中。

（5）用递归函数计算两个非负整数的最大公约数。

（6）约瑟夫问题：M 个人围成一圈，从第 1 个人开始依次从 1 到 N 循环报数，并且让每个报数为 N 的人出圈，直到圈中只剩下一个人为止。请用 C 语言程序输出所有出圈者的顺序（分别用循环和递归方法）。

（7）分割椭圆。在一个椭圆的边上任选 n 个点，然后用直线段将它们连接，会把椭圆分成若干块。

（8）台阶问题。一只青蛙一次可以跳 1 级台阶，也可以跳 2 级台阶。求该青蛙跳一个 n 级的台阶总共有多少种跳法。请用函数和 lambda 表达式分别求解。

（9）变态台阶问题。一只青蛙一次可以跳 1 级台阶，也可以跳 2 级台阶……它也可以跳 n 级台阶。

求该青蛙跳一个 n 级的台阶总共有多少种跳法。请用函数和 lambda 表达式分别求解。

（10）矩形覆盖。 可以用 2×1 的小矩形横着或者竖着去覆盖更大的矩形。请问用 n 个 2×1 的小矩形无重叠地覆盖一个 2×n 的大矩形，总共有多少种方法？请用函数和 lambda 表达式分别求解。

3.2　Python 异常处理

程序设计是人的智力与问题的复杂性之间在博弈，尽管程序员在设计程序时已经绞尽了脑汁，但"智者千虑难免一失"，仍可能产生错误（error）。通常，错误可以分为如下 3 类。

（1）语法错误（syntax error）。语法错误是违背语法规则，导致编译器或解释器无法解析的错误，通常系统会指出错误的位置及其类型。

（2）逻辑错误（logical error）。一个程序通过解释，可以运行，但无法获得预想的结果。这种错误就是逻辑错误，即因程序设计者的逻辑思维不慎密而造成。逻辑错误要通过测试发现。

（3）运行时错误（runtime error），简称异常（exceptions）。一个程序通过解释，可以运行，也可以获得预想的结果，但是有时却无法正常运行。这就是程序出现异常。

避免语法错误的方法是要熟悉语法格式。例如，函数头后、循环头后、if 头后以及 else 后不可缺少冒号（:），该缩进的语句要缩进，语句后面不能加圆点（.），不要使用中文标点符号等。避免逻辑错误的方法是训练科学的思维方法，培养良好的程序设计风格，设计科学的测试用例等。

异常的发生往往是难以预估的，并且相当多的是外界因素，如需要打印时，打印机发生故障；需要访问文件时，磁盘发生故障以及用户给定的除数为零等。在这种情况下，程序员能够做的事情就是检测异常的发生，按照异常的类型进行相应的补救，并可以发出必要的异常信息。必要时也可以在给出信息后终止程序的执行。

3.2.1　异常处理的基本思路与异常类型

Python 异常处理是一项将正常执行过程与异常处理过程相分离的技术。其基本思路大致分为两步：首先监视可能会出现异常的代码段，发现有异常，就将其捕获，抛出（引发）给处理部分；处理部分将按照异常的类型进行处理。因此，异常处理的关键是异常类型。

但是，异常的发生是难以预料的。尽管如此，人们也根据经验对常发异常的原因有了基本的了解。附录 B 列出了 Python 3.0 标准异常类结构：总的异常类称为 Exception，下面又分为几层。严格地说，每一层的类型都应当称为"类"（class），但类的有关概念到第 4 章才介绍。这里暂且称其为类型。这些类型是内置的，无须导入就可直接使用。应当说，这些类型已经囊括了几乎所有的异常类型。不过，Python 也不保证已经包括了全部异常类型。所以，也允许程序员根据自己的需要定义适合自己的异常类。关于这一点，也要在第 4 章介绍。下面重点介绍几个异常类的用法。

代码 3-23 观察 ZeroDivisionError (被 0 除) 引发的异常。

```
>>> 2 / 0
Traceback (most recent call last):
  File "<pyshell#0>", line 1, in <module>
    2/0
ZeroDivisionError: division by zero
```

代码 3-24 观察 ImportError（导入失败) 引发的异常。

```
>>> import xyz
Traceback (most recent call last):
  File "<pyshell#2>", line 1, in <module>
    import xyz
ImportError: No module named 'xyz'
```

代码 3-25 观察 NameError（访问未定义名字) 引发的异常。

```
>>> aName
Traceback (most recent call last):
  File "<pyshell#3>", line 1, in <module>
    aName
NameError: name 'aName' is not defined
```

代码 3-26 观察 SyntaxError（语法错误）现象。

```
>>> import = 5                    #关键字作变量
SyntaxError: invalid syntax
>>> for i in range(3)            #循环头后无冒号（:）
SyntaxError: invalid syntax
>>> if a == 5:
print (a)                         #if 子句没缩进
SyntaxError: expected an indented block
>>> if a = 5:                     #用==的地方写了=

SyntaxError: invalid syntax
>>> for i in range（5）:           #使用了汉语圆括号

SyntaxError: invalid character in identifier
>>> x = 'A"                       #扫描字符串末尾时出错（定界符不匹配）
SyntaxError: EOL while scanning string literal
```

代码 3-27 观察 TypeError（类型错误）引发的异常。

```
>>> a = '123'
>>> b = 321
>>> a + b
Traceback (most recent call last):
  File "<pyshell#18>", line 1, in <module>
    a + b
TypeError: Can't convert 'int' object to str implicitly
```

说明：

（1）上述几个关于异常的代码都是在交互环境中执行的。可以看出，除 SyntaxError 外，面对其他错误的出现，交互环境都首先给出了 "Traceback (most recent call last):" —— "跟踪返回(最近一次调用)问题如下：" 的提示，然后给出出错位置、谁引发的错误、错误类型及发生原因。这里，提示 "Traceback (most recent call last):" 隐含了一个意思：这个异常没有被程序捕获并处理。

（2）SyntaxError 没有这些提示，这表明这些 SyntaxError 并没有引发程序异常，因为含有这样的错误是无法编译或解释的。

3.2.2 try-except 语句

一般来说，异常处理需要两个基本环节：捕获异常和处理异常。为此，基本的 Python 异常处理语句由 try 子句和 except 子句组成，形成 try-except 语句。其语法如下。

```
try:
    被监视的语句块
except 异常类 1:
    异常类 1 处理代码块 as 异常信息变量
except 异常类 2:
    异常类 2 处理代码块 as 异常信息变量
...
```

说明：

（1）在这个语句中，try 子句的作用是监视其冒号(:)后面语句块的执行过程，一有操作错误，便会由 Python 解析器引发一个异常，使被监视的语句块停止执行，把发现的异常抛向后面的 except 子句。

（2）except 子句的作用是捕获并处理异常。一个 try-except 语句中可以有多个 except 子句。Python 对 except 子句的数量没有限制。try 抛出异常后，这个异常就按照 except 子句的顺序，一一与它们列出的异常类进行匹配，最先匹配的 except 就会捕获这个异常，并交后面的代码块处理。

（3）每个 except 子句不限于只列出一个异常类型，相同的异常类型都可以列在一个 except 子句中处理。如果 except 子句中没有异常类，这种子句将会捕获前面没有捕获的其他异常，并屏蔽其后所有 except 子句。

（4）一条 except 子句执行后，就不会再由其他 except 子句处理了。

（5）异常信息变量就是异常发生后，系统给出的异常发生原因的说明，如 division by zero、No module named 'xyz'、name 'aName' is not defined、EOL while scanning string literal 以及 Can't convert 'int' object to str implicitly 等。这些信息——字符串对象，将被 as 后面的变量引用。

代码 3-28　try-except 语句应用举例。

```
try:
    x = eval(input('input x:'))
    y = eval(input('input y:'))
    a
    z = x / y
    print('计算结果为: ',z)
except NameError as e:
    print('NameError:',e)
except ZeroDivisionError as e:
    print('ZeroDivisionError: ',e)
    print('请重新输入除数: ')
    y = eval(input('input y:'))
    z = x / y
    print('计算结果为: ',z)
```

测试情况如下。

```
input x:6
input y:0
NameError: name 'a' is not defined
```

代码 3-29 将代码 3-28 中变量 a 注释后的代码。

```
try:
    x = eval(input('input x:'))
    y = eval(input('input y:'))
    #a
    z = x / y
    print('计算结果为: ',z)
except NameError as e:
    print('NameError:',e)
except ZeroDivisionError as e:
    print('ZeroDivisionError: ',e)
    print('请重新输入除数: ')
    y = eval(input('input y:'))
    z = x / y
    print('计算结果为: ',z)
```

测试情况如下。

```
input x:6
input y:0
ZeroDivisionError:  division by zero
请重新输入除数:
input y:2
计算结果为: 3.0
```

（6）在函数内部，如果一个异常发生，却没有被捕获到，这个异常将会向上层（如向调用这个函数的函数或模块）传递，由上层处理；若一直向上到了顶层都没有被处理，则会由 Python 默认的异常处理器处理，甚至由操作系统的默认异常处理器处理。3.2.1 节中的几个代码就是由 Python 默认异常处理器处理的几个实例。在那里才会给出 "Traceback (most recent call last)" 的提示。

3.2.3　异常类型的层次结构

观察附录 B 可以看出，Python 3.0 标准异常类型是分层次的，共分为 6 个层次：最高层是 BaseException；然后是 3 个二级类 SystemExit、KeyboardInterrupt 和 Exception；三级以下都是类 Exception 的子类和子子类。越下层的异常类定义的异常越精细，越上层的类定义的异常范围越大。

在 try-except 语句中，try 具有强大的异常抛出能力。应该说，凡是异常都可以捕获，但 except 的异常捕获能力由其后列出的异常类决定：列有什么样的异常类，就捕获什么样的异常；列出的异常类级别高，所捕获的异常就是其所有子类。例如，列出的异常为 BaseException，则可以捕获所有标准异常。

但是，列出的异常类型级别高了之后，如何知道这个异常是什么原因引起的呢？这就是异常信息变量的作用，由它补充具体异常的原因。虽然如此，但是要捕获的异常范围大了，就不能有针对性地进行具体的异常处理了，除非这些异常都采用同样的手段进行处理，如显示异常信息后一律停止程序运行。

3.2.4　else 子句与 finally 子句

在 try-except 语句后面可以添加 else 子句、finally 子句，二者选一或二者都添加。

else 子句在 try 没有抛出异常，即没有一个 except 子句运行的情况下才执行。而 finally 子句是不管任何情况下都要执行，主要用于善后操作，如对在这段代码执行过程中打开的文件进行关闭操作等。

代码 3-30　在 try-except 语句后添加 else 子句和 finally 子句。

```
try:
    x = eval(input('input x:'))
    y = eval(input('input y:'))
    #a
    z = x / y
    print('计算结果为：',z)
except NameError as e:
    print('NameError:',e)
except ZeroDivisionError as e:
    print('ZeroDivisionError: ',e)
    print('请重新输入除数：')
    y = eval(input('input y:'))
    z = x / y
    print('计算结果为：',z)
else:
    print('程序未出现异常。')
finally:
    print('测试结束。')
```

一次执行情况：

```
input x:6
input y:0
ZeroDivisionError: division by zero
请重新输入除数：
input y:2
计算结果为： 3.0
测试结束。
```

另一次执行情况：

```
input x:6
input y:2
计算结果为： 3.0
程序未出现异常。
测试结束。
```

3.2.5　异常的人工触发：raise 与 assert

前面介绍的异常都是在程序执行期间由解析器自动地、隐式触发的，并且它们只针对内置异常类。但是，这种触发方式不适合程序员自己定义的异常类，并且在设计并调试 except 子句时可能不太方便。为此，Python 提供了两种人工显式触发异常的方法：使用 raise 与 assert 语句。

1．raise 语句

raise 语句用于强制性（无理由）地触发已定义异常。

代码 3-31　用 raise 进行人工触发异常示例。

```
>>> raise KeyError('abcdefg','xyz')

Traceback (most recent call last):
  File "<pyshell#1>", line 1, in <module>
    raise KeyError,('abcdefg','xyz')
KeyError: ('abcdefg', 'xyz')
```

2．assert 语句

assert 语句可以在一定条件下触发一个未定义异常。因此，它有一个条件表达式，还可以选择性地带有一个参数作为提示信息。其语法为

> **assert 表达式** [，**参数**]

代码 3-32　用 assert 进行人工有条件触发异常示例。

```
>>> def div(x,y):
```

```
    assert y != 0, '参数 y 不可为 0'
    return x / y

>>> div(7,3)
2.3333333333333335
>>> div(7,0)

Traceback (most recent call last):
  File "<pyshell#11>", line 1, in <module>
    div(7,0)
  File "<pyshell#9>", line 2, in div
    assert y != 0, '参数 y 不可为 0'
AssertionError: 参数 y 不可为 0
```

注意：表达式是正常运行的条件，而不是异常出现的条件。

练习 3.2

1．选择题

（1）在 try-except 语句中，____。

    A．try 子句用于捕获异常，except 子句用于处理异常

    B．try 子句用于发现异常，except 子句用于抛出并捕获处理异常

    C．try 子句用于发现并抛出异常，except 子句用于捕获并处理异常

    D．try 子句用于抛出异常，except 子句用于捕获并处理异常，触发异常则是由 Python 解析器
自动引发的

（2）在 try-except 语句中，____。

    A．只可以有一个 except 子句   B．可以有无限多个 except 子句

    C．每个 except 子句只能捕获一个异常   D．可以没有 except 子句

（3）else 子句和 finally 子句，____。

    A．都是不管什么情况必须执行的

    B．else 子句在没有捕获到任何异常时执行，finally 子句则不管什么情况都要执行

    C．else 子句在捕获到任何异常时执行，finally 子句则不管什么情况都要执行

    D．else 子句在没有捕获到任何异常时执行，finally 子句在捕获到异常后执行

（4）如果 Python 程序中使用了没有导入模块中的函数或变量，则运行时会抛出____错误。

    A．语法   B．运行时   C．逻辑   D．不报错

（5）在 Python 程序中，执行到表达式 123 + 'abc'时，会抛出____信息。

    A．NameError   B．IndexError   C．SyntaxError   D．TypeError

（6）试图打开一个不存在的文件时所触发的异常是____。

    A．KeyError   B．NameError   C．SyntaxError   D．IOError

2．代码分析

指出下列代码的执行结果，并上机验证。

```
def testException():
    try:
        aInt = 123
        print (aint)
        print (aInt)
    except NameError as e:
        print('There is a NameError',e)
    except KeyError as e:
        print('There is a KeyError',e)
except ArithmeticError as e:
        print('There is a ArithmeticError',e)

testException()
```

若 print（aInt）与 print（aint）交换，又会出现什么情况？

3.3 Python 命名空间与作用域

在 Python 程序中，需要用到许多名字。本节讨论名字的两个基本属性：命名空间（namespace）和作用域 （scope）。

3.3.1 Python 命名空间

1．命名空间的概念

一个程序需要由多个模块组成；每个模块又往往由多个函数组成；每个函数中要使用多个变量。这样，就要使用大量的名字。为了让不同的模块和函数可以由不同的人开发，就要解决各模块和函数之间名字的冲突问题。因此，命名空间（或称名字空间）是从名字到对象的映射区间，或者说名字绑定到对象的区间。引入命名空间后，每一个命名空间就是一个名字集合，不可有重名；而各命名空间独立存在，在不同的命名空间中允许使用相同的名字，它们分别绑定在不同的对象上，因而不会造成名字之间的碰撞（name collision）。

在 Python 中，大部分的命名空间都是由字典实现的：键为名字，值是其对应的对象。所以，一个命名空间就是一个字典对象。因此，也可以把命名空间理解为保存名字及其引用关系的地方。

代码 3-33 处在两个不同命名空间的变量 i。

```
def fun1():
  i = 100

def fun2():
  i = 200
```

说明： 这是一个在同一模块中有两个函数的例子。这两个函数中的 i，是用了相同名字的变量，但这是两个独立的名字，分别属于不同的命名空间，就像两个不同家庭中的孩子用了相同的名字一样，并非同一人，或者像存在不同文件夹中的同名文件，但内容不一定相同。

2．Python 命名空间的基本级别及其生命周期

Python 在开发和应用过程中形成了如表 3.1 所示的几种常见的命名空间。Python 程序在运行期间会有多个名字空间并存。不同命名空间在不同的时刻创建，并且有不同的生存周期。也就是说，每当一个 Python 程序开始运行（即 Python 解释器启动），就会创建一个 built-in namespace，引入关键字、内置函数名、内置变量和内置异常名字等；若文件以顶层程序文件（主模块，即_ _name_ _为'_ _main_ _'）执行，则会为之创建一个全局命名空间，保存主模块中定义的名字。此后，每当加载一个其他模块，就会为之创建一个全局命名空间，引入该模块中定义的变量名、函数名、类名、异常名字等；每当开始执行 def 或 lambda、class，就会为之创建一个局部命名空间，存储该关键字引出的一段代码中定义的变量等名字。这样，就在一个 Python 程序运行时建立起了不同级别的命名空间。显然，内置命名空间最大，全局命名空间次之，局部命名空间最小。

表 3.1　Python 基本命名空间及其生命周期

命名空间名称	说　　明	创 建 时 刻	撤 销 时 刻
局部命名空间（local namespace）	函数局部命名空间：绑定在函数中的名字	def/lambda 定义的语句块执行时	函数返回或有未捕获异常时
	类局部命名空间：类定义中定义的名字	解释器读到类定义时	类定义结束后
全局命名空间（global namespace）	由直接定义在某个模块中的变量名、类名、函数名、异常名字等标识符组成	Python 解释器启动以及模块被加载时	程序执行结束时
内置命名空间（built-in namespace）	包括关键字、内置函数、内置变量和内置异常名字等	Python 解释器启动时	程序执行结束时

注意： 内置变量实际上同样是以模块的形式存在，模块名为 builtins。

需要强调，在 Python 程序中，只有 module(模块)、class(类)、def(函数)、lambda 才会创建新的命名空间。而在 if-elif-else、for/while、try-except\try-finally 等关键字引出的语句块中，并不会创建局部命名空间。

代码 3-34　语句块不涉及命名空间示例。

```
if True:
    variable = 100
    print (variable)
print ("******")
print (variable)
```

代码的输出为

```
100
******
100
```

说明：在这段代码中，if 语句中定义的 variable 变量在 if 语句外部仍然能够使用。这说明 if 引出地方语句块中不会产生本地（局部）作用域，所以变量 variable 仍然处在全局作用域中。

3．标识符的创建及其与命名空间的绑定

在 Python 中，名字空间的形成不是简单地将名字放进名字空间，而是由某些语句操作进行的。或者说，通过一些操作将标识符引入到（或绑定到）对应的名字空间中。这类操作仅限于下列几种。

（1）赋值操作：在 Python 中，赋值语句起绑定或重绑定（bind or rebind）的作用。对一个变量进行初次赋值会在当前命名空间中引入新的变量，即把名字和对象以及命名空间做一个绑定，后续赋值操作则只将变量绑定到另外的对象。赋值操作不会复制。函数调用的参数传递是赋值，不是复制。

（2）参数声明：参数声明会将形式参数变量引入到函数的局部命名空间中。

（3）函数和类的定义中，用于引入新的函数名和类名。

（4）import 语句：import 语句在当前的全局命名空间中引入模块中定义的标识符。

（5）在 if-elif-else、for-else、while、try-except\try-finally 等关键字的语句块中，只会在当前作用域中引入新的变量名，并不创建新的命名空间。例如，在代码 3-34 中，if 语句块只能在当前的全局命名空间中引入变量。下面是一个 for 的实例。

代码 3-35 for 语句在当前命名空间中引入新的变量示例。

```
>>> if _ _name_ _ == '_ _main_ _':
    for a in range(5,10):
        print ('a = ',a)
    def fun():
        for b in range(3,5):
            print ('b = ',b)
        print ('b = ',b)
    print ('a = ',a)
    fun()

a = 5
a = 6
a = 7
a = 8
a = 9
a = 9
b = 3
b = 4
b = 4
```

由 a 和 b 的输出情况可以看出，for 语句可以把一个变量绑定到当前命名空间中，即它不会创建一个新的名字空间，仅把新的变量引入到当前命名空间。

4. dir()函数

dir()函数用于返回一个列表对象，在该列表中保存有指定命名空间中的排好序的标识符字符串。命名空间用参数指定；若参数缺省，则表示当前名字空间。

代码 3-36 dir()函数应用示例。

```
>>> dir()                    # 当前名字空间
['__annotations__', '__builtins__', '__doc__', '__loader__', '__name__', '__package__',
'__spec__']
>>> import math
>>> dir(math)                # 对 math 模块中命名的标识符列表
['__doc__', '__loader__', '__name__', '__package__', '__spec__', 'acos', 'acosh',
'asin', 'asinh', 'atan', 'atan2', 'atanh', 'ceil', 'copysign', 'cos', 'cosh', 'degrees',
'e', 'erf', 'erfc', 'exp', 'expm1', 'fabs', 'factorial', 'floor', 'fmod', 'frexp', 'fsum',
'gamma', 'gcd', 'hypot', 'inf', 'isclose', 'isfinite', 'isinf', 'isnan', 'ldexp', 'lgamma',
'log', 'log10', 'log1p', 'log2', 'modf', 'nan', 'pi', 'pow', 'radians', 'sin', 'sinh',
'sqrt', 'tan', 'tanh', 'tau', 'trunc']
>>> dir(print)                    # 对 print 命名空间中的标识符列表
['__call__', '__class__', '__delattr__', '__dir__', '__doc__', '__eq__', '__format
__', '__ge__', '__getattribute__', '__gt__', '__hash__', '__init__', '__init_subclass__',
'__le__', '__lt__', '__module__', '__name__', '__ne__', '__new__', '__qualname__',
'__reduce__', '__reduce_ex__', '__repr__', '__self__', '__setattr__', '__sizeof__',
'__str__', '__subclasshook__', '__text_signature__']
```

3.3.2　Python 作用域

命名空间是一套程序中使用的名字及其引用关系的存储体系。作用域关注的是在程序的某一个代码区间中，哪些名字空间中的名字是可见的（可访问的）以及有无读或写的限制。所以，作用域是与命名空间相关但又不同的概念。

1. 名字的直接访问和属性访问

作用域是与名字的可访问性相关的概念，并且是从直接访问的角度进行考虑的。直接访问是相对于属性访问的概念。

为了说明属性访问和直接访问，先举一个生活中的例子。假设一个村子里有多个张三：A 家的张三、B 家的张三、C 家的张三……当人们不在 A 家说 A 家的张三时，一定是说"A家张三"。这就是属性访问。若在 A 家时，说 A 家的张三，就只说"张三"即可。这就是直接访问。

由于在某个命名空间中定义的名字实际上就是这个命名空间的属性，因此，不在某命名空间处访问其名字时，就不能进行直接访问，而应采用属性访问方式，如 math.pi 等。在 Python 程序中，如果一个名字前面没有（.），就是直接访问。显然，从作用域的角度看，import math 与 from math import pi 的区别就在于前者是将标识符 math 引入到当前命名空间，而后者是将名字 math.pi 引入到当前命名空间。

代码 3-37 两种 import 对作用域的影响示例。

```
>>> import math
>>> dir()                    # 当前名字空间中添加了math
['__annotations__','__builtins__','__doc__','__loader__','__name__','__package__',
'__spec__', 'math']
>>> from math import pi
>>> dir()
['__annotations__', '__builtins__', '__doc__', '__loader__', '__name__', '__package__',
'__spec__', 'math', 'pi']
```

有了直接访问的概念，就可以进一步理解作用域了。一个作用域是程序的一块文本区域（textual region），在该文本区域内，对于某命名空间可以直接访问，而不需要通过属性访问。显然，作用域讨论的可见性是对直接访问而言。

2．Python 作用域级别与闭包作用域

在内置（built-in/Python）、全局（global/模块）和本地（local/函数）3 级作用域的基础上，Python 3.0 又增添了一种闭包(closure/嵌套)作用域：如果在一个内部函数里，对在外部函数内（但不是在全局作用域）的变量进行访问（引用），那么内部函数就被认为是闭包。

这样，Python 3.0 就形成如图 3.8 所示的从小到大的 4 级作用域：L（local，本地/局部）、E(enclosing，闭包/嵌套)、G（global,模块/全局）和 B（built-in，内置/Python）。

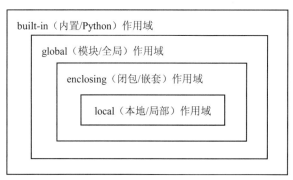

图 3.8　Python 3.0 的 4 级作用域

作用域与名字空间是对应的。所以，Python 3.0 也就有了对应的 4 级命名空间。

3．Python 作用域规则

1）一般作用域规则

（1）内置标识符——内置命名空间的标识符在代码所有位置都是可见的，可以随时被访问。

（2）其他标识符（全局标识符和局部标识符）只有与某个命名空间绑定后，才可在这个作用域中可见——被引用。

代码 **3-38**　企图访问未经绑定的变量错误示例。

```
>>> def f():
    print (i)
```

```
    i = 100
>>> f()
Traceback (most recent call last):
 File "<pyshell#12>", line 1, in <module>
   f()
 File "<pyshell#11>", line 2, in f
   print (i)
UnboundLocalError: local variable 'i' referenced before assignment
```

说明：在这段代码中，print()企图在未与所在的名字空间绑定之前访问（引用）名字 i，引起 UnboundLocalError 错误。

（3）规则（2）最常见的形式是，在嵌套的命名空间中，内层命名空间中定义的名字在外层作用域中是不可见的；而外层命名空间中定义的名字在内层作用域中可以引用，但不可直接修改。

2）全局作用域规则

（1）全局作用域的作用范围仅限于单个文件（模块）。全局变量是位于该文件内部的顶层变量名。也就是说，这里的"全局"指的是在一个文件中位于顶层的变量名仅对该文件中的代码而言是全部的。

（2）全局变量可以在本地作用域（函数内部）中被引用，但不可以被直接赋值；只有经过 global 声明的全局变量，才可以在本地（局部）作用域中被赋值（修改）。

代码 3-39 在本地（局部）作用域中引用全局变量示例。

```
>>> if _ _name_ _ == '_ _main_ _':
   a = 100
   def f():
       print(a)
>>> f()
100
```

代码 3-40 企图在本地（局部）作用域中修改全局变量示例。

```
>>> if _ _name_ _ == '_ _main_ _':
   a = 100
   def f():
       a += 100
       print (a)

>>> f()
Traceback (most recent call last):
 File "<pyshell#4>", line 1, in <module>
   f()
 File "<pyshell#3>", line 4, in f
   a += 100
UnboundLocalError: local variable 'a' referenced before assignment
```

代码 3-41 在本地（局部）作用域中对用 global 修饰的全局变量赋值示例。

```
>>> if _ _name_ _ == '_ _main_ _':
    a = 100
    def f():
        global a
        a += 100
        print (a)

>>> f()
200
```

3）闭包作用域规则

在嵌套函数中，如果内层函数引用了外层函数的变量，则形成一个闭包。被引用的外层函数变量称为内层函数的自由变量。但是，自由变量只可在内层被引用，不可直接修改。只有使用关键字 nonlocal 声明的外层本地变量才是可以修改的。

代码 3-42 自由变量被引用示例。

```
>>> def external(start):
    state = start
    def internal(label):
        print(label,state)              #闭包中引用自由变量
    return internal

>>> F = external(3)
>>> F('spam')
spam 3
>>> F('nam')
nam 3
```

代码 3-43 企图直接修改自由变量的示例。

```
>>> def external(start):
    state = start
    def internal(label):
        state += 2                      #企图在闭包中直接修改自由变量
        print(label,state)
    return internal

>>> F = external(3)
>>> F('spam')
Traceback (most recent call last):
  File "<pyshell#14>", line 1, in <module>
    F('spam')
  File "<pyshell#11>", line 4, in internal
```

```
    state += 2
UnboundLocalError: local variable 'state' referenced before assignment
```

代码 3-44　用 nonlocal 声明后的自由变量才可以被修改示例。

```
>>> def external(start):
    state = start
    def internal(label):
        nonlocal state          #先用 nonlocal 声明自由变量
        state += 2              #修改已经用 nonlocal 声明的自由变量
        print(label,state)
    return internal

>>> F = external(3)
>>> F('spam')
spam 5
>>> F('nam')
nam 7
```

由上述示例可以看出：

（1）nonlocal 语句与 global 语句的作用和用法非常相似。

（2）作用域一定是命名空间，而命名空间不一定是作用域。

4．globals()和 locals()函数

locals()和 globals() 是两个内置函数，可以分别以字典形式返回当前位置的可用本地命名空间和全局（包括了内置）命名空间。

代码 3-45　locals()和 globals() 应用示例。

```
>>> if __name__ == '__main__':
    a = 200
    def external(start):
        print ('globals(1):',globals())
        print ('locals(1):',locals())
        state = start
        print ('locals(2):',locals())
        def internal(label):
            print ('locals(3):',locals())
            print(label,state)
            print ('locals(4):',locals())
        return internal


>>> F = external(3)
globals(1): {'__name__': '__main__', '__doc__': None, '__package__': None, '__loader__':
<class '_frozen_importlib.BuiltinImporter'>, '__spec__': None, '__annotations__': {},
'__builtins__': <module 'builtins' (built-in)>, 'a': 200, 'external': <function external
at 0x00000289743E4840>, 'F': <function external.<locals>.internal at 0x0000028973A53E18>}
locals(1): {'start': 3}
```

```
locals(2): {'start': 3, 'state': 3}
>>> F('spam')
locals(3): {'label': 'spam', 'state': 3}
spam 3
locals(4): {'label': 'spam', 'state': 3}
```

结论：在不同位置，可用命名空间可能有所不同，因为名字与对象的绑定情况不同，也就是作用域不同。

3.3.3 Python 名字解析的 LEGB 规则

作用域的意义在于告诉程序员如何正确地访问一个名字。为此，需要从这个名字去找它所绑定的对象。名字解析就是当在程序代码中遇到一个名字时，去正确地找到与之绑定的对象的过程。为了快速、正确地进行名字解析，需要一套正确且行之有效的规则。Python 根据其"名字-对象"命名空间的 4 级层级关系提出了著名的 LEGB-rule。这个规则可以简要描述为：Local→Enclosing→Global→Built-in。

具体地说，就是当在函数中使用未确定的变量名时，Python 会按照优先级依次搜索 4 个作用域，以此确定该变量名的意义。首先搜索本地（局部）作用域(L)，其次是上一层嵌套结构中 def 或 lambda 函数的嵌套作用域(E)，之后是全局作用域(G)，最后是内置作用域(B)。按这个查找规则，在第一处找到的地方停止。如果没有找到，则会提示 NameError 错误。

对程序员来说，掌握了这些规则，可以在出现有关错误信息时快速而正确地找到问题之所在。

代码 3-46 用 LEGB 规则推断应用示例。

```
>>> if _ _name_ _ == '_ _main_ _':
    x = 'abcdefg'
    def test():
        print (x)
        print (id(x))
        x = 12345
        print (x)
        print (id(x))

>>> test()
Traceback (most recent call last):
 File "<pyshell#11>", line 2, in <module>
   test()
 File "<pyshell#8>", line 2, in test
   print (x)
UnboundLocalError: local variable 'x' referenced before assignment
```

说明：这段代码运行时出现 UnboundLocalError 错误。这是因为 Python 虽然是一种解释性语言，但代码还是需要编译成 pyc 文件来执行，只不过这个过程代码执行者看不见。此段代码在编译过程中按照 LEGB 规则，首先将函数内部的 x 认定为本地变量，而不再是模块变量。因此，遇到第 1 个 print(x)就认为这里的 x 是一个在赋值前就被引用的本地变量。

注意：LEGB 规则仅对简单变量名有效。对类及其实例的属性的名字来说，查找规则则有所不同。

练习 3.3

1．判断题

（1）global 语句的作用是将本地变量升格为全局变量。　　　　　　　　　　（　　）

（2）nonlocal 语句的作用是将全局变量降格为本地变量。　　　　　　　　　（　　）

（3）本地变量创建于函数内部，其作用域从其被创建位置起，到函数返回为止。（　　）

（4）全局变量创建于所有函数的外部，并且可以被所有函数访问。　　　　　（　　）

（5）在函数内部没有办法定义全局变量。　　　　　　　　　　　　　　　　（　　）

2．代码分析题

阅读下面的代码，指出程序运行结果并说明原因。

（1）

```
a = 1
def second():
    a = 2
    def thirth():
        global a
        print (a)
    thirth()
    print (a)
second()
print(a)
```

（2）

```
a = 1
def second():
    a = 2
    def thirth():
        nonlocal a
        print (a)
    thirth()
    print (a)
second()
print(a)
```

（3）

```
x = 'abcd'
def func():
    print (x)

func()
```

（4）

```
x = 'abcd'
def func():
    x = 'xyz'

func()
print (x)
```

（5）

```
x = 'abcd'
def func():
    x = 'xyz'
    print (x)

func()
print (x)
```

（6）

```
x = 'abcd'
def func():
    global x = 'xyz'

func()
print (x)
```

（7）

```
x = 'abcd'
def func():
    x = 'xyz'
    def nested():
        print (x)
    nested()

func()
x
```

（8）

```
def func():
    x = 'xyz'
    def nested():
        nonlocal x
        x = 'abcd'
    nested()
    print (x)

func()
```

第4章 面向类的程序设计

程序设计可以概括为模型+表现，即首先获取问题的求解模型，然后用计算机能直接或间接理解的形式表现出来。面向过程（process oriented）程序设计采用的是面向过程的模型，即把问题的求解过程看成用一系列命令操作对原始数据进行加工，得到目标数据。面向对象（object oriented）程序设计采用的是对象模型，它把问题看作是在一定条件下相关对象之间的相互作用而引起的变化。所以，面向对象的程序以对象（object）作为基本元件，并从行为（behavior）和属性（property）两个方面描述它们。

抽象是减少复杂性的有效途径。通过抽象可以忽略某些对问题求解关联不大的细节，并得到用某些领域知识描述的问题求解模型。从不同的目的出发并采用不同层次的知识领域，可以对问题进行不同层次的抽象。抽象层次越高，问题的细节就忽略得越多，复杂性也降低得越多。面向过程的程序设计是在功能层面上分析问题，并把每个功能描述成一些数据及其所被操作的过程。面向对象程序设计的基本思想是把问题抽象成一些对象（objects）以及它们之间的相互作用。但是，仅此抽象会使对象的数量太多。因此，人们需要站在更高的抽象层上把具有较大相似性的对象看作同一类(class)对象，使抽象层次从对象层面上升到类层面，用类作为对象的模型；然后再使类实例化，生成一个个具体的对象。所以，面向对象程序设计的实质实际就是面向类的程序设计，并且以类作为程序设计的基本资源。

4.1 类及其组成

作为一种面向对象的程序设计语言，Python 除了具有"一切皆对象"的特点外，还有另一个更重要的特点——"一切来自类"，并把类作为第一资源，它不仅提供了最常用的内置类，如 int 类、float 类、list 类、dict 类、str 类……还用可导入模块的方式提供了大量扩展的或领域的类。此外，还提供了一套供用户根据具体题的需求设计自己需要的类的机制。

4.1.1 类模型与类语法

1. 类模型与信息隐藏

类之间的重要区别在于行为。如图 4.1 所示的 4 类人群：第 1 类人的主要行为是接受知识和能力教育，称为学生；第 2 类人不占有生产资料，是通过工业劳动或手工劳动获取报酬的人群，称为工人；第 3 类人的主要行为是进行体育训练和比赛，获取荣誉和补偿，称为运动员；第 4 类人的主要行为是从事行政或事务工作并获取报酬，称为职员。

图 4.1　4 类人群

类与类之间的不同还在于属性项不同。例如，学生的属性项主要有学校名称、年级、姓名、年龄、性别、成绩等；工人的属性项主要有工种、级别、姓名、年龄、性别和配偶姓名等；运动员的属性项主要有运动项目、姓名、年龄、性别、比赛成绩等；职员的属性项有公司名称、职位、姓名、薪酬等。

类成员主要有两大种：行为成员（方法）和属性成员（数据对象）。从另一方面看，成员可以分为类成员（class members）和实例成员（instance members）。类成员用于展现类特点，即一个类的**所有**对象都具有的特征，如职员类中的公司名称（cName）等。实例成员是用于区分一个类中不同实例的成员项，如职员类中的职员姓名（eName）、薪酬（salary）等。

在面向对象的程序设计中，类就是一种程序模块。一个类的好坏遵循关于程序模块设计的基本原则。1972 年，David Parnas 给出了一个程序模块的基本原则——信息隐藏原则。简单地说，信息隐藏就是，凡是不需要外部知道的，就将它们隐藏起来。这样的好处：模块间的联系少，模块的独立性强；可以较好地应付不断变化的需求，将不同的变化因素封装在不同的模块中，减少软件维护的工作量。按照信息隐藏原则，在设计类时应将成员分为两类：公开（public）成员和私密（private）成员。它们的区别在于，公开成员可以被外部（类的定义域之外）的对象访问，而私密成员不可以被外部的对象直接访问。经验证明，属性数据是程序中私密的成分，也是具有可变化性的元素，所以，在类定义中应当尽量将数据设计成私密成员，使外部对象不能轻而易举地获得，更不能被外界随意操作。此外，与外部无关的方法也都应设计成私密方法。

由此可见，类封装了属性和行为，还区分了公开成员与私密成员，形成外部只能通过公开成员作为外部访问接口的封装体。这种封装性（encapsulation）是类的一个重要特点。因此，类就是定义一类对象的行为方法和属性选项的模型。或者说，类是某一类对象属性和行为的封装体。

2．类对象与实例对象

一般来说，在面向对象的程序设计中，设计类的目的是由类生成对象，类是一类对象的抽象和模型，对象是类的实现和实例。在 Python 中，一切皆对象：类也是对象，由类生成的对象也是对象。为了区分它们，将类称为类对象，简称类；将由类生成的对象称为实例对象，简称实例或对象。

这样，类对象成员中，不用于区分同一个类中实例的成员，称为类成员，分为类方法和类属性；用于区分同一个类的不同实例的成员称为实例成员，分为实例方法和实例属性。

3．Python 的类语法

在 Python 中，类定义用关键字 class 引出，其语法如下。

```
class 类名 ：
    类的文档串          #对于类的描述文档，可以省略部分
    类属性声明
    def _ _init_ _(self, 实例参数1, 实例参数2,…)：
        实例属性声明
    方法定义
```

说明：

（1）类定义由类头和类体两大部分组成。类头也称为类首部，占一行，以关键字 class 开头，后面是类名，之后是冒号（:）。下面是缩进的类体。

（2）类名应当是合法的 Python 标识符。自定义类名的首字母一般采用大写。

（3）类体由类文档串和类成员的定义（说明）组成。类文档串是一个对类进行说明的字符串，通常放在类体的最前面，对类的定义进行一些说明，它可以占一行，也可以占多行，可以省略；类的成员可以分为方法（method）和属性两大类。其中，方法分为类方法和实例方法，属性分为类属性和实例属性。

（4）属性也是对象，是数据对象。它们都用变量引用。指向类属性（class attribute）的变量称为类变量（class variable）；指向实例属性（instance attribute）的变量称为实例变量（instance variable）。

（5）Python 要求实例变量声明在一个特别的方法_ _init_ _()中。这个方法用于对实例变量进行初始化，故称为初始化方法；也称为构造方法，但不太准确。

（6）在 Python 中，指向私密成员的变量和方法名字要以双下画线（_ _）为前缀。

4．Python 类定义示例

代码 4-1　Employee 类的定义。

```
class Employee():
    '''Define an employee class'''                        #文档串
    cName = 'ABC'                                         #公开属性——类属性变量初始化

    def _ _init_ _ (self, eName= ' ', salary = 0.0):      #特别私密方法化——实例化方法
        self.eName = eName                                #公开实例属性变量
        self. _ _salary = salary                          #私密实例属性变量
        pass
    def getValue(self):                                   #实例方法
        return (self.cName, self.eName,self. _ _salary)   #类属性只有作为实例属性才可以访问
        pass
```

说明:

（1）pass 是 Python 的一个关键字，代表一个空的代码块或语句。

（2）getValue(self)是一个实例方法。所有的实例方法的第一个参数都必须是 self。在实例方法中引用的实例变量都要加上 self 前缀，表示它们都是所言及的实例的成员。

4.1.2　对象的生成与_ _init_ _ ()方法

1. 类对象的生成与实例对象的创建

类定义实际上是一个可执行语句，它在执行时就创建了一个对象，并用所定义的名字指向它。这个名字就是类名，这个对象就是类对象（class object）。类对象的价值就是建立了一个类实例的基本模型。在这个模型中包含所有的类变量和类方法，但不包含实例成员。要创建一个类对象，直接写出类名即可。当然，也可以用一个变量指向它。例如，对于 Employee 类来说，就是

```
>>> e1 = Employee                          #用变量 e1 指向类对象 Employee
```

实例对象是以类对象为基础创建的，它不仅含有类成员，还含有用于区别实例个体的实例成员，是一个已经个性化了的对象。所以，要创建实例对象，需要提供实例参数，起码要有提供实例参数的形式，即要写成函数的样子。对 Employee 类来说，就是

```
>>> e2 = Employee('Zhang', 2345.67)        #创建一个 Employee 实例对象并用变量 e2 指向它
>>> e3 = Employee()                        #创建一个空的 Employee 实例对象并用变量 e3 指向它
```

这种带有实例参数的方法称为实例对象的构造函数。

2. _ _init_ _()方法

任何对象的生命周期都是从初始化开始的。这个调用是自动的，但可能是隐式的，也可能是显式的。对象必须初始化，才能正常工作和被引用。作为 Python 实例的初始化方法，_ _init_ _()方法具有如下特点。

（1）它的名字前后都使用了双下画线（_ _），表明它是 Python 定义的特别成员。任何一个类都可以定义这个方法，只是参数不同。

（2）它的第一个参数默认指向当前的对象——本对象，名字不限，但一般使用 self，使其意义更明确。其他参数用于实例变量的初始化。

（3）为了能创建空的实例对象，_ _init_ _()方法的参数应当设有默认值，否则就不可能创建空的实例对象。

3. 创建实例对象的过程

① 定义类，即生成类对象。

② 调用实例对象构造函数，复制一个类对象，并按照实例参数的数量和类型生成相应的实例变量，形成实例对象框架。

③ 自动调用_ _init_ _()方法，将实例对象的 id 传递给_ _init_ _()的 self 参数，将实例

参数按照顺序传递给_ _init_ _()方法的其他参数。

④ _ _init_ _()方法分别对各个实例变量进行初始化。由于传递了实例对象的 id,所以初始化是对实例对象的各个实例变量进行的。

⑤ _ _init_ _()方法返回,创建实例对象的操作结束。

由此可以看出,_ _init_ _()只执行实例属性的初始化,不负责进行存储分配。尽管许多人将之称为构造方法,但却名不符实,最多可以称为内部构造方法。为此,本书坚持称其为初始化方法,这样在概念上准确一些,特别是对初学者有好处。

4. 在类定义外补充属性

Python 作为一种动态语言,除了用变量指向的对象类型可以变化外,另一个表现就是一个类的成员可以动态改变,即类可以在引用过程中增添新的属性,类对象可以增添类属性,实例对象可以增添实例属性。

代码 **4-2** Employee 类的测试。

```
>>> from employee import Employee              #导入 Employee 类定义
>>> Employee                                   #测试名字 Employee
<class '_ _main_ _.Employee'>
>>> e1 = Employee                              #用 e1 指向 Employee
>>> e1.cName                                    #用类对象 e1 访问类变量,正确
'ABC'
>>> e1.eName                                    #用类对象访问实例变量,错误
Traceback (most recent call last):
  File "<pyshell#5>", line 1, in <module>
    e1.eName
AttributeError: type object 'Employee' has no attribute 'eName'
>>> e1.getValue()                               #用类对象在外部访问实例方法,错误
Traceback (most recent call last):
  File "<pyshell#6>", line 1, in <module>
    e1.getValue()
TypeError: getValue() missing 1 required positional argument: 'self'
>>>
>>> e2 = Employee('Zhang',2345.67)             #创建实例对象,并用 e2 指向
>>> e2                                          #测试 e2
<_ _main_ _.Employee object at 0x000001BE745E6160>
>>> e2.getValue()                               #实例对象在外部调用实例方法,正确
('ABC', 'Zhang', 2345.67)
>>> e2.cName                                    #实例对象访问类变量,正确
'ABC'
>>> e2.eName                                    #实例对象在外部访问公开实例变量,正确
'Zhang'
>>> e2.salary                                   #实例对象在外部访问私密实例变量,错误
Traceback (most recent call last):
  File "<pyshell#12>", line 1, in <module>
    e2.salary
AttributeError: 'Employee' object has no attribute 'salary'
>>>
```

```
>>> #在外部补充属性
>>> e1.hostCountry = 'China'                    #在类定义外补充实例属性,正确
>>> e1.hostCountry                              #用类对象调用补充的类属性,正确
'China'
>>> e2.hostCountry
'China'
>>> e2.hobbies = 'swimming'                      #在类定义外补充实例属性,正确
>>> e2.hobbies                                   #用实例对象调用补充的实例属性,正确
'swimming'
>>> e1.hobbies                                   #用类对象调用补充的实例属性,错误
Traceback (most recent call last):
  File "<pyshell#9>", line 1, in <module>
    e1.hobbies
AttributeError: type object 'Employee' has no attribute 'hobbies'
>>> #修改属性测试
>>> e2. cName = 'AAA' ; e2. cName;e1.cName       #企图用实例对象修改类属性,失败
'AAA'
'ABC'
>>> e1.cName = 'AAA'; e1.cName                    #用类对象修改类属性,正确
'AAA'
```

说明:

（1）类对象引用后面添加的圆括号只是用来传递参数用的。这种加了参数的类变量形式上像一个方法，用于构建实例对象，所以，将其称为构造函数或构造方法。不加圆括号的类对象不能传递参数，也就不能用于构建实例对象。

（2）创建实例对象时，构造方法将被调用，并执行两个操作。

① 生成一个类对象的副本。

② 自动调用_ _init_ _方法，为生成的对象添加实例变量，也称为对实例对象初始化。

（3）用类对象和实例对象都可以在外部分别补充属性变量。由类对象补充的属性变量具有类变量的特点；由实例对象补充的属性变量具有属性变量的特点。

（4）在测试由实例对象修改类属性时，并没有报错，只是用类对象 e1 测试时，没有成功，而用 e2 测试时，成功了。这是为什么？道理很简单，就 e2 来说：你不让修改公司名称，我自己补充一个自己用的公司名称。这个名称的作用域在 e2 中，所以类对象 e1 访问不到。通过下面的测试，可以看出 e1.cName 与 e2.cName 不是同一个对象。

```
>>> id(e1.cName)
12224128
>>> id(e2.cName)
24341760
```

4.1.3　最小特权原则与成员访问限制

最小特权（least privilege）原则可以看作信息隐藏原则的补充和扩展，也是系统安全中最基本的原则之一。它要求限定系统中每一个主体所必需的最小特权，确保由可能的事故、毛病、网络部件的篡改等酿成的损失最小。在程序运行时，最小特权原则要求每一个

用户和程序在操作时应当使用尽量少的特权，而角色允许主体以参与某特定工作所需要的最小特权签入（sign）系统。设计程序时，最小特权原则要求所有模块的特权不能都一样，应按照需要给不同元素设定不同的访问权限。

在 Python 面向对象的体系中，从不同角度实施最小特权原则和信息隐藏原则，对成员访问采取了不同的限制。

1．类对象与实例对象的交叉访问限制

由代码 4-2 可以看出，Python 面向对象机制中，对于类对象与实例对象的交叉访问有表 4.1 所示的一些限制。

表 4.1　类对象与实例对象的交叉访问限制

访　问　者	类　变　量	公开实例成员	类补充属性	实例补充属性
类对象	√	×	√	√
实例对象	只可引用，不可修改	√	×	√

2．成员函数不可用名字直接访问属性变量

Python 类定义的特殊性在于它所创建的是一个隔离的命名空间。这种隔离的命名空间与作用域有一定的差异：一是它不能在里面再嵌套其他作用域；二是它是在定义的时候立即绑定的，不像函数那样在执行的时候才进行绑定。这样就导致在类中成员函数（方法）的命名空间与类的命名空间是并列的，而非嵌套的命名空间。或者说，Python 类定义所引入的"作用域"对于成员函数是不可见的，这与 C++或者 Java 有很大区别。因此，Python 成员函数想要访问类体中定义的成员变量，必须通过 self 或者类名以属性访问的形式进行，而不可用名字直接访问。

3．公开属性和私密属性的引用与访问

在类定义中，成员分为公开和私密两种，它们的引用与访问有所不同，如公开属性可以用任意变量引用，私密属性须用以双下画线(＿＿)开头的变量引用。公开属性可以在类的外部调用，私密属性不能在类的外部调用。

代码 4-3　公开属性和私密属性的访问权限测试示例。

```
>>> class people():              # 定义一个 people 类
    Name = ''                    #公开属性 name 空值

    def _ _init_ _(self):        #定义初始化构造方法＿＿init＿＿,其实就是定义一个初始化函数
        self.name = 'Zhangxxx'   #给公开属性赋值
        self._ _age = 18         #给私密属性赋值

>>> if _ _name_ _=='_ _main_ _':  #在类的外部，main 函数中
    p1 = people()                 #调用 people 类，实例化 people 类的对象
    print (p1.name)               #打印出公开属性
    print (p1.age)                #企图在外部访问并打印私密属性
```

```
Zhangxxx
Traceback (most recent call last):
  File "<pyshell#4>", line 4, in <module>
    print (p1._ _age)                          #企图在外部访问并打印私密属性
AttributeError: 'people' object has no attribute '_ _age'  （不可以在外部访问私密属性）
```

说明：

（1）这个运行结果表明，Python 类给了私密成员最小的访问权限——只能在类的成员函数内部访问私密成员，不可在外部访问。这是因为双下画线开头的属性和方法在被实例化后会自动在其名字前面加_classname 前缀，因为名字被改变了，所以自然无法通过双下画线开头的名字访问，从而达到不可进入的目的。

（2）既然不能从外部访问私密属性，但又需要在外部使用某个私密属性的值时，Python 提供了间接地使用 showinfo 方法获取这个属性。并且，还允许采用属性访问的方式用"实例名._ _dict_ _"查看实例中的属性集合。这又体现了一定程度的灵活性。

代码 4-4　私密属性的间接获取与查看示例。

```
>>> class people():
        name = ''
        _ _age = 0
        def _ _init_ _(self):
            self.name = 'zhangxxx'
            self._ _age = 18
        def showinfo(self):          #定义 showinfo 方法可在外部获取私密属性
            return self._ _age        #返回私密属性的值

>>> if _ _name_ _=='_ _main_ _':
        p1 = people()
        print (p1.name)
        print (p1.showinfo())        #调用 showinfo()函数获取并打印私密属性
        print (p1._ _dict_ _)         # _ _dict_ _可以看到 Python 面向对象的私密成员

zhangxxx
<bound method people.showinf of <_ _main_ _.people object at 0x00000210946FCB38>>
{'name': 'zhangxxx', '_people_ _age': 18}
```

4．方法覆盖

Python 允许在一个类中编写几个名字相同而参数不同的方法。但是，排在后面的方法会覆盖排在前面的方法。

代码 4-5　定义在后的方法覆盖定义在前的方法示例。

```
class Area(object):
    def _ _init_ _(self, a = 0, b = 0, c = 0):
        self.a = a;self.b = b; self.c = c
    def getArea (self, a, b, c):
        l = self.a + self.b + self.c
        s = pow (l * (l - self.a) * (l - self.b) * (l - self.c), -2) / 2
```

```
        print ('该三角形面积为：', s)
    def getArea(self, a, b):
        s = self.a * self.b
        print ('该矩形面积为：', s)
    def getArea(self,a):
        s = self.a * self.a * 3.14159
        print ('该圆面积为：', s)
    pass

>>> area1 = Area(1)
>>> area1.getArea(1)
该圆面积为： 3.14159
>>> area2= Area(2,3)
>>> area2.getArea(2,3)
Traceback (most recent call last):
  File "<pyshell#28>", line 1, in <module>
    area2.getArea(2,3)
TypeError: getArea() takes 2 positional arguments but 3 were given
```

说明：

（1）在类 Area 中定义了 3 个 getArea()方法，它们的实例参数分别为 3，2，1。从执行结果看，只有排在最后的方法执行成功。其他都认为是参数数量错误。

（2）在同一个名字域中，后面的方法会覆盖前面的同名方法。这是因为方法也是对象，原先这个名字指向前面的对象，重新定义以后，方法名就指向后面定义的对象。

4.1.4　实例方法、静态方法与类方法

1．实例方法与非实例方法

类中的方法分为两大类：一类是可以对类的实例对象进行操作的方法，称为实例方法。前面介绍的包括 __init__()在内，用 self 作为第一参数的方法都是实例方法。为了支持用户开发，Python 还提供了多个实例方法，详见 4.2.4 节。另一类是不能对类的实例对象进行操作的方法，即不用 self 作为第一参数的方法，它们被称为非实例方法。非实例方法不可以访问实例对象。

2．静态方法与类方法

类的非实例方法有两种：一种称为静态方法（static method）；另一种称为类方法（class method）。它们的共同点如下。

（1）都可以由类对象或实例对象调用。

（2）都不可以对实例对象进行访问，即它们都不传入实例对象及其参数。

（3）它们都只传入与实例对象无关的类属性。

它们的不同点如下。

（1）定义所使用的修饰器不同。静态方法使用@staticmethod，类方法使用@classmethod。

（2）参数不同。类方法需要用一个 cls 参数传入一个类对象；静态方法没有 cls 参数，

不传入实例对象，也不对实例对象进行操作，它们就不需要这个参数。这一点不同，会使它们的应用略有差异。

代码 **4-6**　使用静态方法输出 Employee 类生成的实例对象数。

```
>>> class Employee():
    numInstances = 0
    def _ _init_ _(self):
        Employee.numInstances += 1

    @staticmethod
    def showNumInstances():                              #静态方法：输出实例数
        print('Number of instances created:',Employee.numInstances)   #类对象调用

>>> e1,e2,e3 = Employee(),Employee(),Employee()
>>> Employee.showNumInstances()                          #类对象调用
Number of instances created: 3
>>> e1.showNumInstances(); e2.showNumInstances(); e3.showNumInstances()   #实例对象调用
Number of instances created: 3
Number of instances created: 3
Number of instances created: 3
```

说明：静态方法可以由类对象调用，也可以由实例对象调用。

代码 **4-7**　使用类方法输出 Employee 类生成的实例对象数。

```
>>> class Employee:
    numInstances = 0                                     #类属性：记录实例数
    def_ _init_ _(self):
        Employee.numInstances += 1

    @classmethod
    def showNumInstances(cls):                           #类方法：输出实例数
        print('Number of instances created:',cls.numInstances)   #cls参数调用
>>> e1,e2,e3 = Employee(),Employee(),Employee()
>>> e1.showNumInstances(); e2.showNumInstances(); e3.showNumInstances()
Number of instances created: 3
Number of instances created: 3
Number of instances created: 3
```

说明：

（1）表 4.2 为静态方法、类方法与实例方法之间的比较。

表 **4.2**　静态方法、类方法与实例方法之间的比较

	装饰器定义	调 用 者		访 问 者			默认的第一参数
		类 对 象	实例对象	静态成员	类 属 性	实例成员	
静态方法	@staticmethod	√	√	√	×	×	无
类方法	@classmethod	√	√	√	√	×	类对象
实例方法	无	×	√	√	可用，不可改	√	实例对象

静态方法和类可以用类对象或实例对象调用，传入的是类对象，即调用它们无须创建实例对象；实例方法只可用实例对象调用。

　　类方法和实例方法的第一个参数分别限定为定义该方法的类对象（多以 cls 表示）和调用该方法的实例对象（多以 self 表示），而静态方法无此限制。

　　静态方法只允许访问静态成员（即静态成员变量和静态方法），不允许访问实例成员变量和实例方法。实例方法则无此限制。

　　（2）Python 是动态类型的语言，没有特别的标志区分静态成员变量和普通成员变量。如果使用"类名.成员变量"的形式，则此时这个成员变量就是静态成员变量（类变量）；如果使用"实例.成员变量"的形式，则此时这个成员变量就是普通成员变量（实例变量）。

练习 4.1

1．选择题

（1）只可访问一个类的静态成员的方法是____。

　　A．类方法　　　　　　B．静态方法　　　　　　C．实例方法　　　　D．外部函数

（2）只有创建了实例对象，才可以调用的方法是____。

　　A．类方法　　　　　　B．静态方法　　　　　　C．实例方法　　　　D．外部函数

（3）将第一个参数限定为定义给它的类对象的是____。

　　A．类方法　　　　　　B．静态方法　　　　　　C．实例方法　　　　D．外部函数

（4）将第一个参数限定为调用它的实例对象的是____。

　　A．类方法　　　　　　B．静态方法　　　　　　C．实例方法　　　　D．外部函数

（5）只能使用在成员方法中的变量是____。

　　A．类变量　　　　　　B．静态变量　　　　　　C．实例变量　　　　D．外部变量

（6）不可以用 _ _init_ _()方法初始化的实例变量称为____。

　　A．必备实例变量　　B．可选实例变量　　　　C．动态实例变量　　D．静态实例变量

2．填空题

（1）在创建实例对象的过程中，实例对象创建后，就会自动调用_____进行实例对象的初始化。

（2）一个实例对象一经创建成功，就可以用_____操作符调用其成员。

（3）实例属性在类体内通过_____访问，在外部通过_____访问。

（4）实例方法的第一个参数限定为_____，通常用_____表示。

（5）类方法的第一个参数限定为_____，通常用_____表示。

（6）在表达式"类名.成员变量"中的成员变量是_____成员变量；在表达式 "实例.成员变量"中的成员变量是_____成员变量。

3．判断题

（1）一个实例变量一旦被创建，它的作用域就是整个类。　　　　　　　　　　（　　）

（2）所有的实例方法都要以 self 作为第一参数。　　　　　　　　　　　　　　（　　）

（3）方法和函数实际上是一回事。　　　　　　　　　　　　　　　　　　　　（　　）

（4）实例就是具体化的对象。 　　　　　　　　　　　　　　　　　　　　　　（　　）

4．代码分析题

阅读下面的代码，并给出输出结果。

（1）

```
class Account:
    def _ _init_ _ (self,id):
        self.id = id; id = 999
ac = Account(1000); print(ac.id)
```

（2）

```
class Account:
    def _ _init_ _ (self, id, balance):
        self.id = id; self.balance = balance
    def deposit(self, amount): self. balance += amount
    def withdraw(self, amount): self. balance -= amount
acc = Account('abcd', 200); acc.deposit(600); acc.withdraw(300); print(acc.balance)
```

4.2　Python 类的内置属性、方法与函数

Python 不仅用模块形式建立了基于类的资源库，还为了支持面向类的程序开发，提供了丰富的、对于所有类和对象通用的属性、方法和函数。

4.2.1　类的内置属性

Python 类的内置属性使之成为所有类的特别成员，见表 4.3，特别成员名的前后都带有双下画线，表明它们的身份特别。这些内置属性也被称为魔法属性。

表 4.3　Python 类常用内置属性

成 员 名	说 明
_ _doc_ _	类的文档字符串
_ _module_ _	类定义所在的模块
_ _class_ _	当前对象的类
_ _dict_ _	类的属性组成字典
_ _name_ _	泛指当前程序模块
_ _main_ _	直接执行的程序模块
_ _slots_ _	列出可以创建的合法属性（但并不创建这些属性），防止随心所欲地动态增加属性

代码 4-8　常用内置特别属性的应用示例。

```
>>> class A:                          #定义类 A
    'ABCDE'
    pass
```

```
>>> a = A()                                    #创建对象 a
>>> a.__class__                                #获取对象的类
<class '__main__.A'>
>>> A.__doc__                                  #获取类 A 的文档串
'ABCDE'
>>> a.__doc__                                  #获取对象 a 所属类的文档串
'ABCDE'
>>> a.__module__                               #获取对象 a 所在模块名
'__main__'
>>> A.__module__                               #获取类 A 定义所在模块名
'__main__'
>>> __main__ == '__main__'                     #判断当前模块是否为'__main__'
True
>>> A.__dict__                                 #获取类 A 的属性
mappingproxy({'__module__': '__main__', '__doc__': 'ABCDE', '__dict__': <attribute
'__dict__' of 'A' objects>, '__weakref__': <attribute '__weakref__' of 'A' objects>})
>>> a.__dict__                                 #获取对象 a 的属性
{}
```

说明:

（1）__name__可以表示模块或文件，也可以表示模块的名字，具体看用在什么地方。因为模块是对象，并且所有模块都有一个内置属性__name__。一个模块的__name__的值取决于如何应用模块。如果 import 一个模块，那么模块__name__的值通常为模块文件名，不带路径或者文件扩展名。

（2）Python 程序模块有两种执行方式：调用执行与直接（立即）执行。属性__main__表示主模块，应当优先执行。所以，若在一段代码前添加"if __name__ == '__main__':"，就表示后面书写的程序代码段要直接执行。

（3）__dict__代表了类或对象中的所有属性。从上面的测试中可以看出，类 A 中有许多成员。这么多的成员从何而来呢？主要来自两个方面：一是 Python 内置的一些特别属性，如'__module__'：'__main__'；二是程序员定义的一般属性，如'__doc__': 'ABCDE'等。对于实例，取得的是实例属性。本例的实例 a 没有创建任何实例属性，仅取得一个空字典。

（4）__slots__用于对实例属性进行限制，列出可以使用的属性，以防随心所欲地定义不相干的属性。注意：只列出属性，不创建它们，需要用时再创建。

代码 4-9 内置特别属性__slots__的应用示例。

```
>>> class PhoneBook:
        __slots__ = 'name', 'telNumber'       #在类中规定了对所定义属性的限制
        def __init__(self,name):
            self.name = name

>>> f1 = PhoneBook('chener')
>>> f1.telNumber= 12345678921
>>> dir(f1)
['__class__', '__delattr__', '__doc__', '__format__', '__getattribute__', '__hash__',
```

```
'__init__', '__module__', '__new__', '__reduce__', '__reduce_ex__', '__repr__',
'__setattr__', '__sizeof__', '__slots__', '__str__', '__subclasshook__', 'name',
'telNumber']
>>> f1.age = 'f'

Traceback (most recent call last):
  File "<pyshell#18>", line 1, in <module>
    f1.age = 25
AttributeError: 'PhoneBook' object has no attribute 'age'
```

4.2.2 获取类与对象特征的内置函数

为了便于用户确认对象（含模块、类和实例）的特征，Python 提供了几个内置函数。

1. isinstance()

isinstance()函数用于判断一个对象是否为一个类的实例：若是，则返回 True，否则返回 False。语法如下。

```
isinstance (对象名, 类名)
```

代码 4-10 isinstance()功能演示。

```
>>> class A:pass

>>> class B:pass

>>> a = A()
>>> isinstance(a,A)
True
>>> isinstance(a,B)
False
```

2. dir()与 vars()

用 dir()可以获取一个模块、一个类、一个实例的所有名字的列表。用 vars()可以获取一个模块、一个类、一个实例的属性及其值的映射——字典。

代码 4-11 dir()与 vars()功能演示。

```
>>> #用类作为dir()与vars()的参数
>>> class A():
        '''这是一个简单的类'''
        x = 1
        y = 2

>>> dir(A)                        #返回类的所有名字列表
['__class__', '__delattr__', '__dict__', '__dir__', '__doc__', '__eq__', '__format__',
'__ge__', '__getattribute__', '__gt__', '__hash__', '__init__', '__init_subclass__',
```

```
'__le__','__lt__','__module__','__ne__','__new__','__reduce__','__reduce_ex__',
'__repr__','__setattr__','__sizeof__','__str__','__subclasshook__','__weakref__',
'x', 'y']
>>> vars(A)                              #返回类对象的实例属性字典
mappingproxy({'__module__': '__main__', '__doc__': '这是一个简单的类', 'x': 1, 'y':
2, '__dict__': <attribute '__dict__' of 'A' objects>, '__weakref__': <attribute '__
weakref__' of 'A' objects>})
>>>
>>> #用实例对象作为dir()与vars()的参数
>>> a = A()
>>> dir(a)                               #返回实例对象的全部名字列表
['__class__', '__delattr__', '__dict__', '__dir__', '__doc__', '__eq__', '__format__',
'__ge__', '__getattribute__', '__gt__', '__hash__', '__init__', '__init_subclass__',
'__le__','__lt__','__module__','__ne__','__new__','__reduce__','__reduce_ex__',
'__repr__','__setattr__','__sizeof__','__str__','__subclasshook__','__weakref__',
'x', 'y']
>>> vars(a)                              #返回实例对象的实例属性字典
{}
>>>
>>> #用参数为空的dir()与vars()
>>> dir()                                #返回当前模块中的全部名字列表
['A', '__annotations__', '__builtins__', '__doc__', '__loader__', '__name__',
'__package__', '__spec__', 'a']
>>> vars()                               #返回当前模块中的实例属性字典
{'__name__': '__main__', '__doc__': None, '__package__': None, '__loader__': <class
'_frozen_importlib.BuiltinImporter'>, '__spec__': None, '__annotations__': {}, '__
builtins__': <module 'builtins' (built-in)>, 'A': <class '__main__.A'>, 'a': <__main_
_.A object at 0x0000026367FE3518>}
>>>
>>> #用指定模块作为dir()与vars()的参数
>>> import math                          #导入模块math
>>> dir(math)                            #返回math模块中的全部属性列表
['__doc__', '__loader__', '__name__', '__package__', '__spec__', 'acos', 'acosh',
'asin', 'asinh', 'atan', 'atan2', 'atanh', 'ceil', 'copysign', 'cos', 'cosh', 'degrees',
'e', 'erf', 'erfc', 'exp', 'expm1', 'fabs', 'factorial', 'floor', 'fmod', 'frexp', 'fsum',
'gamma', 'gcd', 'hypot', 'inf', 'isclose', 'isfinite', 'isinf', 'isnan', 'ldexp', 'lgamma',
'log', 'log10', 'log1p', 'log2', 'modf', 'nan', 'pi', 'pow', 'radians', 'sin', 'sinh',
'sqrt', 'tan', 'tanh', 'tau', 'trunc']
>>> vars(math)                           #返回math模块中的实例属性字典
{'__name__': 'math', '__doc__': 'This module is always available.  It provides access
to the\nmathematical functions defined by the C standard.', '__package__': '', '__loader__':
<class '_frozen_importlib.BuiltinImporter'>, '__spec__': ModuleSpec(name='math',
loader=<class  '_frozen_importlib.BuiltinImporter'>,  origin='built-in'),  'acos':
<built-in function acos>, 'acosh': <built-in function acosh>, 'asin': <built-in function
asin>, 'asinh': <built-in function asinh>, 'atan': <built-in function atan>, 'atan2':
<built-in function atan2>, 'atanh': <built-in function atanh>, 'ceil': <built-in function
ceil>, 'copysign': <built-in function copysign>, 'cos': <built-in function cos>, 'cosh':
<built-in function cosh>, 'degrees': <built-in function degrees>, 'erf': <built-in function
erf>, 'erfc': <built-in function erfc>, 'exp': <built-in function exp>, 'expm1': <built-in
function expm1>, 'fabs': <built-in function fabs>, 'factorial': <built-in function
```

```
factorial>, 'floor': <built-in function floor>, 'fmod': <built-in function fmod>, 'frexp':
<built-in function frexp>, 'fsum': <built-in function fsum>, 'gamma': <built-in function
gamma>, 'gcd': <built-in function gcd>, 'hypot': <built-in function hypot>, 'isclose':
<built-in function isclose>, 'isfinite': <built-in function isfinite>, 'isinf': <built-in
function isinf>, 'isnan': <built-in function isnan>, 'ldexp': <built-in function ldexp>,
'lgamma': <built-in function lgamma>, 'log': <built-in function log>, 'log1p': <built-in
function log1p>, 'log10': <built-in function log10>, 'log2': <built-in function log2>,
'modf': <built-in function modf>, 'pow': <built-in function pow>, 'radians': <built-in
function radians>, 'sin': <built-in function sin>, 'sinh': <built-in function sinh>, 'sqrt':
<built-in function sqrt>, 'tan': <built-in function tan>, 'tanh': <built-in function tanh>,
'trunc': <built-in function trunc>, 'pi': 3.141592653589793, 'e': 2.718281828459045, 'tau':
6.283185307179586, 'inf': inf, 'nan': nan}
```

说明：

（1）dir()和 vars()用于进行下列测试。

- 已导入模块（不能测试未导入模块）。
- 一个类。
- 一个实例。
- 当前程序。

（2）dir()返回测试对象中的全部名字列表。vars()返回测试对象中的全部实例属性字典。

3．hasattr()、getattr()、setattr()和 delattr()

这 4 个函数都针对类或实例的属性，分别为判断是否有、返回、设置和删除属性。4 个类与对象属性操作函数的用法见表 4.4。

表 4.4　4 个类与对象属性操作函数的用法

函数名	功　能	参　数	返　回
hasattr()	是否有此属性	(对象名,属性名)	有，True ;无，False
getattr()	返回属性	(对象名, 属性名 [,默认值])	有默认值，返回默认值，否则引发 AttributeError；默认值错，引发 IndentationError: unexpected indent 异常
setattr()	设置动态属性	(对象名,属性名,值)	无返回值。无值，设置值；有值，替换值
delattr()	删除动态属性	(对象名,属性名)	无返回值

代码 4-12　hasattr()、getattr()、setattr()和 delattr()功能演示。

```
>>> class A:
    x = 3

>>> a = A()
>>> hasattr(a,x)                      #属性名必须用引号引起来
Traceback (most recent call last):
  File "<pyshell#18>", line 1, in <module>
    hasattr(a,x)
NameError: name 'x' is not defined
>>> hasattr(A,'x')                    #测试 A 中是否有属性 x,属性名用撇号引起来
```

```
True

>>> hasattr(a,'x')                    #测试 a 中是否有属性 x,
True
>>> getattr(a,'x')                    #获取属性 x 的值
3
>>> hasattr(a,'y')                    #测试 a 中是否有属性 y
False

>>> setattr(a,'y',5)                  #为对象 a 创建一个动态属性 y

>>> getattr(a,'y')                    #获取动态属性 y 的值
5


>>> delattr(a,'x')                    #企图删除静态属性 x
Traceback (most recent call last):
  File "<pyshell#14>", line 1, in <module>
    delattr(a,'x')
AttributeError: x
>>> delattr(a,'y')                    #删除动态属性 y


>>> hasattr(a,'y')                    #检测动态属性是否被删除
False
>>>
```

注意:

(1) 属性名必须用撇号引起来。

(2) 增删属性仅对动态属性而言。

4.2.3 操作符重载

1. 操作符重载的概念

操作符是操作运算的抽象符号。为了迎合用户的数学习惯,Python 内置了丰富的操作符,但是这些操作符只适用于特定的内置数据对象类型。其他类型(类)不可使用,对于大量的用户定义类就更不用说了,哪怕这些类具有与特定类型极其相似的性质。

代码 4-13 实例对象直接使用操作符情况演示。

```
>>> class A():
    def _ _init_ _(self,value):
        self.value = value


>>> a1,a2 = A(3),A(5)
>>> a1 + a2


Traceback (most recent call last):
```

```
File "<pyshell#7>", line 1, in <module>
  a1 + a2
TypeError: unsupported operand type(s) for +: 'instance' and 'instance'
```

在这个例子中，变量 a1 和 a2 的值都是整数，可是却不能使用操作符（+）对它们进行加运算，因为它们不是 int 类型，而是 A 类型。当然，这种情况下使用加号非常方便。将加号（+）重载，就可以解决这个问题。所谓操作符重载，就是让这些操作符不只承载原来定义的类型，也能承载其他类型。

2. Python 对操作符重载的支持

为方便类与对象的扩展，Python 内置了大量被称为魔法方法的特别方法。这些魔法方法名前后各有一对下画线，并且用 self 作为第一个参数。表 4.5 为与内置的操作符成对应关系的部分魔法方法。

表 4.5　Python 用于操作符重载的常用魔法方法

特别方法名	参　　数	对应的操作符	说　　明
_ _gt_ _	(self,other)	>	判断 self 对象是否大于 other 对象
_ _lt_ _	(self,other)	<	判断 self 对象是否小于 other 对象
_ _ge_ _	(self,other)	>=	判断 self 对象是否大于或等于 other 对象
_ _le_ _	(self,other)	<=	判断 self 对象是否小于或等于 other 对象
_ _eq_ _	(self,other)	==	判断 self 对象是否等于 other 对象
_ _add_ _	(self,other)	+	自定义+号的功能
_ _radd_ _	(self,other)	+	右侧加法运算，other + X
iadd _	(self,Y)	+=	原地增强赋值运算，X += Y
_ _call_ _	(self,*args)	( )	把实例对象当作函数调用，重载了函数运算符
_ _getitem_ _	(self,…)	[]	索引，X[key]

3. Python 操作符重载示例

代码 4-14　时间对象相加。

```
>>> class Time():
    def _ _init_ _(self,hours,minutes,seconds):
        self.hours = hours
        self.minutes = minutes
        self.seconds = seconds
    def _ _add_ _(self,other):
        self.seconds += other.seconds
        if self.seconds >= 60:
            self.minutes += self.seconds // 60
            self.seconds = self.seconds % 60
        self.minutes += other.minutes
        if self.minutes >= 60:
            self.hours += self.minutes // 60
```

```
        self.minutes = self.minutes % 60
        self.hours += other.hours
        return self
    def output(self):
        print('{0}:{1}:{2}'.format(self.hours,self.minutes,self.seconds))

>>> t1,t2,t3 = Time(3,50,40),Time(2,40,30),Time(1,10,20)
>>> (t1 + t2).output()
6:31:10
>>> (t2 + t3).output()
3:50:50
```

说明：时间对象由时、分、秒组成，相加涉及分、秒六十进位。重载加（+）操作符后，不仅解决了 Time 实例对象的相加，而且解决了它们相加过程的六十进位。

代码 4-15 索引操作符（[]）重载示例。

```
>>> class indexer:
    def _ _getitem_ _(self, index):
        return index ** 2

>>> x = indexer();x[3]
9
```

代码 4-16 调用操作符"()"重载示例。

```
>>> class F:
  def _ _init_ _(self, value):
    self.value = value
  def _ _call_ _(self, other):
    return self.value * other

>>> f = F(3)                    #调用_ _init_ _，设置 value 为 3
>>> f(5)                        #调用_ _call_ _，设置 other 为 5
15
>>> F(2)(6)
12
```

说明：对象被当作函数使用时会调用对象的_ _call_ _方法，或者说对象名后加了（），就会触发_ _call_ _。所以，_ _call_ _相当于重载了圆括号运算符。相对于_ _init_ _是由表达式"对象 = 类名()"所触发，_ _call_ _ 则由表达式"对象()"或者"类()"触发。

4. 操作符重载注意事项

对于 Python 操作符重载，应注意以下事项。

（1）操作符重载就是在该操作符原来预定义的操作类型上增添新的载荷类型。所以，只能对 Python 内置的操作符重载，不可以生造一个内置操作符之外的操作符，例如，给"##"以运算机能是不可以的。

（2）Python 操作符重载通过重新定义与操作符对应的特别内置方法进行。这样，当为一个类重新定义了内置特别方法后，使用该操作符对该类的实例进行操作时，该类中重新定义的内置特别方法就会拦截常规的 Python 特别方法，解释为对应的内置特别方法。因此，要重载一个操作符，必须找到对应的内置特别方法，不可自己生造一个方法。

（3）操作符重载不可改变操作符的语义习惯，只可以赋予其与预定义相近的语义，尽量使重载的操作符语义自然、可理解性好，不造成语义上的混乱。例如，不可赋予+符号进行减操作的功能，赋予*符号进行加操作的功能等，这样会引起混乱。

（4）操作符重载不可改变操作符的语法习惯，勿使其与预定义语法差异太大，避免造成理解上的困难。保持语法习惯包括如下情况。

- 要保持预定义的优先级别和结合性，例如，不可定义+的优先级高于*。
- 操作数个数不可改变。例如，不能用+对 3 个操作数进行操作。

4.2.4　Python 类属性配置与管理的魔法方法

Python 除了提供一些操作符重载魔法方法外，还提供一些用于定制属性配置与管理的魔法方法。表 4.6 列出了用于属性配置与管理的 Python 魔法方法。显然，前面已经熟悉的 __init__ 就在其中。

表 4.6　用于属性配置与管理的 Python 魔法方法

成　员　名	参　　数	说　　明
__init__	(self,…)	初始化方法，通过类创建对象时，自动触发执行
__del__	(self)	析构方法，当对象在内存中被释放时，自动触发执行
__new__	(self,*args,**key)	通常用于构建元类或继承自不可变类型的对象时，返回对象
__str__	(self)	返回对象的字符串形式，对应 str(x)
__print__	(self)	打印转换，print（x）
__repr__	(self)	返回数据的字符串形式，对应 repr(x)
__getitem__	(self,key)	获取索引 key 对应的值，如对于字典
__setitem__	(self,key,val)	为字典等设置 key 值
__delitem__	(self,key)	删除字典等索引 key 对应的元素
__delattr__	(self,attr)	删除一属性
__len__	(self)	获取类似 list 的类中的元素个数
__cmp__	(src,dst)	比较两个对象 src 和 dst
__coerce__	(self, num)	压缩成同样的数值类型，对应内置 coerce()
__iter__, __next__	(self,…)	建立迭代环境，进行迭代操作。方法中须有 yield 值
__getattribute__	(self, attr)	拦截属性点号（.），返回 attr 的值
__getattr__	(self,attr)	当用属性点号（.）访问对象没有的属性时，被自动调用
__setattr__	(self,attr,val)	当试图给属性 attr 赋值时会被自动调用
__delattr__	(self, attr)	当试图删除属性 attr 时被自动调用
__setslice__	(self,i,j,sequence)	对于列表等的分片操作
__getslice__	(self,i,j)	
__delslice__	(self,i,j)	

1. _ _init_ _、_ _new_ _与_ _del_ _

1）_ _init_ _与_ _new_ _

（1）从功能上看，_ _new_ _与_ _init_ _这两个方法都用于创建实例，但_ _init_ _的作用是进行实例变量的初始化，在创建实例时都要被自动调用；而_ _new_ _负责实例化时开辟内存空间并返回对象，通常用于不可变内置类的派生，所以它要先于_ _init_ _执行。

（2）从返回值看，_ _new_ _必须要有返回值，返回实例化出来的实例；_ _init_ _在_ _new_ _的基础上可以完成一些其他初始化的动作，不需要返回值。

（3）从参数上看，_ _new_ _至少要有一个参数 cls，代表当前类，此参数在实例化时由 Python 解释器自动识别；_ _init_ _有一个参数 self，就是_ _new_ _返回的实例。

代码 4-17　当调用 A(args)创建实例 x 时，_ _new_ _与_ _init_ _的关系。

```
class A:                    #定义类 A
    pass

x = A._ _new_ _(A, args)    #使用_ _new_ _()创建类 A 类的实例 x

if isinstance(x, A):        #使用_ _init_ _()初始化类 A 类的实例 x
x._ _init_ _(args)
```

说明：函数 isinstance()用于判断一个实例 x 是否为类 A 的实例。显然，只有创建了实例对象之后，才调用_ _init_ _进行初始化。如果_ _new_ _不返回对象，则_ _init_ _不会被调用。

2）_ _del_ _

_ _del_ _称为析构方法，当对象在内存中被释放时，自动触发执行。应当注意：
（1）与_ _init_ _一样，_ _del_ _的第一个参数一定是 self，代表当前实例。
（2）_ _del_ _方法只有在释放锁定或关闭连接时，存在某种关键资源管理问题的情况下才会显式定义。

2. _ _str_ _、_ _print_ _与_ _repr_ _

1）_ _str_ _

_ _str_ _的作用是能让字符串转换函数 str()可以对任何对象进行转换。例如，在代码 4-14 中，直接用 print()输出一个 Time 的实例，将会触发 SyntaxError（invalid character in identifier）错误。为此，不得不定义一个 output()实例方法。为了直接使用 print()，必须对 Time 类实例进行字符串转换。可是，下面的形式也无法输出 Time 对象的值。

```
>>> print(str(t1))
<_ _main_ _.Time object at 0x000002051529EFD0>
```

在这种情况下必须借助_ _str_ _。

代码 4-18   _ _str_ _定制示例。

```
>>> class Time():
    def _ _init_ _(self,hours,minutes,seconds):
        self.hours = hours
        self.minutes = minutes
        self.seconds = seconds
    def _ _add_ _(self,other):
        self.seconds += other.seconds
        if self.seconds >= 60:
            self.minutes += self.seconds // 60
            self.seconds = self.seconds % 60
        self.minutes += other.minutes
        if self.minutes >= 60:
            self.hours += self.minutes // 60
            self.minutes = self.minutes % 60
        self.hours += other.hours
        return self
    def _ _str_ _(self):                          #定制_ _str_ _
        return (str(self.hours)+':'+str(self.minutes)+':'+str(self.seconds))

>>> t1,t2,t3 = Time(3,50,40),Time(2,40,30),Time(1,10,20)
>>> print(str(t1+t2))
6:31:10
```

在此基础上再对_ _print_ _进行定制就更加方便了。添加的代码如下。

```
def _ _print_ _(self):
    return str(self)
```

测试结果如下。

```
>>> print (t1)
3:50:40
>>> print(t1 + t2)
6:31:10
```

2）_ _repr_ _和_ _str_ _

_ _repr_ _和_ _str_ _这两个方法都是用于显示的。_ _repr_ _对应的函数是 repr()，_ _str_ _对应的函数是 str()。但是，repr()返回的是一个对象的字符串表示，并在绝大多数（不是全部）情况下可以通过求值运算（使用内建函数 eval()）重新得到该对象。而 str()致力于生成一个对象的可读性好的字符串表示，很适合用于 print 语句输出,但通常无法用于 eval()求值。也就是说，repr() 输出对 Python 比较友好，而 str()的输出对用户比较友好。

由于 repr()与 str()各有特色，所以有的程序员在设计类时会对_ _repr_ _和_ _str_ _都进行定制，提供两种显示环境。这时，对于 print()操作，会首先尝试_ _str_ _和 str 内置函数，以给用户友好的显示；而在其他应用中，如用于交互模式下提示回应，则使用_ _repr_ _和

repr()。

关于_ _repr_ _就不再举例说明了。不过，必须注意，_ _str_ _和_ _repr_ _都必须返回字符串，否则会出错。

3. _ _len_ _

_ _len_ _ 在调用 len(instance) 时被调用。len()是一个内置函数，可以返回一个对象的长度。它可以用于任何被认为理应有长度的对象。字符串的长度是它的字符个数；字典的长度是它的关键字的个数；列表或序列的长度是元素的个数。对于类实例，定义_ _len_ _方法，接着自己编写长度的计算，然后调用 len(instance)，Python 将替你调用你的_ _len_ _专用方法。

如果一个类表现得像一个 list，要获取有多少个元素，就得用 len() 函数。要让 len() 函数工作正常，类必须提供一个特别方法_ _len_ _，它返回元素的个数。

代码 4-19 计算一个自然数区间中的素数个数。

```
>>> class Primes():
    primeList = []
    def _ _init_ _(self,nn1,nn2):
        self.nn1 = nn1
        self.nn2 = nn2

    def getPrimes(self):
        import math
        if self.nn1 > self.nn2:
            self.nn1,self.nn2 = self.nn2,self.nn1
        if self.nn1 <= 2:
            self.nn1 = 3
            self.primeList.append(2)
        for n in range(self.nn1,self.nn2):
            m = math.ceil(math.sqrt(n) + 1)
            for i in range(2,m):
                if n % i == 0 and i < n:
                    break
            else:
                self.primeList.append(n)
    def _ _str_ _(self):
        return str(self.primeList)
    def _ _len_ _(self):                    #定制_ _len_ _
        return (len(self.primeList))


>>> p1 = Primes(3,100)
>>> p1.getPrimes()
>>> print(p1)
[3,5,7,11,13,17,19,23,29,31,37,41,43,47,53,59,61,67,71,73,79,83,89, 97]
>>> len(p1)
24
```

4. __getitem__、__setitem__和__delitem__

若在类中定制或继承了这些方法，则遇到实例的索引操作，即实例 x 遇到 x[i]这样的表达式时，就会自动调用__getitem__、__setitem__和__delitem__。

代码 4-20 __getitem__、__setitem__和__delitem__应用示例。

```
>>> class Foo:
    def __init__(self,name):
        self.name = name
    def __getitem__(self, item):
        return self.__dict__[item]
    def __setitem__(self, key, value):
        self.__dict__[key] = value
    def __delitem__(self, key):
        del self.__dict__[key]

>>> f1 = Foo('Zhang')           #实例化
>>> print(f1['name'])           #以字典索引的方式打印,会找到__getitem__方法, 'name'传递给第二个参数
Zhang
>>> f1['age']=18                #赋值操作,直接传递给__setitem__方法
>>> print(f1.__dict__)
{'name': 'Zhang', 'age': 18}
>>> del f1['age']
>>> print(f1.__dict__)
{'name': 'Zhang'}
```

5. 对象迭代方法

下面介绍几种实现对象迭代的特别方法。

1) __iter__与__next__的定制

如前所述，迭代环境是通过调用内置函数 iter()创建的。对于用户自定义类的实例来说，iter()总是通过尝试寻找定制（重构）的__iter__方法来实现，这种定制的__iter__方法应该返回一个迭代器对象。如果已经定制，Python 就会重复调用这个迭代器对象的__next__方法，直到发生 StopIteration 异常；如果没有找到这类__iter__方法，Python 会改用__getitem__机制，直到引发 IndexError 异常。

代码 4-21 __iter__与__next__定制示例。

```
>>> class Range:
    def __init__(self,start,end,long):      #构造函数,定义3个元素: start、end、long
        self.start = start
        self.end = end
        self.long = long
    def __iter__(self):                     #__iter__:生成迭代器对象 self
        return self                         #返回这个迭代器本身
    def __next__(self):                     #__next__:一个一个返回迭代器内的值
```

```
        if self.start>=self.end:
            raise StopIteration
        n = self.start
        self.start+=self.long
        return n

>>> r = Range(3,10,2)
>>> next(r)
3
>>> next(r)
5
>>> next(r)
7
>>> next(r)
9
>>> next(r)
Traceback (most recent call last):
  File "<pyshell#7>", line 1, in <module>
    next(r)
  File "<pyshell#1>", line 10, in _ _next_ _
    raise StopIteration
StopIteration
>>> r = Range(3,20,3)
>>> for i in(r):
        print(i,end = '\t')

3    6    9    12   15   18
```

2）__contains__、__iter__和__getitem__

前面介绍了实现对象迭代时解释为__iter__方法的定制。实际上，在迭代领域还有两种可定制的特别实例方法：__contains__和__getitem__。__contains__方法把成员关系定义为对一个映射应用键，以及用于序列的搜索。__getitem__已经在前面进行了介绍。非但如此，当一个类中定制有 3 种对应迭代的特别实例方法时，__contains__方法优先于__iter__方法，而__iter__方法优先于__getitem__方法。

代码 4-22　在一个定制有__contains__、__iter__和__getitem__3 种特别方法的类中编写了 3 个方法和测试成员关系以及应用于一个实例的各种迭代环境。调用时，其方法会打印出跟踪消息。

```
>>> class Iters:
    def _ _init_ _(self,value):
        self.data = value
    def _ _getitem_ _(self,i):
        print('get[%s]:'%i,end = '///')
        return self.data[i]
    def _ _iter_ _(self):
        print('iter=> ',end='###')
```

```
                self.ix = 0
                return self
        def _ _next_ _(self):
                print('next:',end='...')
                if self.ix == len(self.data):
                    raise StopIteration
                item = self.data[self.ix]
                self.ix += 1
                return item
        def _ _contains_ _(self,x):
                print('contains:',end='>>>')
                return x in self.data

>>> if _ _name_ _ == '_ _main_ _':
        X = Iters([1,2,3,4,5])
        print(3 in X)
        for i in X:
            print(i,end='')
        print()
        print([i**2 for i in X])
        print(list(map(bin,X)))

        i = iter(X)
        while 1:
            try:
                print(next(i),end = '>>>')
            except StopIteration:
                break
```

```
contains:True
iter=> next:1next:2next:3next:4next:5next:
iter=> next:next:next:next:next:next:[1, 4, 9, 16, 25]
iter=> next:next:next:next:next:next:['0b1', '0b10', '0b11', '0b100', '0b101']
iter=> next:1>>>next:2>>>next:3>>>next:4>>>next:5>>>next:
```

显然，这里优先启动了_ _contains_ _。如果注释掉_ _contains_ _，则得到如下测试结果。

```
iter=> ###next:...next:...next:...True
iter=> ###next:...1next:...2next:...3next:...4next:...5next:...
iter=> ###next:...next:...next:...next:...next:...next:...[1, 4, 9, 16, 25]
iter=>   ###next:...next:...next:...next:...next:...next:...['0b1', '0b10', '0b11',
'0b100', '0b101']
iter=> ###next:...1@next:...2@next:...3@next:...4@next:...5@next:...
```

显然，这里优先启动了_ _iter_ _。

6. _ _getattr_ _和_ _setattr_ _

_ _getattr_ _方法企图用属性点号（.）访问一个未定义（即不存在）的属性名时被自动调用。与此相关，方法_ _setattr_ _会拦截所有属性的赋值语句。如果定制了这个方法，self.attr =

value 会变成 self.__setattr__('attr',value)。

代码 4-23 __getattr__和__setattr__用法示例。

```
>>> class Rectangle:
    def __init__(self,width = 0.0,height = 0.0):
        self.width = width
        self.height = height
    def __setattr__(self, name, value):              #定制__setattr__
        print ('set attr', name, value)
        if name == 'size':
            self.width, self.height = value
        else:
            self.__dict__[name] = value
    def __getattr__(self, name):                     #定制__getattr__
        #print ('The rectangle size is ', name)
        if name == 'size':
            print ('The rectangle size is: ', self.width, self.height)
        else:
            print ('No such attribute!!')
            raise AttributeError


>>> r = Rectangle(2,3)
set attr width 2
set attr height 3
>>> print (r.size)                                   #访问时不存在属性 size
The rectangle size is: 2 3
None
>>> r.size = (5,6)
set attr size (5, 6)
set attr width 5
set attr height 6
>>> print(r.aa)
No such attribute!!
Traceback (most recent call last):
  File "<pyshell#27>", line 1, in <module>
    print(r.aa)
  File "<pyshell#20>", line 17, in __getattr__
    raise AttributeError
AttributeError
>>> r.aa = (7,8)
set attr aa (7, 8)
```

练习 4.2

1. 代码分析题

阅读下面的代码，给出输出结果。

（1）

```
class A:
    def _ _init_ _(self,a,b,c):self.x=a+b+c
a= A(3,5,7);b = getattr(a,'x');setattr(a,'x',b+3);print(a.x)
```

（2）

```
class Person:
    def _ _init_ _(self, id):self.id = id

wang = Person(357); wang._ _dict_ _['age'] = 26
wang._ _dict_ _['major'] = 'computer';print (wang.age + len(wang._ _dict_ _))
```

（3）

```
class A:
    def _ _init_ _(self,x,y,z):
        self.w = x + y + z

a = A(3,5,7); b = getattr(a,'w'); setattr(a,'w',b + 1); print(a.w)
```

（4）

```
class Index:
    def _ _getitem_ _(self,index):
        return index

x = Index()
for i in range(8):
    print(x[i],end = '*')
```

（5）

```
class Index:
    data = [1,3,5,7,9]
    def _ _getitem_ _(self,index):
        print('getitem:',index)
        return self.data[index]

>>> x = Index(); x[0]; x[2]; x[3]; x[-1]
```

（6）

```
class Squares:
    def _ _init_ _(self,start,stop):
        self.value = start - 1
        self.stop = stop
    def _ _iter_ _(self):
        return self
    def _ _next_ _(self):
        if self.value == self.stop:
```

```
            raise StopIteration
        self.value += 1
        return self.value ** 2


for i in Squares(1,6):
    print(i,end = '<')
```

（7）

```
class Prod:
    def _ _init_ _(self, value):
        self.value = value
    def _ _call_ _(self, other):
        return self.value * other

p = Prod(2); print (p(1) ); print (p(2))
```

（8）

```
class Life:
    def _ _init_ _(self, name='name'):
        print( 'Hello', name )
        self.name = name
    def _ _del_ _(self):
        print ('Goodby', self.name)

brain = Life('Brain') ;brain = 'loretta'
```

2．程序设计题

（1）编写一个类，用于实现如下功能。

① 将十进制数转换为二进制数。

② 进行二进制的四则计算。

③ 对于带小数点的数，用科学记数法表示。

（2）编写一个三维向量类，实现下列功能。

① 向量的加、减计算。

② 向量和标量的乘、除计算。

4.3 类 的 继 承

在面向对象程序设计中，类对象是一类对象的框架，而不同类之间的组织则形成不同问题的求解模式。类的继承（inheritance）是建立类组织的重要方式。

从另一方面来说，在进行软件开发时，如果能有效地利用已有的代码，不仅可以节省成本，还能提高软件的可靠性和与其他软件接口的一致性。这称为代码复用。类的组合（聚合）和继承也是代码复用的两种有效方式。

4.3.1 类的继承及其关系测试

1. 类的继承与派生

类的继承就是一个新类继承了一个或多个已有类的成员。或者，从一个或多个已有类派生（derived）出一个新类。这时，将被继承的类称为基类（base class）或者父类（parent class）、超类（super class），将继承的类称为派生类（derived class）或子类（sub class, child class）。子类可以从父类那里继承属性和方法，并且可以对从父类那里继承的属性或方法进行改造，也可以增加新的属性和方法。总之，父类表现出共性和一般性，子类表现出个性和特殊性。

2. 子类的创建与继承关系的测试

Python 同时支持单继承与多继承。继承的基本语法为

```
class 类名（父类1, 父类2, …）：
    类的文档串      #关于类的文档描述，可以省略部分
    类体            #类的属性和方法的定义
```

说明：

（1）对只有一个父类的继承称为单继承，对存在多个父类的继承称为多继承。

（2）子类会继承父类的所有属性和方法。

（3）子类的类体中是新增的属性和方法。这些属性和方法可以覆盖父类中同名的变量和方法。

代码 4-24 类的继承及其测试示例。

```
>>> class A:                    #定义 A 类
    x = 3
    y = 5
    def disp(self):
        print(self.x,self.y)


>>> dir(A)                      #获取 A 类中的全部名字列表
['__class__', '__delattr__', '__dict__', '__dir__', '__doc__', '__eq__', '__format
__', '__ge__', '__getattribute__', '__gt__', '__hash__', '__init__', '__init_
subclass__', '__le__', '__lt__', '__module__', '__ne__', '__new__', '__reduce__',
'__reduce_ex__', '__repr__', '__setattr__', '__sizeof__', '__str__', '_
_subclasshook__', '__weakref__', 'disp', 'x', 'y']
>>> vars(A)                     #获取 A 类中的全部实例属性字典
mappingproxy({'__module__': '__main__', 'x': 3, 'y': 5, 'disp': <function A.disp at
0x0000015828463E18>, '__dict__': <attribute '__dict__' of 'A' objects>, '__weakref__':
<attribute '__weakref__' of 'A' objects>, '__doc__': None})
>>>
>>> class B(A):                 #定义 B 类
    x = 7                       #与父类同名
    z = 9
```

```
>>> B. _bases_ _                        #获取 B 类中的父类名
(<class '_ _main_ _.A'>,)
>>> issubclass(B,A)                      #测试 B 是否为 A 的子类
True
>>> dir(B)                               #获取 B 类中的全部名字列表
['_ _class_ _', '_ _delattr_ _', '_ _dict_ _', '_ _dir_ _', '_ _doc_ _', '_ _eq_ _', '_ _format_ _',
'_ _ge_ _', '_ _getattribute_ _', '_ _gt_ _', '_ _hash_ _', '_ _init_ _', '_ _init_subclass_ _',
'_ _le_ _', '_ _lt_ _', '_ _module_ _', '_ _ne_ _', '_ _new_ _', '_ _reduce_ _', '_ _reduce_ex_ _',
'_ _repr_ _', '_ _setattr_ _', '_ _sizeof_ _', '_ _str_ _', '_ _subclasshook_ _', '_ _weakref_ _',
'disp', 'x', 'y', 'z']
>>> vars(B)                              #获取 B 类中的全部实例属性字典
mappingproxy({'_ _module_ _': '_ _main_ _', 'x': 7, 'z': 9, '_ _doc_ _': None})
>>>
>>> class C:pass                         #定义 C 类

>>> class D(B,C):pass                    #定义 D 类

>>> D. _bases_ _                         #获取 D 类中的父类名
(<class '_ _main_ _.B'>, <class '_ _main_ _.C'>)
>>> issubclass(D,A)                      #测试 D 是否为 A 的子类
True
>>> dir(D)                               #获取 D 类中的全部名字列表
['_ _class_ _', '_ _delattr_ _', '_ _dict_ _', '_ _dir_ _', '_ _doc_ _', '_ _eq_ _', '_ _format_ _',
'_ _ge_ _', '_ _getattribute_ _', '_ _gt_ _', '_ _hash_ _', '_ _init_ _', '_ _init_subclass_ _',
'_ _le_ _', '_ _lt_ _', '_ _module_ _', '_ _ne_ _', '_ _new_ _', '_ _reduce_ _', '_ _reduce_ex_ _',
'_ _repr_ _', '_ _setattr_ _', '_ _sizeof_ _', '_ _str_ _', '_ _subclasshook_ _', '_ _weakref_ _',
'disp', 'x', 'y', 'z']
>>> vars(D)                              #获取 D 类中的全部实例属性字典
mappingproxy({'_ _module_ _': '_ _main_ _', '_ _doc_ _': None})
```

说明:

(1) issubclass()用于判断一个类是否为另一个类的子孙类。其语法如下。

> **issubclass (类名, 先辈类名)**

注意: issubclass()会把自身也作为自身的子类，也会把多级派生类作为子类。

(2) _ _bases_ _用于获取一个类的父类组成的元组。

(3) 在这里还会看到 dir()与 vars()的差别：如果把派生类也看成是父类的实例，则 vars()针对的是实例的实例属性，而 dir()针对的是全部名字。

(4) 派生类中的成员会覆盖父类中的同名成员。

3. 继承与代码复用

程序设计是一项强度极大的智力劳动。在这种程序员个人的有限智力与客观问题的无限复杂性之间的博弈中，在付出巨大的代价后，人们悟出了 3 个基本原则：抽象、封装和

复用。面向对象程序设计就是这 3 个基本原则成功应用的结晶：它把问题域中的客观事物抽象为相互联系的对象，并把对象抽象为类；它把属性和方法封装在一起，使得内外有别，维护了对象的独立性和安全性；通过继承和组合，实现了代码复用，并进而实现了结构和设计思想的复用。这就是面向对象程序设计发展的优势。

继承是一种代码复用机制，它可以使子类继承父类甚至祖类的代码，有效地提高了程序设计的效率和可靠性。对于一个开发成功的类，只要将其所在模块导入，并把它作为基类，无须对其进行修改，就可以通过派生的方法进行功能扩张，从而实现一条宝贵的经验——开闭原则（open-closed principle），即对扩展开放（open for extension），对修改关闭（closed for modification）。对于内置的类来说，连导入都可以省略，直接用其作为基类就可以了。这样的例子很多，后面会专门讲到，Python 默认所有的类都是 object 的直接或间接子类，就是因为在 object 中已经定义了所有类都要用得着的方法和属性，为写类的定义减轻了许多负担。

4.3.2　新式类与 object

1. Python 新式类和旧式类

以"一个接口（界面）多种实现"为特点的多态性是现代程序设计的一个追求，它能使程序具有更大的灵活性。为实现这一目标，Python 2.2 引进了"新式类（new style class）"的概念，目的是将类（class）和类型（type）统一起来。在此之前，类和类型是不同的。例如，a 是类 A 的一个实例，那么 a.__class__ 返回的是 class __main__.ClassA，而 type(a) 返回的总是<type 'instance'>。引入新式类后，把之前的类称为旧式类（或经典类），并且从兼容性考虑，两种类并存了一段时间，直到进入 Python 3.0.x 之后。例如，B 是一个新类，b 是 B 的实例，则 b.__class__ 和 type(b) 返回的都是 class '__main__.ClassB'，这样就统一了，就从原来的两个界面统一为一个界面了。

引入新式类还带来其他一些好处，如将会引入更多的内置属性、描述符，以及属性可以计算等。特别需要说明的是，新式类引入了内置方法 mro()，可以在多继承的情况下用来获取子类对父类的继承顺序。这种继承顺序与经典类不同。在类多重继承的情况下，经典类是采用从左到右深度优先原则进行匹配的；而新式类是采用 C3 算法（不同于广度优先）进行匹配的。这个算法生成的访问序列被存储在一个称为 MRO（method resolution order）的只读列表中，使用 mro() 可以获取这个列表。

代码 4-25　mro() 函数应用示例。

```
>>> class A:pass

>>> class B(A):pass

>>> class C(A):pass

>>> class D(A):pass

>>> class E(B,C,D):pass
```

```
>>> E.mro()
[<class '_ _main_ _.E'>, <class '_ _main_ _.B'>, <class '_ _main_ _.C'>, <class '_ _main_
_.D'>, <class '_ _main_ _.A'>, <class 'object'>]
```

这个代码中的 5 个类形成的继承关系可以用图 4.2 所示的 UML 类图形象地表示出来。在这个图中，矩形框是类的简化画法，中空的三角箭头用于指向继承的类，虚线就是子类属性从超类中继承的顺序。这个顺序就是 C3 算法给出的顺序，也是 mro() 检测到的顺序。

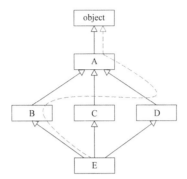

图 4.2　代码 4-25 中的类层次关系

从图 4.2 中还可以看出，在 Python 中，所有的类都继承自 object。这也是新式类与经典类的一个显著区别。在 Python 3.0.x 之前，要求显式写出，例如：

```
class A(object):pass
```

进入 Python 3.0.x 之后，Python 就隐式地将 object 作为所有类的基类了，也就不再区分新式类和经典类了。

2．object 类

为了说明 object 的作用，首先观察一下 object 类的内容。

代码 4-26　object 类的内容。

```
>>> dir(object)
['_ _class_ _', '_ _delattr_ _', '_ _dir_ _', '_ _doc_ _', '_ _eq_ _', '_ _format_ _', '_ _ge_ _',
'_ _getattribute_ _', '_ _gt_ _', '_ _hash_ _', '_ _init_ _', '_ _init_subclass_ _', '_ _le_ _',
'_ _lt_ _', '_ _ne_ _', '_ _new_ _', '_ _reduce_ _', '_ _reduce_ex_ _', '_ _repr_ _', '_ _setattr
_ _', '_ _sizeof_ _', '_ _str_ _', '_ _subclasshook_ _']
>>> class A:pass

>>> dir (A)
['_ _class_ _', '_ _delattr_ _', '_ _dict_ _', '_ _dir_ _', '_ _doc_ _', '_ _eq_ _', '_ _format_ _',
'_ _ge_ _', '_ _getattribute_ _', '_ _gt_ _', '_ _hash_ _', '_ _init_ _', '_ _init_subclass_ _',
'_ _le_ _', '_ _lt_ _', '_ _module_ _', '_ _ne_ _', '_ _new_ _', '_ _reduce_ _', '_ _reduce_ex_ _',
'_ _repr_ _', '_ _setattr_ _', '_ _sizeof_ _', '_ _str_ _', '_ _subclasshook_ _', '_ _weakref_ _']
```

显然，每一个类都继承了 object 类的成员。

4.3.3　子类访问父类成员的规则

在 Python 中，每个类都可以拥有一个或者多个父类，并从父类那里继承属性和方法。如果一个方法在子类的实例中被调用，或者一个属性在子类的实例中被访问，但是该方法或属性在子类中并不存在，那么就会自动地去其父类中查找。但如果这个方法或属性在子类中被重新定义，就只能访问子类的这个方法或属性。

代码 4-27　在子类中访问父类成员。

```
>>> class A:
    x = 5
    def output(cls):
        return ("AAAAA")

>>> class B(A):                    #类B为类A的子类,没有与类A的同名成员
    pass

>>> b = B()
>>> b.x                            #类B的实例访问类A的属性
5
>>> b.output()                     #类B的实例调用类A的方法
'AAAAA'
>>> class C(A):                    #类C为类A的子类,有与类A的同名成员
    x = 1
    def output(cls):
        return ('CCCCC')

>>> c = C()
>>> c.x                            #类C的实例访问与类A中同名的属性
1
>>> c.output()                     #类C的实例调用与类A中同名的方法
'CCCCC'
```

显然，子类实例在访问或调用时，其成员屏蔽了父类中的同名成员。

4.3.4　子类实例的初始化与 super

1. 子类创建实例时的初始化问题

按照 4.3.3 节得出的规则，并且由于所有类中的初始化方法_ _init_ _都是同名的，所以，在子类创建实例时就会出现如下两种情况。

子类如果没有重写_ _init_ _方法，Python 就会自动调用基类的首个_ _init_ _方法。

代码 4-28　子类中没有重写_ _init_ _方法示例。

```
>>> class A:
    def _ _init_ _(self,x = 0):
        self.x = x
        print('AAAAAA')
```

```
>>> class B:
    def _ _init_ _(self,y = 0):
        self.y = y
        print('BBBBBB')

>>> class C:pass

>>> class D(A,B):pass

>>> d1 = D(1)
AAAAAA
>>> d2 = D(1,2)                                    #企图初始化继承来的两个实例变量
Traceback (most recent call last):
  File "<pyshell#24>", line 1, in <module>
    d2 = D(1,2)
TypeError: _ _init_ _() takes 2 positional arguments but 3 were given
>>> class E(B,A):pass
>>> e = E(3)
BBBBB
>>> class F(C,B,A):pass
>>> f = F(4)
BBBBB
>>> class G(F,A):pass
>>> g = G(5)
BBBBB
```

说明:

（1）代码 4-28 中 7 个类之间的继承路径如图 4.3 中的虚线所示。

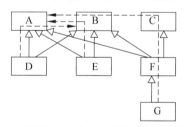

图 4.3　代码 4-28 中 7 个类之间的继承路径

（2）在多继承时，如果子类中没有重写_ _init_ _，则实例化时将按照继承路径去找上层类中，首先碰到的有_ _init_ _定义的那个类的_ _init_ _作为自己的_ _init_ _。例如，D 实例化 d1 时，会以 A 的_ _init_ _作为自己的_ _init_ _；E 实例化 e 时，首先找到的是 B 的_ _init_ _，则以这个_ _init_ _作为自己的_ _init_ _；F 实例化 f 时，首先找 C，但 C 没有定义_ _init_ _，接着找到 B 有_ _init_ _，遂以此作为自己的_ _init_ _；G 实例化 g 时，首先找到 F，没有定义_ _init_ _，再找 C 也没有定义_ _init_ _，接着找到 B 有_ _init_ _，则以此_ _init_ _作为自己的_ _init_ _。

注意，沿着继承路径向上找_ _init_ _时，只能使用一个，不可使用两个或多个。若没有满足的_ _init_ _，就会触发 TypeError 错误。

2．在子类初始化方法中显式调用基类初始化方法

当子类中重写＿＿init＿＿方法时，如果不在该＿＿init＿＿方法中显式调用基类的＿＿init＿＿方法，则只能初始化子类实例中的实例变量。因此，要能够在子类实例创建时有效地初始化从基类中继承来的属性，必须在子类的初始化方法中显式地调用基类的初始化方法。具体可以采用两种形式实现：直接用基类名字调用和用 super() 函数调用。

例 4.1 创建自定义异常 AgeError，处理职工年龄出现不合法异常。

根据《中华人民共和国劳动法》第十五条：禁止用人单位招用未满 16 周岁的未成年人。《禁止使用童工的规定》第二条：国家机关、社会团体、企业事业单位、民办非企业单位或者个体工商户（以下统称用人单位）均不得招用不满 16 周岁的未成年人（招用不满 16 周岁的未成年人，以下统称使用童工）。禁止任何单位或者个人为不满 16 周岁的未成年人介绍就业。所以，一个单位的职工年龄 <16，就是一个非法年龄。

由附录 B 可知，Exception 是常规错误的基类。Exception 包含的内容如下。

代码 4-29 Exception 类的内容。

```
>>> vars(Exception)
mappingproxy({'_ _init_ _': <slot wrapper '_ _init_ _' of 'Exception' objects>, '_ _new_ _':
<built-in method _ _new_ _ of type object at 0x000000007211CCF0>, '_ _doc_ _': 'Common base
class for all non-exit exceptions.'})
```

所以，以其作为基类，就会继承这些内容。

代码 4-30 由 Exception 派生 AgeError 类：在子类初始化方法中，用基类名字调用基类初始化方法。

```
>>> class AgeError(Exception):              #自定义异常类
    def _ _init_ _(self,age):
        Exception._ _init_ _(self,age)      #用基类名调用基类初始化方法
        self.age = age
    def _ _str_ _(self):
        return (self.age + '非法年龄（< 16）')

>>> class Employee:                         #定义一个应用类
    def _ _init_ _(self,name,age):
        self.name = name
        if age < 16:
            raise AgeError(str(age))
        else:
            self.age = age

>>> e1 = Employee('ZZ',16)
>>> e2 = Employee('WW',15)
Traceback (most recent call last):
  File "<pyshell#19>", line 1, in <module>
    e2 = Employee('WW',15)
  File "<pyshell#15>", line 5, in _ _init_ _
    raise AgeError(str(age))
```

说明：调用一个实例的方法时，该方法的 self 参数会被自动绑定到实例上，这称为绑定方法。但是，直接用类名调用类的方法（如 Exception._ _init_ _）就没有实例与之绑定。这种方式称为调用未绑定的基类方法。这样就可以自由地提供需要的 self 参数。

代码 4-31　由 Exception 派生 AgeError 类：在子类初始化方法中，用 super()调用基类初始化方法。

```
>>> class AgeError(Exception):                      #自定义异常类
    def _ init_ (self,age):
        super(AgeError,self)._ _init_ _(age)        #用 super()函数调用基类初始化方法
        self.age = age
    def _ _str_ (self):
        return (self.age + '非法年龄（< 16)')
>>> #其他代码与代码 4-27 中的代码同
```

说明：super()会返回一个 super 对象，这个对象负责进行方法解析，解析过程其会自动查找所有的父类以及父类的父类。

例 4.2　由硬件（Hard）和软件（Soft）派生计算机系统（System）。

代码 4-32　由硬件和软件派生计算机系统：用类名（即类对象）直接调用父类初始化方法。

```
>>> class Hard:
    def _ _init_ _(self,cpuName,memCapacity):
        self.cpuName = cpuName
        self.memCapacity = memCapacity
    def dispHardInfo(self):
        print('CPU:'+self.cpuName)
        print('Memory Capacity:'+self.memCapacity)


>>> class Soft:
    def _ _init_ _(self,osName):
        self.osName = osName
    def dispSoftInfo(self):
        print('OS:'+self.osName)


>>> class System(Hard,Soft):
    def _ _init_ _(self,systemName,cpuName,memCapacity,osName):
        self.systemName = systemName
        Hard._ _init_ _(self,cpuName,memCapacity)        #用类名调用父类方法
        Soft._ _init_ _(self,osName)                     #用类名调用父类方法
    def dispSystemInfo(self):
        print('System name: '+self.systemName)
        Hard.dispHardInfo(self)                          #用类名调用父类方法
        Soft.dispSoftInfo(self)                          #用类名调用父类方法

>>> def main():
```

```
    s = System('Lenovo R700','Intel i5','8G','Linux')
    s.dispSystemInfo()

>>> main()
System name: Lenovo R700
CPU:Intel i5
Memory Capacity:8G
OS:Linux
```

3．关于 super

下面对 super 进一步说明。

代码 4-33　关于 super 实质的测试。

```
>>> type(super)
<class 'type'>
>>> dir(super)
['__class__', '__delattr__', '__dir__', '__doc__', '__eq__', '__format__', '__ge__',
'__get__', '__getattribute__', '__gt__', '__hash__', '__init__', '__init_subclass__',
'__le__', '__lt__', '__ne__', '__new__', '__reduce__', '__reduce_ex__', '__repr__',
'__self__', '__self_class__', '__setattr__', '__sizeof__', '__str__', '__
subclasshook__', '__thisclass__']
```

说明：

（1）由上述测试可以看出，super 实际上是一个类名，所使用的语法如下。

```
super(类名[,self])
```

super()实际上是 super 类的构造方法，它构建了一个 super 对象。在这个过程中，super 类的初始化方法除了进行参数的传递外，并没有做其他事情。

（2）super()返回的对象可用于调用类层次结构中任何被重写的同名方法，而并非只可调用 __init__。

（3）super()返回的对象是 MRO 列表中的第二项。在多继承情况下，用它调用一个每个类都重写的同名方法，并且每个类都使用 super，就会迭代地一直追溯到这个类层次结构的根类，使各个父类的函数被逐一调用，而且保证每个父类函数只调用一次。因为这个迭代的路径是按照一个统一的 MRO 列表进行的。

代码 4-34　super 按照 MRO 列表向上层迭代过程的测试。测试使用的还是代码 4-25，只是增加了一些显示信息的语句。

```
>>> class A:
    def __init__(self):
        print("Enter A",end ='=>')
        print("Leave A",end ='=>')

>>> class B(A):
    def __init__(self):
```

```
        print("Enter B",end = '=>')
        super(B, self)._ _init_ _()
        print("Leave B",end ='=>')

>>> class C(A):
    def _ _init_ _(self):
        print("Enter C",end = '=>')
        super(C, self)._ _init_ _()
        print("Leave C",end ='=>')

>>> class D(A):
    def _ _init_ _(self):
        print("Enter D",end = '=>')
        super(D, self)._ _init_ _()
        print("Leave D",end ='=>')

>>> class E(B,C,D):
    def _ _init_ _(self):
        print("Enter E",end = '=>')
        super(E, self)._ _init_ _()
        print("Leave E")

>>> e = E()
Enter E=>Enter B=>Enter C=>Enter D=>Enter A=>Leave A=>Leave D=>Leave C=>Leave B=>Leave E
>>> E.mro()
[<class '_ _main_ _.E'>, <class '_ _main_ _.B'>, <class '_ _main_ _.C'>, <class '_ _main_
_.D'>, <class '_ _main_ _.A'>, <class 'object'>]
```

从测试结果可以看出，它与图 4.2 是一致的。

（4）混用 super 类和非绑定的函数是一个危险行为，这可能导致应该调用的父类函数没有被调用或者一个父类函数被调用多次。

练习 4.3

1. 判断题

（1）子类是父类的子集。　　　　　　　　　　　　　　　　　　　　　　　　　（　　）

（2）父类中非私密的方法能够被子类覆盖。　　　　　　　　　　　　　　　　　（　　）

（3）子类能够覆盖父类的私密方法。　　　　　　　　　　　　　　　　　　　　（　　）

（4）子类能够覆盖父类的初始化方法。　　　　　　　　　　　　　　　　　　　（　　）

（5）当创建一个类的实例时，该类的父类的初始化方法会被自动调用。　　　　（　　）

（6）所有的对象都是 object 类的实例。　　　　　　　　　　　　　　　　　　（　　）

（7）如果一个类没有显式地继承自某个父类，则就默认它继承自 object 类。　（　　）

2. 代码分析题

阅读下面的代码，给出输出结果。

（1）

```
class Parent(object):
    x = 1

class Child1(Parent):
    pass

class Child2(Parent):
    pass

print (Parent.x, Child1.x, Child2.x)
Child1.x = 2
print (Parent.x, Child1.x, Child2.x)
Parent.x = 3
print (Parent.x, Child1.x, Child2.x)
```

（2）

```
class FooParent(object):
    def __init__(self):
        self.parent = 'I\'m the parent.'
        print ('Parent')

    def bar(self,message):
        print( message,'from Parent')

class FooChild(FooParent):
    def __init__(self):
        super(FooChild,self).__init__()
        print ('Child')

    def bar(self,message):
        super(FooChild, self).bar(message)
        print ('Child bar fuction')
        print (self.parent)

if __name__ == '__main__':
    fooChild = FooChild()
    fooChild.bar('HelloWorld')
```

（3）

```
>>> class A(object):
    def tell(self):
        print( 'A tell')
        self.say()
    def say(self):
        print('A say' )
        self.__work()
```

```
    def _ _work(self):
        print( 'A work')

>>> class B(A):
    def tell(self):
        print ('\tB tell')
        self.say()
        super(B,self).say()
        A.say(self)
    def say(self):
        print ('\tB say')
        self._ _work()

    def _ _work(self):
        print ('\tB work')
        self._ _run()

    def _ _run(self): # private
        print ('\tB run')

>>> b = B();b.tell()
```

3．程序设计题

（1）编写一个类，由 int 类型派生，并且可以把任何对象转换为数字进行四则运算。

（2）编写一个方法，当访问一个不存在的属性时，会提示"该属性不存在"，但不停止程序运行。

（3）为学校人事部门设计一个简单的人事管理程序，满足如下管理要求。

① 学校人员分为三类：教师、学生、职员。

② 三类人员的共同属性是姓名、性别、年龄、部门。

③ 教师的特别属性是职称、主讲课程。

④ 学生的特别属性是专业、入学日期。

⑤ 职员的特别属性是部门、工资。

⑥ 程序可以统计学校总人数和各类人员的人数，并随着新人进入注册和离校人员注销而动态变化。

（4）为交管部门设计一个机动车辆管理程序，功能如下。

① 车辆类型（大客、大货、小客、小货、摩托）、生产日期、牌照号、办证日期。

② 车主姓名、年龄、性别、住址、身份证号。

第 5 章 Python GUI 开发

计算机程序是为用户服务的，它不仅要能正确解题，还需要支持与用户交互，如输入一些数据，进行某种选择等。好的用户界面会使用户觉得舒适方便、友好，可减少输入错误。早期的计算机以穿孔纸带为介质进行人机交互，后来使用电传打字机、键盘+字符显示器，现在广泛采用键盘+鼠标+图形显示的形式进行人机交互，并使交互界面由字符命令形式发展到图形用户界面（graphical user interface，GUI）、多媒体形式、虚拟现实方式。界面技术越来越为人们关注，并成为一个独立的领域。

多数程序设计语言都是靠库函数或模块支持 GUI 开发的。自 Python 问世，就有不少热心者、爱好者为其开发 GUI 开发模块。迄今为止，已经有很多这种模块。本章仅以 Python 配备的标准 GUI——tkinter 为蓝本介绍 Python GUI 开发方法。

5.1 组件、布局与事件处理

组件、布局与事件处理是 GUI 的 3 个核心概念。

5.1.1 组件

1. 组件的概念

组件（component，widget）是用户同程序交互并把程序状态以视觉反馈的形式提供给用户的媒介，是组成 GUI 的最基本元素。图 5.1 为几种常用组件示例。

（a）多行文本框

（b）标签、单行文本框与按钮

（c）菜单条与菜单

（d）列表框与滚动条

（e）复选框与滚动条

（f）画布

图 5.1 常用组件形成的界面

组件也称控件（control），因为它们是可以控制的。不同的组件在人机交互时承担不同的交互形式和功能。

2. tkinter 组件

tkinter 是 Python 的一个标准库。如表 5.1 所示，tkinter 支持 15 种核心组件。每种组件都是一个类，可用来创建相应的组件实例。

表 5.1　tkinter 提供的常用组件

控　件	名　　称	用　　途
Frame	框架	在屏幕上显示一个矩形区域，多用来作为容器
Label	标签	在图形界面显示一些文字或图形信息，但用户不可对这些文字进行编辑
LabelFrame	容器组件	一个简单的容器组件，常用于复杂的窗口布局
Button	按钮	用于捕捉用户的单击操作，执行一个命令或操作
Checkbutton	选择按钮	用于在程序中提供多项选择框
Canvas	画布	提供图形元素（如线条、直线、椭圆、多边形、矩形）或文本，创建图形编辑器
Radiobutton	单选框	显示一个单选按钮的状态
Entry	单行文本域	用来接收并显示用户输入的一行文字
Text	多行文本框	用来接收并显示用户输入的多行文字
Spinbox	输入组件	与 Entry 类似，但是可以指定输入范围值
Listbox	列表框	选项列表，供用户从中选择一项或多项，分别称为单选列表和多选列表
Menu	菜单条	显示菜单栏
Menubutton	菜单按钮	用来包含菜单的组件（有下拉式、层叠式等）
Message	消息组件	用来显示多行文本，与 label 比较类似
messageBox	消息框	类似于标签，但可以显示多行文本
OptionMenu	可选菜单	允许用户在菜单中选择值
Scale	滑块	显示一个数值刻度，为输出限定范围的数字区间
Scrollbar	滚动条	多用在列表框和多行文本框中，供用户浏览和选择
Frame	框架组件	在屏幕上显示一个矩形区域，多用来作为容器
Toplevel	悬浮窗口	作为一个单独的、最上面的窗口显示

3. 组件属性

组件属性是创建组件实例的依据。为了便于掌握与应用，tkinter 把组件属性分为 2 个层次：绝大部分组件共享属性（表 5.2）和多种组件共享属性（表 5.3）。

表 5.2　绝大部分组件共享属性

选项（别名）	说　明	值类型	典型值	无此属性组件
background(bg)	当组件显示时，给出的正常颜色	color	'gray25'，'#ff4400'	
borderwidth(bd)	组件外围 3D 边界的宽度	pixel	3	
cursor	指定组件使用的鼠标光标	cursor	gumby	

选项（别名）	说　明	值类型	典型值	无此属性组件
font	指定组件内部文本的字体	font	'Helvetica',('Verdana', 8)	Canvas　Frame,
foreground(fg)	指定组件的前景色	color	'black','#ff2244'	ScrollbarToplevel
highlightbackground	指定经无输入焦点组件加亮区颜色	color	'gray30'	Menu
highlightcolor	指定经无输入焦点组件周围区加亮颜色	color	'royalblue'	Menu
highlightthickness	指定有输入焦点组件周围加亮区域宽度	pixel	2.1m	Menu
relief	指出组件 3D 效果	constant	RAISED, GROOVE, SUNKEN, FLAT, RIDGE, SOLID,	
takefocus	窗口在键盘遍历时是否接收焦点	boolean	1 YES	
width	设置组件宽度，组件字体的平均字符数	integer	32	Menu

表 5.3　多种组件共享属性

选　项	说　明	值类型	典　型　值	仅此类组件
activebackground	指定画活动元素时的背景颜色	color	'red'，'#fa07a3'	Button，Checkbutton，Menu，Menubutton，Radiobutton，Scale，Scrollbar
activeforeground	指定画活动元素时的前景颜色	color	'cadeblue'	Button，Checkbutton，Menu，Menubutton，Radiobutton
disabledforeground	指定绘画元素时的前景色，如果选项为空串（单色显示器通常这样设置），则禁止的元素用通常的前景色画，但是采用点刻法填充模糊化	color	'gray50'	
anchor	如果小组件使用的空间大于它所需要的空间，那么这个选项将指定该小组件将在哪里放置	constant	N,NE,E,SE,S,SW,W, NW 或 CENTER（默认）	Button Checkbutton Label
text	指定组件中显示的文本，文本显示格式由特定组件和其他诸如锚和对齐选项决定	string	'Display'	Message Menubutton Radiobutton
bitmap	指定一个位图以 tkinter（Tk_GetBitmap）接受的任何形式在组件中显示	bitmap		
image	指定所在组件中显示用 create 方法产生的图像	image		Button Checkbutton Label Menubutton Radiobutton
underline	指定组件中加入下画线字符的整数索引，此选项完成菜单按钮与菜单输入的键盘遍历缺省捆绑	integer	0 对应组件中显示的第一个字符，1 对应组件中显示的第二个字符，以此类推	
wraplength	指定行的最大字符数，超过最大字符数的行将转到下行显示	pixel	41,65	

选　项	说　明	值类型	典　型　值	仅此类组件
command	指定一个与组件关联的命令，该命令通常在鼠标离开组件时被调用	command	setupData	Button Checkbutton Radiobutton Scale Scrollbar
height	指定窗口的高度，以字体选项中给定字体的字符高度为单位，至少为1	integer	14	Button Canvas Frame Label Listbox Checkbutton Radiobutton Menubutton Text Toplevel
justify	当组件中显示多行文本的时候，该选项设置不同行之间是如何排列的	constant	LEFT，CENTER 或 RIGHT。LEFT 指每行向左对齐，CENTER 指每行居中对齐，RIGHT 指每行向右对齐	Button Checkbutton Entry Label Menubutton Message Radiobutton
padx	设置组件 X 方向需要的边距	pixels	2m10	Button
pady	设置组件 Y 方向需要的边距	pixels	123m	Checkbutton Label Menubutton Message Radiobutton Text
selectbackground	指定显示选中项时的背景颜色	color	blue	Canvas
selectborderwidth	给出选中项的三维边界宽度	pixel	3	Listbox
selectforeground	指定显示选中项的前景颜色	color	yellow	Entry Text
state	指定组件为如下 3 个状态之一：① 在 NORMAL 状态,组件有前景色和背景显示；② 在 ACTIVE 状态,组件按 activeforeground 和 activebackground 选项显示；③ 在 DISABLED 状态下,组件不敏感,缺省捆绑将拒绝激活组件,并忽略鼠标行为,此时由 disabledforeground 和 background 选项决定如何显示	constant	ACTIVE	Button Checkbutton Entry Menubutton Scale Radiobutton Text

选　　项	说　　明	值类型	典　型　值	仅此类组件
show	设置用于代替显示内容的符号	string		Entry Label
textvariable	指定一个字符串变量名，其值以字符串在组件上显示。如果变量值改变，组件将自动更新以反映新值，字符串显示格式由特定组件和其他诸如锚和对齐选项决定	variable	widgetConstant	Button Checkbutton Menubutton Message Radiobutton
xscrollcommand	当任何滚动条显示的内容改变时，组件将把滚动命令作为前缀与两个分数连接起来产生一个命令。第一个分数代表窗口中第一个可见文档信息；第二个分数代表紧跟上一个可见部分之后的信息	指定一个用来与水平滚动框进行信息交流的命令前缀 / function	两个数分别为 0 到 1 的分数，代表文档中的一个位置：0 表示文档的开头；1.0 表示文档的结尾处；0.333 表示整个文档的三分之一处，如此等等	Canvas Entry Listbox Text
yscrollcommand		指定一个用来与垂直滚动框进行信息交流的命令前缀 / function		Canvas Entry

关于这些属性的细节在后面的应用中再进一步介绍。

4. 容器

容器（container）也称框架（frame）或窗口（window），表示屏幕中的一个矩形区域，用于容纳其他组件的特殊组件。因为多数组件是不能独立地直接显示在屏幕上的，必须将其放置在一定的框架中才可以显示。

根据需要，GUI 的框架（窗口）可以是层次的，即一个窗口中可以包含另一些子窗口。在屏幕上最先创建的窗口称为主窗口，也称根（root）窗口或顶层窗口。每个 GUI 都需要一个并且仅有一个主窗口，而子窗口可以不限一个，

所以，创建一个 GUI 的首要工作是创建一个框架——主窗口。每个 GUI 的主窗口都是 tkinter.Tk 类的一个实例，所以创建主窗口用 tkinter.Tk()。

子窗口的创建应基于主窗口进行，一般用 Frame 类的构造函数创建，并以主窗口作为参数。具体方法以后介绍。

5.1.2　布局与布局管理器

组件在容器中的布局一般需要从两个方面进行描述：一是组件在容器中的位置；二是容器中各组件之间的几何关系。

组件在容器中的位置可以采用坐标指定。坐标系由二维坐标组成，默认状态下，原点（0，0）为屏幕的左上角。坐标的度量单位是像素点。在 tkinter 中，采用坐标指定组件位置的布局称为 place 布局。

按照组件间的几何关系,tkinter 将组件布局分为如图 5.2 所示的 pack 布局和 grid 布局。

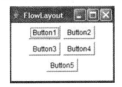

（a）pack 布局　　　　　　　　　　　　（b）grid 布局

图 5.2　tkinter 的 pack 布局和 grid 布局

1. pack 布局

pack 布局像摆放纸牌一样顺序地向容器中添加组件,可以设定为按垂直方向添加或是按水平方向添加。

1）pack 方法的常用参数

表 5.4 为常用 pack 方法参数。

表 5.4　常用 pack 方法参数

参 数 名	属 性 简 析	取 值 说 明
fill	设置组件添加方向	X（水平）、Y（垂直）、BOTH（水平和垂直）、NONE（不添加）
expand	设置组件是否展开。若 fill 选项为 BOTH,则填充父组件的剩余空间	YES（或 1,展开到整个空白区域）、NO（或 0,不展开,默认值）
side	设置组件在窗口中停靠的位置,expand = YES 时无效	LEFT（左）、TOP（上）、RIGHT（右）、BOTTOM（下）
ipadx、ipady	子组件之间的 x（或 y）方向的内间距	数值,默认是 0,单位为像素: c(cm),m(mm),i(inch),p(像素)
padx、pady	子组件之间的 x（或 y）方向的外间距	
anchor	对齐方式,以 8 个方位和中为基准	N（北/上）、E（东/右）、S（南/下）、W（西/左）、NW（西北）、NE（东北）、SW（西南）、SE（东南）、CENTER（中,默认值）

注意：表 5.4 中的取值都是常量,YES 等价于 yes,也可以直接传入字符串值。另外,当界面复杂度增加时,要实现某种布局效果,需要分层实现。

2）针对 pack 布局的组件方法

表 5.5 为针对 pack 布局的组件方法。这些使用组件实例对象调用。

表 5.5　针对 pack 布局的组件方法

函 数 名	描 述
pack_slaves()	以列表方式返回本组件的所有子组件对象
pack_configure(option=value)	给 pack 布局管理器设置属性,使用属性（option）= 取值（value）方式设置
propagate(boolean)	设置为 True 表示父组件的几何大小由子组件决定（默认值）,反之则无关
pack_info()	返回 pack 提供的选项对应的值
pack_forget()	Unpack 组件,将组件隐藏并忽略原有设置,对象依旧存在,可以用 pack(option, …)将其显示

函　数　名	描　　述
location(x, y)	x, y 为以像素为单位，函数返回此点是否在单元格中，在哪个单元格中。返回单元格行列坐标，(−1, −1)表示不在其中
size()	返回组件包含的单元格，揭示组件大小

2. grid 布局

grid 布局又被称作网格布局，是最被推荐使用的布局。程序大多数都是矩形的界面，我们可以很容易把它划分为一个几行几列的网格，然后根据行号和列号将组件放置于网格中。

1）grid 方法参数

表 5.6 为常用 grid 方法参数。

表 5.6　常用 grid 方法参数

属　性　名	属　性　简　析	取　值　说　明
row、column	将组件放置于第 row 行第 column 列	row 为行序号，column 为列序号，都从 0 开始
sticky	设置组件在网格中的对齐方式	N、E、S、W、NW、NE、SW、SE、CENTER
rowspan	组件跨越的行数	跨越的行数，不是序号
columnspan	组件跨越的列数	跨越的列数，不是序号
ipadx、ipady、padx、pady	组件内、外部间距，同 pack 该属性的用法	同 pack 该属性的用法

2）针对 grid 布局的组件方法

表 5.7 为针对 grid 布局的组件方法。这些方法使用组件实例调用对象。

表 5.7　针对 grid 布局的组件方法

函　数　名	描　　述
grid_slaves()	以列表方式返回本组件的所有子组件对象
grid_configure(option=value)	给 pack 布局管理器设置属性，使用属性（option）= 取值（value）方式设置
grid_propagate(boolean)	设置为 True 表示父组件的几何大小由子组件决定（默认值），反之则无关
grid_info()	返回 pack 提供的选项对应的值
grid_forget()	Unpack 组件，将组件隐藏并且忽略原有设置，对象依旧存在，可以用 pack(option, …)将其显示
grid_location(x, y)	返回单元格行列坐标，决定像素点（x, y）是否在单元格中。(−1, −1)表示不在其中
size()	返回组件包含的单元格，揭示组件大小

3. place 布局

place 布局是最简单、最灵活的一种布局，使用组件坐标放置组件的位置。但是不推荐使用 place 布局，因为在不同分辨率下，界面往往有较大差异。

1）place 方法参数

表 5.8 为常用 place 方法参数。

表 5.8　常用 place 方法参数

属　性　名	属　性　简　析	取　值　说　明
anchor	锚选项，同 pack 布局	默认值为 NW，同 pack 布局
x、y	组件左上角的 x、y 坐标	整数，绝对位置坐标，单位为像素，默认值为 0
relx、rely	组件相对于父容器的 x、y 坐标	相对位置，0~1 之间的浮点数，0.0 表示左边缘（或上边缘），1.0 表示右边缘（或下边缘）
width、height	组件的宽度、高度	非负整数，单位为像素
relwidth、relheight	组件相对于父容器的宽度、高度	0~1 之间的浮点数，与 relx（rely）取值相似
bordermode	如果设置为 INSIDE，组件内部的大小和位置是相对的，不包括边框；如果设置为 OUTSIDE，组件的外部大小是相对的，包括边框	INSIDE、OUTSIDE(默认值 INSIDE)。也可以使用字符串"inside""outside"

2）针对 place 布局的组件方法

表 5.9 为针对 place 布局的组件方法。这些方法使用组件实例调用对象。

表 5.9　针对 place 布局的组件方法

函　数　名	描　　述
place_slaves()	以列表方式返回本组件的所有子组件对象
place_configure(option=value)	给 pack 布局管理器设置属性，使用属性（option）= 取值（value）方式设置
propagate(boolean)	设置为 True 表示父组件的几何大小由子组件决定（默认值），反之则无关
place_info()	返回 pack 提供的选项对应的值
grid_forget()	Unpack 组件，将组件隐藏并且忽略原有设置，对象依旧存在，可以用 pack(option, …)将其显示
location(x, y)	x,y 为以像素为单位的点，函数返回此点是否在单元格中，在哪个单元格中。返回单元格行列坐标，(−1,−1)表示不在其中
size()	返回组件包含的单元格，揭示组件大小

5.1.3　事件绑定与事件处理

1. 事件与事件源

在一个图形用户界面中，用户通过组件与程序交互，可能要移动鼠标、按下鼠标键、单击或双击鼠标一个按钮、用鼠标拖动滚动条、在文本框内输入文字、选择一个菜单项、关闭一个窗口，也可能从键盘上键入一个命令……这些每一个针对组件的操作都会产生一个事件（event）。事件也是一类对象，由相应的事件类创建。表 5.10 为常见事件及其 tkinter 代码。

表 5.10　常见事件及其 tkinter 代码

事　　件	tkinter 代码	事　　件	tkinter 代码
鼠标左键单击按下	1/Button−1/ButtonPress−1	鼠标移动到区域	Enter
鼠标左键单击松开	ButtonRelease−1	鼠标离开区域	Leave
鼠标右键单击	3	获得键盘焦点	FocusIn

事　　件	tkinter 代码	事　　件	tkinter 代码
鼠标左键双击	Double−1/Double-Button−1	失去键盘焦点	FocusOut
鼠标右键双击	Double−3	键盘事件	Key
鼠标滚轮单击	2	回车键	Return
鼠标滚轮双击	Double−2	控件尺寸变化	Configure
鼠标移动	B1−Motion		

产生事件的对象称为事件源（event source）。每一个可以触发事件的组件都被当作一个事件源。有些组件是不能触发事件的，如标签。

2. 事件代码

tkinter 事件都用字符串描述，其特殊的语法规则为

```
<modifier-type-detail>
```

其中，modifier 称为事件前缀，type 为事件类型，detail 为事件细节。type 字段是最重要的，它指出了事件的种类，可以指定为 Button，Key 或者 Enter，Configure 等。modifier 和 detail 字段可以提供一些附加信息，不过，在大多数情况下可以不指定这些信息。还有很多方法可以简化事件字符串。例如，为了匹配一个键盘键，可以省略尖角括号，直接用键，除非它是空格或本身就是尖括号。

表 5.11 为 tkinter 事件主要前缀。

表 5.11　tkinter 事件主要前缀

名　　称	描　　述
Alt	当 Alt 键按下
Any	任何按键按下，如<Any-KeyPress>
Control	Control 键按下
Double	两个事件在短时间内发生，例如，双击鼠标左键<Double-Button−1>
Lock	当 Caps Lock 键按下
Shift	当 Shift 键按下
Triple	类似于 Double，3 个事件短时间内发生

1）键盘事件代码

表 5.12 为键盘事件基本类型代码。

表 5.12　键盘事件基本类型代码

名　　称	描　　述
<KeyPress>	按下键盘某键时触发，可以在 detail 部分指定是哪个键，简写为<Key>
<KeyRelease>	松开键盘某键时触发，可以在 detail 部分指定是哪个键
<KeyPress-key>、<KeyRelease-key>	按下或者松开 key，简写为<Key-key>
<Prefix-key>	在按住 prefix(Alt，Shift，Control)的同时，按下 key，如<Control-key>、<Control-Alt-key>

说明：上述格式中的 Key 列描述了键盘上的按键名，即通用格式中的 detail 部分通常用 3 种方式命名按键。

（1）.keysym 列用字符串命名了按键，它可以从 Event 事件对象中的 keysym 属性中获得。

（2）.keycode 列用按键码命名了按键，但是它不能反映事件前缀：Alt、Control、Shift、Lock，并且它不区分大小写按键，即输入 a 和 A 是相同的键码。

（3）.keysym_num 列用数字代码命名了按键。

表 5.13 为美式 101 键盘中部分键的 3 种按键名代码。

表 5.13　美式 101 键盘中部分键的 3 种按键名代码

Key	.keysym	.keycode	.keysym _num	Key	.keysym	.keycode	.keysym _num
左 Alt 键	Alt_L	64	65513	右 Alt 键	Alt_R	113	65514
左 Ctrl 键	Control_L	37	65507	右 Ctrl 键	Control_R	109	65508
左 Shift 键	Shift_L	50	65505	右 Shift 键	Shift_R	62	65506
数字键：0	KP_0	90	65438	数字键：5	KP_5	84	65437
数字键：1	KP_1	87	65436	数字键：6	KP_6	85	65432
数字键：2	KP_2	88	65433	数字键：7	KP_7	79	65429
数字键：3	KP_3	89	65435	数字键：8	KP_8	80	65431
数字键：4	KP_4	83	65430	数字键：9	KP_9	81	65434
方向键：左	Left	100	65361	方向键：左	KP_Left	83	65430
方向键：上	Up	101	65362	方向键：上	KP_Up	80	65431
方向键：右	Right	102	65363	方向键：右	KP_Right	85	65432
方向键：下	Down	104	65364	方向键：下	KP_Down	88	65433
运算键：+	KP_Add	86	65451	"−" 键	KP_Subtract	82	65453
运算键：*	KP_Multiply	63	65450	"/" 键	KP_Divide	112	65455
"." 键	KP_Decimal	91	65439	回车键	Return	36	65293
Tab	Tab	23	65289	Esc	Escape	9	65307
Delete	Delete	107	65535	Delete	KP_Delete	91	65439
BackSpace	BackSpace	22	65288	Pause Break	Cancel	110	65387
CapsLock	Caps_Lock	66	65549	End	End	103	65367
ScrollLock	Scroll_Lock	78	65300	PageDown	Next	105	65366
NumLock	Num_Lock	77	65407	End	KP_End	87	65436
Insert	Insert	106	65379	Insert	KP_Insert	90	65438
Home	Home	97	65360	Home	KP_Home	79	65429
Pause	Pause	110	65299	Enter	KP_Enter	108	65421
F1	F1	67	65470	F2	F2	68	65471
Fi	Fi	66+i	65469+i	F12	F12	96	68481
PrintScreen	Print	111	65377	PageDown	KP_Next	89	65435
PageUp	Prior	99	65365	PageUp	KP_Prior	81	65434

说明：对于大多数的单字符按键，可以忽略"<>"符号。但是，空格键和尖括号键不能这样做（正确的表示分别为<space>、<less>）。

2）鼠标事件代码

表 5.14 为鼠标事件基本类型代码。

表 5.14　鼠标事件基本类型代码

名　称	描　述
<ButtonPress−n>	鼠标指针在组件上方时，按下鼠标按钮 n，n 为 1 表示左键，n 为 2 表示中键，n 为 3 表示右键，简写形式为<Button-n>,<n>，如<ButtonPress-1>
<ButtonRelease−n>	鼠标按钮 n 被松开
<Bn−Motion>	在按住鼠标按钮 n 的同时，鼠标发生移动
<prefix−Button−n>	对组件双击或者三击，prefix 选 Double 或 Triple，如<Double-Button-1>
<Enter>	当鼠标指针移进某组件时，该组件触发
<Leave>	当鼠标指针移出某组件时，该组件触发
<MouseWheel>	当鼠标滚轮滚动时触发

鼠标事件举例如下。
- <Button−1>：鼠标左键单击。
- <Button−2>：鼠标中键单击。
- <Button−3>：鼠标右键单击。
- <1> = <Button−1> = <ButtonPress−1>。
- <2> = <Button−2> = <ButtonPress−2>。
- <3> = <Button−3> = <ButtonPress−3>。
- <B1−Motion>：鼠标左键拖动。
- <B2−Motion>：鼠标中键拖动。
- <B3−Motion>：鼠标右键拖动。
- <ButtonRelease−1>：鼠标左键释放。
- <ButtonRelease−2>：鼠标中键释放。
- <ButtonRelease−3>：鼠标右键释放。
- <Double-Button−1>：鼠标左键双击。
- <Double-Button−2>：鼠标中键双击。
- <Double-Button−3>：鼠标右键双击。

3）窗体事件代码

表 5.15 为鼠标事件基本类型代码。

表 5.15　鼠标事件基本类型代码

名　称	描　述
<Activate>	与组件选项中的 state 项有关，表示组件由不可用转为可用（如按钮由"禁用"转为"启用"）
<Deactivate>	与组件选项中的 state 项有关，表示组件由可用转为不可用（如按钮由"启用"转为"禁用"）
<Circulate>	当窗体由于系统协议要求在堆栈中置顶或压底时触发，tkinter 中忽略此细节

名　称	描　述
<Colormap>	当窗体的颜色或外貌改变时触发，tkinter 中忽略此细节
<Configure>	当改变组件大小时触发，如拖曳窗体边缘
<Destroy>	当组件被销毁时触发
<Expose>	当组件从原本被其他组件遮盖的状态中暴露出来时触发
<FocusIn>	组件获得焦点时触发
<FocusOut>	组件失去焦点时触发
<Gravity>	tkinter 中忽略此细节
<Map>	当组件由隐藏状态变为显示状态时触发
<Reparent>	tkinter 中忽略此细节
<Property>	当窗体的属性被删除或改变时触发，属于 tkinter 的核心事件，不与窗体相关联
<Unmap>	当组件由显示状态变为隐藏状态时触发
<Visibility>	当组件变为可视状态时触发

3. 事件处理函数

事件（event）就是程序上发生的事。例如，用户敲击键盘上的某一个键或是单击移动鼠标。对于这些事件，程序需要做出反应，就是事件响应或事件处理。

事件处理函数可以有两种形式：函数形式和对象的方法形式。

4. 事件绑定

事件绑定（binding）就是建立事件、事件处理程序与有关组件之间的联系。这里将"有关组件"分为 3 个层次。

1）实例绑定

实例绑定就是将事件与事件处理程序只与一个相关的组件实例绑定。绑定的方法是组件实例的.bind()。该方法有两个参数：事件编码与事件处理函数名。例如，声明了一个名为 cnvs 的 Canvas 组件对象，并且在按下鼠标中键时在 canvas 上用函数 drawling() 画一条线，可以使用如下的方法。

```
cnvs.bind("<Button-2>", drawline)
```

实例绑定的一种简单方法是在创建组件实例时，将参数（属性）command 设定为事件处理程序名。

2）类绑定

类绑定就是将事件与事件处理程序与一个组件类的所有已创建的实例绑定。绑定的方法是 widget.bind_class()。该方法有 3 个参数：组件类名、事件编码与事件处理函数名。例如，想在按下鼠标中键时，在所有已声明的 Canvas 实例上都画上一条线，可以这样实现：

```
widget.bind_class("Canvas", "<Button-2>", drawline)
```

其中，Canvas 是组件类名；widget 代表 Canvas 类的任意一个组件；drawline 是画线函数名。

3）程序界面绑定

程序界面绑定就是将事件、事件处理程序与一个程序界面上的所有组件实例绑定。绑定的方法是 widget.bind_all()。该方法有两个参数：事件编码与事件处理函数名。例如，调用方法

```
widget.bind_all( "<Key-print>",PrintScreen)
```

就会将 PrintScreen 键与程序中的所有组件对象绑定，从而使整个程序界面都能处理打印屏幕的事件。

练习 5.1

1. 填空题

（1）GUI 的三要素是_____、_____和_____。

（2）_____是用户同程序交互并把程序状态以视觉反馈形式提供给用户的媒介。

（3）tkinter 支持_____种核心组件。

（4）为了便于掌握与应用，tkinter 把组件属性分为_____和_____ 2 个层次。

（5）按照组件间的几何关系，tkinter 将组件布局分为_____布局和_____布局。

（6）tkinter 的事件代码由_____、_____和_____ 3 部分组成。

2. 选择题

（1）每种 tkinter 组件都是____。

    A. 一个类   B. 一个实例   C. 一个方法   D. 一个数据

（2）下列关于布局类型的说法中，错误的是____。

    A. 在 tkinter 中，采用坐标指定组件位置的布局称为 place 布局

    B. 在 tkinter 中，按照顺序方式向容器中添加组件的布局方式称为 pack 布局

    C. 在 tkinter 中，按照网格的行号和列号安放组件的布局方式称为 grid 布局

    D. 在 tkinter 中，按照坐标指定组件位置的布局称为 grid 布局

（3）在 tkinter 中，布局是通过____实现的。

    A. 类   B. 组件实例   C. 函数参数   D. 组件对象方法

（4）下列关于事件的说法中，正确的是____。

    A. 事件也是一类对象，由相应的事件类创建

    B. 事件也是一类方法，由相应的事件类调用

    C. 事件也是一种类，由相应的组件方法创建

    D. 事件也是一类对象，由相应的组件方法创建

（5）下列关于事件类绑定的说法中，正确的是____。

    A. 类绑定就是将事件与一特定的组件实例绑定

B. 如果某一类组件已经创建了多个实例，并且不管哪个实例上触发了某一事件，都希望程序做出相应处理，就可以将事件绑定到这个类上，这称为类绑定。

C. 如果想当无论在哪一组件实例上触发某一事件，都希望程序做出相应的处理，则可以将该事件绑定到程序界面上，这称为类绑定

D. 以上说法都有道理

（6）下列关于程序界面类绑定的说法中，正确的是____。

A. 程序界面绑定就是将事件与一特定的组件实例绑定

B. 如果某一类组件已经创建了多个实例，并且不管哪个实例上触发了某一事件，都希望程序做出相应处理，就可以将事件绑定到这个类上，这称为程序界面绑定。

C. 如果想当无论在哪一组件实例上触发某一事件，都希望程序做出相应的处理，则可以将该事件绑定到程序界面上，这称为程序界面绑定

D. 以上说法都有道理

5.2　GUI 程序结构

本节介绍基于 tkinter 的 GUI 开发环节和面向对象的 GUI 程序框架。

5.2.1　基于 tkinter 的 GUI 开发环节

下面以实现图 5.3 所示的用户登录界面为例，介绍应用 tkinter 开发 GUI 的一般过程。

图 5.3　用户登录界面

1. 导入 tkinter 模块

这个操作可以使用如下代码实现。

```
>>> from tkinter import *
```

或

```
>>> import tkinter as tk                              #为 tkinter 起一个简短的名字 tk
```

2. 创建主窗口并设置其属性

主窗口一般采用 Tk 类的无参构造方法创建。

代码 5-1　用无参构造函数创建主窗口。

```
>>> root = tk.Tk()                              #创建一个 Tk 主窗口组件 root
>>> root.title('用户登录界面示例')               #设置窗口标题
```

```
"
>>> root.geometry('300x80-0+0')                          #设置窗口大小为300像素×80像素,位于屏幕右上角
"
```

说明:函数 geometry()用于设置主窗口的大小和位置。其参数是一个字符串:'wxh±x ±y'。w 为宽度像素数;h 为高度像素数;+x(+y)为主窗口左边(上边)距屏幕左边(上边)的像素数;-x(-y)为主窗口右边(下边)距屏幕右边(下边)的像素数。

上述代码顺序执行的效果如图 5.4 所示。

图 5.4　上述代码顺序执行的效果

3. 创建需要的组件实例并将它们置入窗口

(1)在这个 GUI 中有 5 个组件需要放置,这 5 个组件分为 3 排安放。为了减少布局时的复杂性,将主窗口分为 3 个子窗口。

代码 5-2　用 pack 布局将主窗口按上、中、下分成 3 份。

```
>>> frm1 = tk.Frame(root);frm1.pack()
>>> frm2 = tk.Frame(root);frm2.pack()
>>> frm3 = tk.Frame(root);frm3.pack()
```

(2)依次在 3 个子窗口中放入相应的组件,并分别采用 pack 布局。

代码 5-3　依次在 3 个子窗口中放入相应的组件。

```
>>> #创建"账号"标签对象
>>> lblName = tk.Label(frm1,text = '账号'); lblName.pack(side = tk.LEFT)
>>> #创建"账号"文本对象
>>> entrName = tk.Entry(frm1,textvariable = tk.StringVar());entrName .pack(side = tk.LEFT)
>>> #创建"密码"标签对象
>>> lblPswd = tk.Label(frm2,text = '密码'); lblPswd.pack(side = tk.LEFT)
>>> #创建"密码"文本对象
>>> entrPswd = tk.Entry(frm2,show = '*',textvariable = tk.StringVar());
entrPswd.pack(side = tk.LEFT)
>>> #创建"登录"按钮对象
>>> bttn = tk.Button(frm3,text = '登录');bttn.pack(side = tk.RIGHT)
```

说明:

(1)textvariable 是 Entry 等组件的一个属性,表示其中显示的字符串。StringVar()用于输入可变字符串。

(2)show 用于设置代替显示内容的符号。

上述代码顺序执行的效果如图 5.3 所示。

4. 事件处理

事件处理的关键是设计需要的事件处理函数，再将之与事件绑定到相关的组件。为了设计时间处理函数，需要分析一下本 GUI 中需要处理的事件。

（1）两个标签（label）一般不引发事件。

（2）两个单行文本（entry）对象就是接受用户键入的账号和密码数据值，一般也不需要特殊处理。

（3）"登录"是关键，或称主事件。用户单击这个按钮就意味着提交账号和密码两个数据，供系统鉴别是否合法。若是合法用户登录，则可以进入系统按照分配的权限进行操作。这里用一个欢迎界面表示。若账号和密码中有一处错误，就给出警告，要求重新登录。为了简单起见，这里给出一个出错界面。

代码 5-4　用户登录界面的事件处理函数。

```
>>> def handlerLogin():
    #获取用户名和密码
    name = entrName.get()
    pswd = entrPswd.get()
    #提交验证
    if name == 'xyz' and pswd == 'abc123':
        changeGUI('欢迎进入本系统！')
    else:
        changeGUI('对不起，不能进入本系统！')
```

这个函数中使用了一个改变 GUI 的函数 changeGUI()。它有一个参数用于传递"欢迎进入本系统"或"对不起，不能进入本系统"。

代码 5-5　用户登录界面的事件处理函数。

```
def changeGUI(textChange):
    #销毁 3 个子窗口
    frm1.destroy()
    frm2.destroy()
    frm3.destroy()
    #重新在主窗口安放组件
    tk.Label(root,text = textChange).pack()
```

下面解决将事件、事件处理函数绑定到对应的组件问题。首先要考虑进行哪一级绑定。由于这个界面上只有一个按钮，所以是进行类绑定，还是进行按钮实例绑定都没有关系。这里考虑进行实例绑定。

```
>>> bttn.bind('<Button-1>', handlerLogin)
```

如前所述，绑定事件处理函数的简便办法是在创建可触发组建时，将属性 command 设置为事件处理函数名。在本例中，要修改"登录"按钮对象的创建代码为

```
>>> bttn = tk.Button(frm3,text = '登录',command = handlerLogin);bttn.pack(side = tk.RIGHT)
```

这样，当输入账号和密码后，就会显示如图 5.5 所示的界面。再单击鼠标右键时，就会依据账号和密码是否正确分两种情形将登录界面修改为图 5.6 所示的两种界面之一。

图 5.5　输入账号和密码后的登录界面

（a）账户和密码正确时的界面　　　　　　　　（b）账户或密码错误时的界面

图 5.6　单击按钮后的界面

说明：这仅是一个用于介绍使用 tkinter 进行 GUI 设计过程的示例，还有许多缺陷，留给读者完善。

5. 事件循环

事件循环是在事件处理之后，使绑定有事件处理程序的组件再处于监视状态，以等待下一次的事件发生。这个操作由 mainloop()函数承担。如对于本例，可以用语句

```
bttn.mainloop()
```

但是，在本例中，在事件处理程序执行时，将 3 个子窗口连同其内的组件都用方法 destroy()销毁了。因此，不可再使用对象 bttn 了，只能使用 root。不过，这个也没有意义，因为原来的组件都已经不存在，无法接受输入的账户名和密码，也没有"登录"按钮。所以本例可以忽略这一环节。

5.2.2　面向对象的 GUI 程序框架

现代程序有两种基本框架：一种是面向过程的框架；另一种是面向对象的框架。对于上述简单的登录界面来说，把那些语句串起来就是一个面向过程的框架结构。不过，在多数情况下，用面向对象的框架组织程序，可理解性、可维护性更好。下面仍以前面的简单登录界面为例，介绍构建面向对象的 GUI 框架的基本思路和方法。

1. 界面中的对象和类分析

在简单登录界面中存在许多对象，如每一个组件都是一个对象，而且这些对象都是可以由平台已经定义好的类所创建，不用在设计时再考虑它们的类设计。从问题求解的角度看，本题是先创建一个主窗口（由类 Tk 创建），然后以其为基础创建两个界面：登录时界

面（LoginAPP）和登录后界面（AfterLoginAPP），形成如图 5.7 所示的类结构。

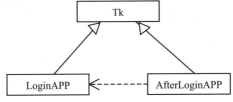

图 5.7 简单登录界面的类结构

这样就可以得到生成简单登录界面的程序主函数算法（见代码 5-6）。

代码 5-6 生成简单登录界面的程序主函数算法。

```
import tkinter as tk
def LoginMain():
    创建主窗口实例 root，并设置参数
    创建 LoginAPP 实例 lgApp
    lgApp.mainloop()
```

对此算法可以进一步写出如下代码。

```
import tkinter as tk
def LoginMain():
    root = tk.Tk(); root.title('用户登录界面示例'); root.geometry('300x80-0+0')
    lgApp = LoginAPP(master = root)
    lgApp.mainloop()
```

2. LoginAPP 类设计

代码 5-7 创建登录操作后新界面的类。

```
import tkinter as tk
class AfterLoginAPP:
    def __init__(self,master,text):
        self.lblAfter = tk.Label(master,text = text).pack()
```

代码 5-8 创建登录界面的类。

```
import tkinter as tk
class LoginAPP(tk.Frame):
    def __init__(self,master = None):
        tk.Frame.__init__(self,master)
        self.pack()
        self.frm1 = tk.Frame(master);self.frm1.pack()
        self.frm2 = tk.Frame(master );self.frm2.pack()
        self.frm3 = tk.Frame(master);self.frm3.pack()

        self.lblName = tk.Label(self.frm1,text = '账号'); self.lblName.pack(side = tk.LEFT)
        self.entrName = tk.Entry(self.frm1,textvariable = tk.StringVar());
```

```
        self.entrName .pack(side = tk.LEFT)
        self.lblPswd = tk.Label(self.frm2,text = '密码'); self.lblPswd.pack(side = tk.LEFT)
        self.entrPswd = tk.Entry(self.frm2,show = '*',textvariable = tk.StringVar());
        self.entrPswd.pack(side = tk.LEFT)
        self.bttn = tk.Button(self.frm3,text = '登录',command = self.handlerLogin);
        self.bttn.pack(side = tk.RIGHT)

    def handlerLogin(self):
        #获取用户名和密码
        name = self.entrName.get()
        pswd = self.entrPswd.get()
        #提交验证
        if name == 'xyz' and pswd == 'abc123':
            textAft = '欢迎进入本系统！'
        else:
            textAft = '对不起,不能进入本系统！'
        #清除原来组件
        self.frm1.destroy()
        self.frm2.destroy()
        self.frm3.destroy()
        #建立新组件
        AfterLoginAPP(self,textAft)
```

练习 5.2

1. 程序设计题

（1）设计一个用户登录界面，要求如下。

（a）用户账号限定 6～20 位字符。用户输入字符数不对，应立即给予提示，允许用户重新输入。

（b）用户密码限定 6 位字符。用户输入字符数不对，应立即给予提示，允许用户重新输入。

（c）按登录键后，若账户名或密码错误，应提示用户重新输入。输入超过 3 次，就不允许再进行登录操作。

（2）设计一个用户登录界面，要求如（1）题并且要求账户与密码标签采用图形，而不是文字。

（3）按照你自己的想法设计一个用户登录界面。

2. 思考题

（1）Python 中有几种导入 tkinter 的方式？

（2）何为父组件？何为子组件？请说明二者的关系。

（3）用面向对象的代码和面向过程的代码描写一个 GUI,它们各有什么优缺点？

5.3　GUI 制作示例

组件的引用是 GUI 设计的关键。本节介绍几种常用组件对象的创建与应用方法。

5.3.1 Label 与 Button

Label（标签）与 Button（按钮）是最常用的两类组件，并且它们的制作有许多相似之处。

1. Label

Label 是一种仅用于在指定的窗口中显示信息的组件，可以显示文本信息，也可以显示图像信息。创建 Label 小组件（widget）的基本语法如下。

```
label = tkinter.Label(master = None, option, ...)
```

说明：

（1）参数 master 用于指定设置此标签的父窗口。

（2）选项 option。这些选项甚多，基本属于共享属性或大部分组件共享属性，在表 5.2 或表 5.3 中已经介绍过，但那时介绍还是一些笼统的概念。为了便于初学者理解，在后面的组件介绍中还会做一些说明。

由于最终呈现出的 Label 由背景和前景叠加显示而成，因此这些选项（options）分别用于背景和前景的设置。其中，Label 的各种尺寸之间的关系如图 5.8 所示。

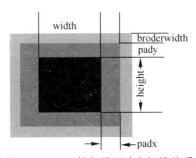

图 5.8　Label 的各种尺寸之间的关系

1）背景定义选项

表 5.16 为 tkinter.Label 主要背景选项。它们基本上由 3 部分构成：内容区+填充区+边框。

表 5.16　tkinter.Label 主要背景选项

选　项	说　明	前　提	值类型	单位	默认值
Background（bg）	背景颜色		color		视系统而定
width,length	内容区域大小	内容为文本	int	字符	据内容自动调整
		内容为图像		像素	
padx , pady	填充区宽度		int	像素	
relief	边框样式		见表后		flat
borderwidth	边框宽度		int	像素	视系统而定（1 或 2）
highlightbackground	接收焦点时高亮背景	允许接收焦点，即 tackfocus=True	color		
highlightcolor	接收焦点时高亮边框色		color		
highlightthickness	接收焦点时高亮边框厚度		int	像素	

说明：

（1）relief（样式）的可选值为：flat(默认),sunken,raised,groove,ridge。

（2）颜色的取值可以按 RGB 格式或英语名称。

2）前景定义选项

表 5.17 为 tkinter.Label 主要前景选项。它们基本上按内容为文本或图像分为两大部分。

表 **5.17** tkinter.Label 主要前景选项

选 项	说 明	取值说明
foreground（fg）	前景色	color
anchor	文本或图像在内容区的位置	n,s,w,e,ne,nw,sw,se,center
compound	控制要显示的文本和图像	见表后说明
text	静态文本	str
cursor	指定当鼠标移动到窗口部件上时的鼠标光标	默认值为父窗口鼠标指针
textvariable	可变文本（动态）	str_obj
font	字体大小（内容为文本时）	像素
underline	加下画线的字符（内容为文本时）	
justify	指定多行对齐方式（内容为文本时）	left/ center/right
wraplength	忽略换行符，将给出每行字数	默认值为 0
bitmap	指定二进制位图	bitmap_image
image	位图	normal_image(仅支持 GIF、PNG、PPM/PGM 格式)

说明：

（1）compound 的取值：None 默认值，表示只显示图像，不显示文本；bottom/top/left/right，表示图片显示在文本的下/上/左/右；center,表示文本显示在图片中心上方。

（2）用到的图片对象 bitmap_image 和 normal_image 都是经过 tkinter 转换后的图像格式，如：

```
bitmap_image = tkinter.BitmapImage(file = "位图片路径")
normal_image = tkinter.PhotoImage(file = "gif 、ppm/pgm 图片路径")
```

代码 5-9 制作一个如图 5.9 所示标签的代码。

```
if _ _name_ _ == "_ _main_ _":
    import tkinter as tk
    master = tk.Tk();master.title('标签制作示例')
    str_obj = tk.StringVar()

    normal_image = tk.PhotoImage(file =r 'G:\myImg\gif\徐悲鸿的马.png')
    w = tk.Label(master,
                #背景选项
                padx=10,
                pady=20,
                background="brown",
```

```
            relief="ridge",
            borderwidth=10,
            #文本
            text = "徐悲鸿画的马",
            justify = "center",
            foreground = "white",
            underline = 4,
            anchor = "ne",
            #图像
            image = normal_image,
            compound = "top",
            #接受焦点
            takefocus = True,
            highlightbackground = "yellow",
            highlightcolor = "white",
            highlightthickness = 5
            )
    w.pack()
    master.mainloop()
```

运行结果如图5.9所示。

图 5.9　标签制作示例

3）Label 的其他参数

（1）activebackground/activeforeground：分别用于设置 Label 处于活动（active）状态下的背景和前景颜色，默认由系统指定。

（2）diableforeground：指定当 Label 在不可用的状态（Disable）下的前景颜色，默认由系统指定。

（3）cursor：指定鼠标经过 Label 时鼠标的样式，默认由系统指定。

（4）state：指定 Label 的状态，用于控制 Label 如何显示。可选的值有 normal（默认）/active/disable。

2. Button

Button（按钮）是一种最常用的图形组件之一，通过 Button 可以方便而快捷地与用户交互，通常用在工具条中或应用程序窗口中，表示要立即执行一条操作，例如输入一个字符、输入一个符号，对于某种情况的确认或忽略，打开某一个工具或菜单，调用某一个函数或方法等。

按钮组件虽然看起来简单，但样式变化多端。例如，按钮可以有大小、颜色上的不同；可以包含文本，也可以包含图像；包含的文本可以跨越一个以上的行，还可以有下画线，如标记的键盘快捷键；默认情况下，使用 Tab 键可以移动到一个按钮部件等。如此种种，作为 tkinter 的标准部件，都可以通过变换系统提供的属性进行设计与制作。

1）Button 的属性

Button 小组件（widget）的创建语法为

```
button = tkinter.Button（master = None, option, ...）
```

表 5.18 给出了 Button 的主要选项（属性）。需要注意的是，有相当多的属性都与 Label 相同。

表 5.18　Button 的主要选项

选　项	说　　明	取　　值
activebackground	按钮按下时的背景颜色	同 Label
activeforeground	按钮按下时的前景颜色	同 Label
text	显示文本，仅 bitmaps 或 image 未指定时有效	文本可以是多行
bitmap	指定位图，仅未指定 image 时有效	
image	指定显示图像，并忽略 text 和 bitmap 选项	
font	按钮使用的字体	按钮只能包含一种字体的文本
justify	多行文本的对齐方式	LEFT、CENTER 或 RIGHT
wraplength	确定一个按钮的文本何时调整为多行	以屏幕的单位为单位，默认不调整
underline	在文本中哪个字符下加下画线	默认值为-1，意思是没有字符加下画线
textvariable	这个变量的值改变，则按钮上的文本相应更新	与按钮相关的 Tk 变量（通常是一个字符串变量）
height	组件的高度（所占行数）	若显示图像，则以像素为单位（或以屏幕的单位）。
width	组件的宽度（所占字符个数）	如果尺寸没指定，它将根据按钮的内容计算
padx,pady	指定文本或图像与按钮边框的间距	空格数（默认为 1）
command	指定调用方法、函数或对象	
cursor	指定当鼠标移动到窗口部件上时的鼠标光标	默认值为父窗口鼠标指针
default	设置为默认按钮	这个语法在 Tk 8.0b2 中已改变
disabledforeground	当按钮无效时的颜色	同 Label
highlightcolor	指定窗口部件获得焦点时的边框颜色	默认值由系统所定
highlightbackground	指定窗口部件未获得焦点时的边框颜色	同 Label
highlightthickness	控制焦点所在的高亮边框的宽度	默认值通常是 1 或 2 像素

选　项	说　明	取　值
state	按钮的状态	NORMAL（默认），ACTIVE 或 DISABLED
relief	边框的装饰	通常按钮按下时是凹陷的，否则凸起。另外的可能取值有 GROOVE，RIDGE 和 FLAT
takefocus	若按钮有按键绑定，则可通过绑定的按键获得焦点，如可用 Tab 键将焦点移到按钮上	按键名，默认值是一个空字符串

2）Button 的常用方法

Button 窗口部件支持标准的 tkinter 窗口部件接口。此外，还包括下面的方法。

flash()：频繁重画按钮，使其在活动和普通样式下切换。

invoke()：调用与按钮关联的命令。

如果想改变背景，一个解决方案是使用一个 Checkbutton 方法，如

```
b = Checkbutton(master,image=bold,variable=var,indicatoron=0)
```

下面的方法与实现按钮定制事件绑定有关。

tkButtonDown(),tkButtonEnter(),tkButtonInvoke(),tkButtonLeave(),tkButtonUp()。这些方法需要接收 0 个或多个形参。

代码 5-10　制作如图 5.10 所示按钮的代码。

```
from tkinter import *
buttonName=['红','黄','蓝','白','黑']                    #定义按键名列表
colorName = ['red','yellow','blue','white','black']      #定义颜色名列表

def button(root,side,text,bg,fg):                        #定义按钮
    bttn = Button(root,text = text ,bg = bg,fg = fg)
    bttn.pack(side = side)
    return bttn

class App:
    def __init__(self, master):
        frame = Frame(master)
        frame.pack()

        for i in range(5):                               #重复生成相似按钮
            self.b = button(frame,LEFT,buttonName[i],colorName[i],colorName[(i + 3) % 5])

root = Tk()
root.title('按钮制作示例')
app = App(root)
root.mainloop()
```

代码 5-10 的运行结果如图 5.10 所示。

图 5.10　代码 5-10 的运行结果

说明: 此例中说明了按钮中选项的设置方法。其中创建了 5 个按钮, 它们的属性选项各不相同。本来可以一个一个地进行创建, 但使用循环结构创建一种组件的多个不同实例代码简单, 效率更高。这才是本例的真实意图。

3. Button 与 Label 应用示例

代码 5-11　简易图片浏览器。

```
import tkinter as tk,os
class App(tk.Frame):
    def __init__(self,master = None):
        self.files = os.listdir(r'G:\myImg\gif\三春晖')
        self.index = 0
        self.img = tk.PhotoImage(file = r'G:\myImg\gif\三春晖' + '\\' + self.files
        [self.index])
        tk.Frame.__init__(self,master)
        self.pack()
        self.createWidgets()

    def createWidgets(self):
        self.lblImage = tk.Label(self,width = 400,height = 600)
        self.lblImage['image'] = self.img
        self.lblImage.pack()
        self.frm = tk.Frame()
        self.frm.pack()
        self.bttnPrev = tk.Button(self.frm,text = '上一张',command = self.prev)
        self.bttnPrev.pack(side = tk.LEFT)
        self.bttnNext = tk.Button(self.frm,text = '下一张',command = self.next)
        self.bttnNext.pack(side = tk.LEFT)

    def prev(self):
        self.showfile(-1)
    def next(self):
        self.showfile(1)
    def showfile(self,n):
        self.index += n
        if self.index < 0: self.index = len(self.files)-1
        if self.index > len(self.files) - 1: self.index = 0
        self.img = tk.PhotoImage(file = r'G:\myImg\gif\三春晖' + '\\' + self.files
        [self.index])
        self.lblImage['image'] = self.img

root = tk.Tk();root.title('三春晖图片浏览器')
app = App(master = root)
app.mainloop()
```

程序运行效果如图 5.11 所示。

图 5.11　三春晖图片浏览器运行效果示例

5.3.2　Entry 与 Message

Entry 用于输入文本数据的组件，Message 是用于显示（输出）数据的组件。它们有许多相同的属性选项，如背景色、前景色、大小、字体、对齐方式等。

1. Entry

1）实例创建与选项

Entry 小组件（widget）的创建基本语法如下。

```
entr = Entry( master, option, ... )
```

其参数分为两部分：master 代表了窗口，option 是选项。表 5.19 为 Entry 的常用选项。这些选项可以作为键-值对以逗号分隔。

表 5.19　Entry 的常用选项

参　　数	描　　述
cursor	指定当鼠标移动到窗口部件上时使用的鼠标光标。默认值为父窗口鼠标指针
font	文字字体。值是一个元祖，font = ('字体', '字号', '粗细')
highlightbackground	文本框未获取焦点时，高亮边框颜色
highlightcolor	文本框获取焦点时，高亮边框颜色
highlightthickness	文本框高亮边框宽度
insertbackground	文本框光标的颜色

参　数	描　述
insertborderwidth	文本框光标的宽度
insertofftime	文本框光标闪烁时，消失持续时间，单位为毫秒
insertontime	文本框光标闪烁时，显示持续时间，单位为毫秒
insertwidth	文本框光标宽度
justify	多行文本的对齐方式: CENTER, LEFT 或 RIGHT
relief	文本框风格，如凹陷、凸起，值有 flat/sunken/raised/groove/ridge
selectbackground	选中文字的背景颜色
selectborderwidth	选中文字的背景边框宽度
selectforeground	选中文字的颜色
show	指定文本框内容显示为字符，值随意，满足字符即可，如密码可以将值设为*
state	设置组件状态：normal（默认），可设置为 disabled（禁用）、readonly（只读）
takefocus	是否能用 TAB 键获取焦点，默认是可以获得
variable	一个 int 型或 string 型控制变量，由本按钮与组中其他单选按钮共享 r
xscrollcommand	回调函数，链接进入一个滚动部件

2）常用方法

表 5.20 为 Entry 的常用方法。

表 5.20　Entry 的常用方法

方　法	描　述
delete(index), delete(from, to=None)	删除文本框中的字符，以索引为参数：一个索引参数指明要删除的单个字符位置；两个索引参数分别指出起始和终止位置。其中，若起始位置为 0，终止位置为 END，则删除所有字符
get()	获取文件框的值
icursor (index)	将光标移动到指定索引位置，只有当文本框获取焦点后成立
index (index)	返回指定的索引值
insert(index, text)	向文本框中插入值，index：插入位置，text：插入值
select_adjust (index)	选中指定索引和光标所在位置之前的值
select_clear()	清空文本框
select_from (index)	返回选定索引位置的字符
select_present()	若存在选择，则返回 True, 否则返回 False
select_range (start, end)	选中指定索引之前的值，start 必须比 end 小
select_to (index)	选中指定索引与光标之间的值（感觉和 selection_adjust 差不多）

2. Message

Message 用于显示不可编辑的文本,可自动换行，并维持一个给定的宽度或长宽比。其创建小组件（widget）的语法如下。

```
mssg = Message (master, option, ...)
```

表 5.21 为 Message 比较有特点的一些选项。还有许多与 Label、Button、Entry 相同，这里不再列出。

表 5.21　Message 比较有特点的一些选项

选　　项	说　　明
anchor	指示文字会被放在控件的什么位置，可选项有 N, NE, E, SE, S, SW, W, NW, CENTER. 默认为 CENTER
aspect	控件的宽高比，即 width/height，以百分比形式表示，默认为 150,即 Message 控件的宽度比其高度大 50%。注意：如果显式地指定了控件宽度,则该属性将被忽略
textvariable	关联一个 tkinter variable 对象，通常为 StringVar 对象。控件文本将在该对象改变时改变

代码 5-12　简易的 Message 实例。

```
from tkinter import *
root = Tk()
var = StringVar()
var.set("Message用于显示不可编辑的文本,可自动换行，并维持一个给定的宽度或长宽比。")
mssg = Message( root, textvariable=var, relief=RAISED,bg = 'light magenta', fg = 'blue' )
mssg.pack()
```

运行效果如图 5.12 所示。

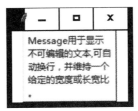

图 5.12　一个简单的消息框

3. Message 与 Entry 应用示例

代码 5-13　简易四则计算器。

```
if _ _name_ _ == '_ _main_ _':
    from tkinter import *

    def button(root, width ,text, bg, fg, row, column, padx, pady, command = None):
        bttn =Button(root, width = width, text = text, bg = bg, fg = fg, command = command)
        bttn.grid(row = row, column = column, padx = padx, pady = pady)
        return bttn

    def entry(root, width,textvariable, validate ,
        row, column, padx, pady,
        validatecommand):
        entr = Entry(root, width = width, textvariable = textvariable,
                validate = validate, validatecommand = validatecommand)
        entr.grid(row = row, column = column, padx = padx, pady = pady)
        return entr
```

```python
def label(root, row, column, padx, pady, textvariable,text):
    lbl = Label(root, textvariable = textvariable,text = text)
    lbl.grid(row = row, column = column, padx = padx, pady = pady)
    return lbl


def clear():
    v1.set("");v2.set("");v3.set("")


def calc():
    print(v1.get(),v2.get())
    print(v4.get())
    if v4.get() == "+":
        result = int(v1.get()) + int(v2.get())
    elif v4.get() == "-":
        result = int(v1.get()) - int(v2.get())
    elif v4.get()=="×":
        result = int(v1.get()) * int(v2.get())
    else:
        result = int(v1.get()) / int(v2.get())
    v3.set(result)


def test(content):
    return content.isdigit()


count=Tk();count.title("简易四则计算器")
frm = Frame(count); frm.pack(padx = 10,pady = 10)


v1 = StringVar(); v2 = StringVar(); v3 = StringVar()
testEnt = count.register(test)


entr1 = entry(frm, 10, v1, "key", 0, 0, 5, 5, (testEnt,"%P"))
v4 = StringVar(); v4.set("+")
lbl1 = label(frm, 0, 1, 5, 5, v4,None)
entr2 = entry(frm, 10, v2, "key", 0 ,2 , 5, 5, (testEnt,"%P"))
lbl2 = label(frm, 0, 3, 5, 5, None, "=")
mssg = Message (frm, textvariable = v3, bg = 'light blue', aspect = 800)
                                        #用消息框显示计算结果
mssg.grid(row = 0, column = 4, padx = 5, pady = 5)
display = StringVar()


i = 0
for op in ['+', '-', '×', '÷', '=', '清空']:
    i += 1
    if op == '=':
        btn = button(frm, 8, '=', 'light yellow', 'black', 1, 6, 5, 5, calc)
    elif op == '清空':
        bttn=button(frm, 8, "清空", 'light yellow','brown', 1, 0, 5, 5, clear)
    else:
        btn = button(frm,5, op, 'light gray', 'black', 1, i, 5, 5, lambda c =op: v4.set(c))
count.mainloop()
```

简易四则计算器运行情况如图 5.13 所示。

图 5.13 简易四则计算器运行情况

说明：这个例子的重点也在介绍用 for 结构创建多个同类型组件的方法。此外，要注意，用于消息框输出计算结果时，其背景会随输出字符串的长短而变化。

5.3.3 Text 与滚动条

Text 是 tkinter 所有组件中显得异常强大和灵活的一个组件。虽然它的主要职责是显示多行文本，但还常常用于简单的文本编辑器和网页浏览器。

下面是创建 Text 小组件（widget）的基本语法。

```
txt = Text (master, option, ... )
```

表 5.22 为 Text 有独特性的几个选项。其他基本与 Entry 相同，这里不再列出。

表 5.22 Text 有独特性的几个选项

选 项	说 明
spacing1	指定每一行文本之上有多少额外的垂直空间。如果行包装，则此空间仅在显示的第一行之前添加，默认值为 0
spacing2	指定在逻辑行包装时，在显示的文本行之间添加多少额外的垂直空间，默认值为 0
spacing3	指定在每行文本下面添加了多少额外的垂直空间。如果行包装，则此空间仅在显示的最后一行之后添加，默认值为 0
wrap	这个选项控制太宽的行显示。设置 wrap = WORD，它将在最后一个单词后断行；默认 wrap = CHAR，这时长行将在任何字母处断行
xscrollcommand	为使文本部件水平滚动，将此选项设置为水平滚动条的 set() 方法
yscrollcommand	为使文本部件垂直滚动，可将该选项设置为垂直滚动条的 set() 方法

下面分别介绍 Text 的主要用法。

1. Text 编辑器

表 5.23 为 Text 的常用编辑方法。

表 5.23 Text 的常用编辑方法

方 法	说 明
delete(startindex [,endindex])	删除一个指定字符或文本段，startindex 和 endindex 均为"行号.列号"形式
get(startindex [,endindex])	返回一个指定字符或文本段，startindex 和 endindex 均为"行号.列号"形式
index(index)	用 index 指定位置
insert(index [,string]...)	在 index 指定位置插入一个字符串，INSERT 为光标所在处，END 为末尾
see(index)	如果位于索引位置的文本可见，则返回 True

说明：

（1）当创建一个 Text 组件的时候，里面是没有内容的。为了给其插入内容，应使用 insert()方法指定插入位置。具体的插入操作可以在 Text 显示的文本框中手动进行，也可以使用 insert()方法作为参数插入。

（2）startindex 和 endindex 均为"行号.列号"形式，行号从 1 开始，列号从 0 开始。

代码 5-14　在 Text 文本框插入文字。

```
if __name__ == '__main__':
    from tkinter import *
    root = Tk();root.title('Text 文本编辑器')
    txt = Text(root, width = 30,height = 8,bg = 'light blue', fg = 'blue')
    txt.pack()
    txt.insert(INSERT, 'Text 是tkinter')          #INSERT 索引号表示在光标处插入
    txt.insert(END, '中,显得异常强大和灵活的一个组件.')   #END 索引号表示在最后插入
    mainloop()
```

代码 5-14 的执行情况如图 5.14 所示。

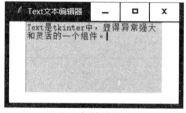
（a）初始显示

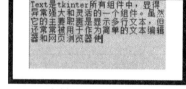
（b）手动插入文字后的显示

图 5.14　代码 5-14 的执行情况

代码 5-15　在 Text 文本框中插入按钮。

```
>>> if __name__ == '__main__':
    from tkinter import *
    root = Tk();root.title('Text 文本编辑器')
    txt = Text(root,width=30,height=8,bg = 'light blue',fg = 'blue')
    txt.pack()
    t = 'Text 是tkinter 所有组件中显得异常强大和灵活的一个组件.'
    txt.insert(INSERT,t)
    def show1():
        l1 = Label(txt,text = "恭喜你,答对了");l1.pack()
    def show2():
        l2 = Label(txt,text = "真遗憾,答错了");l2.pack()
    #text 还可以插入按钮、图片等
    b1 = Button(txt,text='是',command=show1)         #创建按钮 b1
    b2 = Button(txt,text='错',command=show2)         #创建按钮 b2
    #在 text 中创建组件的命令
    txt.window_create(INSERT,window=b1)
    txt.window_create(INSERT,window=b2)
    mainloop()
```

代码 5-15 的执行情况如图 5.15 所示。

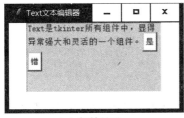

（a）初始显示　　　　　　　　　（b）单击"是"按钮后的显示

图 5.15　代码 5-15 的执行情况

代码 5-16　在 Text 文本框中插入图片。

```python
if _ _name_ _ == '_ _main_ _':
    from tkinter import *
    root = Tk();root.title('Text 插入图片')

    txt1 = Text(root,width=30,height=15)
    txt1.pack(side = LEFT)

    photo = PhotoImage(file=r'G:\myImg\黄帝封禅1.png')
    txt1.image_create(END,image=photo)

    txt2 = Text(root,width=78,height=15,bg = 'light yellow', fg = 'brown')
    txt2.pack(side = LEFT)

    #f = open('G:\黄帝封禅与中华兴起.word','r',encoding = 'ttf8')
    #t = f.readlines()
    #f.close()
    t = '''
距今 5000 年前，黄帝先后击败炎帝、蚩尤，以武力统一了中国，先封功臣，成姬、酉、已、祁、滕、任、荀、僖、
箴、姞、儇、依十二个姓，继为建制子历，政权稳定，人民安居乐业，遂率各部落首领在古文明策源地——现山西洪洞
赵城镇东二十千米处的泰岳山老爷顶大祭天地——后人称之封禅。
    泰岳山曾有霍泰、太岳、霍太、霍岳、霍山等称呼，有的书中甚至称其为"西泰山""太山"。位于古华夏之中心，
也是古代五岳之中岳。后世为避免其与东岳相混，亦称之为"西岳"。
    《韩非子·十过篇》中写道："昔者黄帝合鬼神于西泰山之上，驾象车而六蛟龙，毕方并辖，蚩尤居前，风伯进扫，
雨师洒道，虎狼在前，鬼神在后，滕蛇伏地，凤凰覆上，大合鬼神，作为《清角》。"
    封禅前后，有黄帝最得力部落——凤凰部落，就驻扎在距封禅之地 20 千米的地方，称之凤凰城。至西周初期造父
被穆王天子册封于此，赐姓为赵，始有"赵城"之称。
    此后，黄帝传位于尧、舜、禹，中华也由此发源。
'''

    txt2.insert(INSERT,t)

    mainloop()
```

代码 5-16 的执行情况如图 5.15 所示。

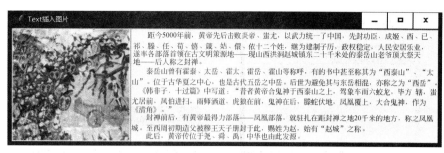

图 5.16　代码 5-16 的执行情况

2. Text 中的 Marks（记号）

为了标识文本框内容中的某个浮动位置，Text 设置了 Mark(记号)。或者说，Marks 通常是嵌入到 Text 组件文本中的不可见的对象。为了便于理解这种机制，先看一段代码。

代码 5-17　Text 文本框中的记号示例。

```
if __name__ == '__main__':
    from tkinter import *
    root = Tk();root.title('Text 的 mark 示例')
    txt =Text(root,width=38,height=4,bg = 'light blue',fg = 'blue')
    t = 'A mark represents a floating position somewhere in the contents of a text widget.'
    txt.insert(INSERT,t)
    txt.mark_set('here',1.6)
    #插入是指在前面插入
    txt.insert('here','※')
    txt.pack()
    mainloop()
```

此段代码的执行情况如图 5.17 所示。

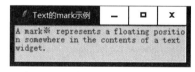

图 5.17　在记号处插入字符※

说明：

（1）图 5.17 中的※是插入到 here 指定位置的一个字符。here 是一个 Mark 的名字，代表了一个位置记号"1.6"。其中的"1"是行号，行号从 1 开始；"6"是列号，列号从 0 开始。记号名可以是任何不含空格或句号(.)的字符串。

（2）事实上，marks 就是索引，用于表示位置并跟随相应的字符一起移动。marks 有用户自定义（user-defined marks）和 tkinter 预定义两种。预定义的 marks 是 INSERT 和 CURRENT，它们是不可能被删除的。INSERT（或 insert）用于指定当前插入光标的位置，tkinter 会在该位置绘制一个闪烁的光标（因此并不是所有的 marks 都不可见）；CURRENT 用于指定与鼠标坐标最接近的位置。

（3）Text 实例使用表 5.24 所示的方法进行 Mark 的创建、移动、删除等操作。

表 5.24　**Text** 中常用记号编辑处理方法

方　法	说　明
index(mark)	返回特定记号的行和列位置
mark_gravity(mark [,gravity])	当第二个参数是给定记号的集合时，返回该记号
mark_names()	返回 Text 实例中的所有记号
mark_set(mark, index)	给指定位置设置一个记号
mark_unset(mark)	从给定文本对象中移除指定记号

（4）记号与相邻内容一起浮动。如果在远离记号的位置修改文本，则该记号将保持在相对于其邻近邻居位置的相同位置。

（5）删除记号周围的文字不会删除该记号。如果要删除记号，请在文本部件上使用.mark_unset()方法。但是，预定义的 INSERT 和 CURRENT 是不可被删除的。

（6）Marks 有一个称为 gravity（重心）的属性，用于控制在 Mark 处插入文本时发生的情况。默认重心为 tk.RIGHT，这意味着重心偏右（后），即当新文本插入该记号时，该记号停留在新文本结束之后。如果将记号的重心设置为 tk.LEFT（使用文本小组件的.mark_gravity()方法），则意味着重心偏左（前），即记号将保留在刚刚插入该记号的文本之前的位置。

3. Text 中的 Tags（吊牌）

Tags 通常用于指定或修改 Text 组件中内容的属性，如指定或修改文本的字体、尺寸和颜色。或者说，它们像商品上的吊牌（也有译为"标签"，但与 Label 冲突），使之与 Text 组件中的某些部分的属性关联。此外，Tags 还允许将文本、嵌入的组件和图片与键盘相关联。

Tags 也有两种类型：user-defined tags(用户自定义的 Tags)和一个预定义的特殊 Tag：SEL,用以指定当前选择的区域（如果有的话）。

吊牌名可以是任何不包含空格或句点的字符串。

表 5.25 为 Text 的可用吊牌处理方法。

表 5.25　**Text** 的可用吊牌处理方法

方　法	说　明
tag_add(tagname, startindex[,endindex] ...)	这种方法的吊牌任何位置定义的字符，或一个范围的位置和指定的分隔字符
tag_config(tagname, option, ...)	配置吊牌属性，包括对齐（center、left 或 right）、选项（此属性具有"文本"部件选项的属性相同的功能）和下画线标记
tag_delete(tagname)	删除和去除给定的吊牌
tag_remove(tagname [,startindex[.endindex]] ...)	从提供的区域中删除给定的吊牌，而不删除实际的吊牌定义

下面用几个实例说明 Tag 的用法。

1）Tag 的基本用法

代码 5-18　创建一个指定文本颜色的 Tag。

```
if _ _name_ _ == '_ _main_ _':
    from tkinter import *
    root = Tk();root.title('用 tag 改变文本属性')
    txt = Text(root,height = 5,width = 20)
    txt.mark_set('m',1.0)                                    #为位置 1 行、0 列设置一个 Mark,命名为 'm'
    txt.tag_config('tg',background = 'yellow',foreground = 'red')
                                                             #创建一个 Tag,其背景为黄色,前景色为红色
    txt.insert('m','abcdefghijk','tg')                       #使 tag 'tg' 和 mark'm' 为指定文本设置属性
    txt.pack()

    root.mainloop()
```

代码 5-18 的执行情况如图 5.18 所示。

图 5.18　代码 5-18 的执行情况

代码 5-19　同时使用两个 Tag 指定同一个文本。

```
if _ _name_ _ == '_ _main_ _':
    from tkinter import *
    root = Tk(); root.title('用 tag 改变文本属性')
    txt = Text(root,height = 5,width = 20)
    txt.mark_set('m',1.0)
    txt.tag_config('tga',background = 'yellow',foreground = 'red')      #先创建一个 'tga'
    txt.tag_config('tgb',background = 'light blue',foreground = 'blue') #后创建一个 'tgb'
    txt.insert('m','abcdefghijk',('tgb','tga'))                        #两个 Tag 指定同一个文本
    txt.pack()

    root.mainloop()
```

代码 5-19 的执行情况如图 5.19 所示。

图 5.19　代码 5-19 的执行情况

说明：两个 Tag 指向同一文本时，实际得到的文本颜色不是按照 insert 给定的顺序设置，而是按照 Tag 的创建顺序设置的，并且在没有特别设置的情况下，最后创建的那个 Tag 会覆盖掉其他所有的设置。

如果还是要使先创建的 Tag 不被后创建的 Tag 覆盖，可以使用方法 txt.tag_lower('tgb') 降低后创建的 Tag 的级别。

2）Tags 的事件绑定

Tags 还支持事件的绑定，绑定事件使用的是 tag_bind()方法。

代码5-20　将文本与鼠标事件进行绑定，当鼠标进入该文本时，鼠标样式切换为'arrow'形态，离开文本时切换回'xterm'形态，当触发鼠标'左键单击操作'事件的时候，使用默认浏览器打开百度。

```
>>> if __name__ == '__main__':
    from tkinter import *
    import webbrowser as web
    root = Tk(); root.title('tag 绑定事件示例')
    txt = Text(root,width=30,height=5)
    txt.pack()

    txt.insert(INSERT,"我想打开百度，查阅资料!")
    txt.tag_add('link','1.7','1.16')
    txt.tag_config('link',background = 'yellow',foreground ='red',underline = True)
    def show_arrow_cursor(event):
        txt.config(cursor='arrow')
    def show_xterm_cursor(event):
        txt.config(cursor='xterm')
    def click(event):
        web.open('http://baidu.com')
    txt.tag_bind('link','<Enter>',show_arrow_cursor)
    txt.tag_bind('link','<Leave>',show_xterm_cursor)
    txt.tag_bind('link','<Button-1>',click)

    mainloop()
```

代码 5-20 的执行情况如下。

（1）服务器端。

```
''
'1524870280264show_arrow_cursor'
'1524870280328show_xterm_cursor'
'1524868239176click'
```

（2）代码 5-20 的客户端如图 5.20 所示。

图 5.20　代码 5-20 的客户端

（3）打开百度浏览器。略。

4. 在文本框中加入滚动条

在小文本框中加入一个滚动条，就可以进行大块的文本内容，通过滑动滑块进行浏览或编辑。滑动块可以由 tkinter 提供的 Scrollbar()方法实现。

代码5-21　在文本框中加入一个滚动条。

```
if __name__ == '__main__':
```

```
from tkinter import *
root = Tk();root.title('带有滚动条的 Text 窗口')

txt = Text(root, height=6, width=50)

scr = Scrollbar(root)                          #创建滑动块对象
scr.pack(side = RIGHT, fill = Y)               #滑动块安放位置
scr.config(command = txt.yview)                #为滑动块的 command 设置为控件的 yview 方法

txt.tag_config('tg',background = 'yellow',foreground ='blue')
txt.tag_add('tg','1.0')
txt.config(yscrollcommand = scr.set)           #滑动块垂直滑动配置
quote = """《Python 程序设计大学教程》目录:
第 1 单元 Python 入门 1
1.1 Python 启步1
1.1.1 计算机程序设计语言   1
1.1.2 高级程序设计语言分类 3
1.1.3 Python 及其编程模式 6
1.1.4 Python 的特点 8
1.1.5 Python 模块与脚本文件    9
练习1.1   12
1.2 Python 数值对象类型   13
1.2.1 Python 数据类型   13
1.2.2 Python 内置数值类型 14
1.2.3 Decimal 和 Fraction     15
"""
txt.insert(END, quote,'tg')
txt.pack(side = LEFT, fill=Y)

mainloop( )
```

加入滚动条的 Text 如图 5.21 所示。

图 5.21　加入滚动条的 Text

5.3.4　选择框

在许多情况下，让用户从所列多种可能性中选择，进行简短回答，不仅可以免去对问题范围的琢磨，也使用户操作省时、省力。一般来说，选择有单选与多选两种。tkinter 分别用 Radiobutton（单选框）、Checkbutton（复选框）和 Listbox(列表框)实现。

1. Radiobutton

Radiobutton 是 Python tkinter 中的一种实现多选 1 的标准组件。它实际上具有按钮和列表两重性质，它所有的单选按钮都必须关联到同一个函数、方法或对象，所列内容可以包含文字或者图像。

1）语法与选项

Radiobutton 小组件的创建语法如下。

```
rdBttn = Radiobutton (master, option, ...)
```

参数说明：master 代表父窗口，option 代表选项。其中，表 5.26 为 Radiobutton 组件中需要说明的选项。还有许多选项是共享属性，无须再赘述。这些选项可以作为键-值对用逗号分隔。

表 5.26　**Radiobutton 组件中需要说明的选项**

选　　项	说　　明
image	要显示图形图像而不是用于此 Radiobutton 的文本，将此选项设置为 image 对象
justify	文本合理布局: CENTER (默认), LEFT 或 RIGHT
relief	在标签周围指定装饰边框的外观，默认为 FLAT
selectcolor	设置 Radiobutton 颜色，默认为红色
selectimage	如果使用 image 选项显示一个图形，而不是文本，当 Radiobutton 被清除时，可以将 selectimage 选项设置为一个不同的图像，当这个按钮被设置时将显示
state	设置组件响应状态，默认为 state = NORMAL，但可以设置 state 为 DISABLED（禁用），使其不响应。如果当前光标在 Radiobutton 上，则 state 是 ACTIVE（活动）的
text	在 Radiobutton 旁边显示的标签。使用 newlines(" \n ")显示多行文本
textvariable	要将标签中显示的文本从一个字符串中显示到 StringVar 的控制变量，应将该选项设置为该变量
underline	在文本的第 n 个字母下面设置显示下画线(_)。n 从 0 开始。默认为下画线=-1，表示没有下画线
value	设置单选框选中时控制变量的值：如果控制变量是 anIntVar，则在组中给每个 radiobutton 一个不同的整数值选项；如果控制变量是 StringVar，则给每个 Radiobutton 一个不同的字符串值选项
variable	该 Radiobutton 组中的共享控制变量：IntVar 或 StringVar
wraplength	通过设置这个选项限制每一行字符的数量。默认值为 0，表示只在换行时断开行

2）常用方法

表 5.27 为需要说明的 Radiobutton 方法。

表 5.27　**需要说明的 Radiobutton 方法**

方　　法	说　　明
deselect()	清除（关闭）Radiobutton 按钮
flash()	在组件的活跃和正常的颜色之间闪烁几次，以这样的方式启动
invoke()	调用这个方法会发生相同的操作，如用户单击到 Radiobutton 旁边改变其状态
select()	设置（打开）Radiobutton

3）应用示例

代码 5-22　单选框制作示例。

```python
if __name__ == '__main__':
    from tkinter import *
    master = Tk(); master.title('请选择您最喜欢的颜色')
    COLOR = [
```

```
        ("Red", 1),
        ("Yellow", 2),
        ("Green", 3),
        ("Blue", 4),
        ("Purple", 5),
        ]
v = StringVar()
v.set("L") #初始化
for color, clr in COLOR:
        #创建可选按钮
        rb = Radiobutton(master, width = 30, bg = color,
                        text = color, variable = v, indicatoron = 0,value = clr,
                        anchor = CENTER)
        rb.pack(anchor=CENTER)
        #rb = Radiobutton(master, text = color, fg = color, font = '粗体', variable = v,
        value = clr)
        #rb.pack(anchor= W,side = LEFT)

mainloop()
```

这段代码的执行情况如图 5.22（a）所示。如果使用被注释的两条语句，并注释掉与之对应的两条语句，则执行情况如图 5.22（b）所示。

（a）一种单选框样式　　　　　　　　　（b）另一种单选框样式

图 5.22　代码 5-22 的执行情况

说明：Radiobutton 小组件实际上是一种特殊的按钮。一个单选框由这样的多个按钮组成。因此，这些按钮可以一个一个地创建，也可以用一个循环结构创建。

2. Checkbutton

Checkbutton 是 Python tkinter 中的一种实现 m 选 n 的标准组件,用户可以通过单击相应的按钮在一组选项中选择一个或多个选项。它实际上具有按钮和列表两重性质，它不要求其每个单选按钮一定要关联到同一个函数、方法或变量。其所列内容可以包含文字或者图像。

1）语法与选项

创建 Checkbutton 小组件的语法如下。

> **chBttn = Checkbutton (master, option, ...)**

参数说明：master 代表父窗口，options 代表选项。表 5.28 为 Radiobutton 组件中需要说明的选项。此外，有一部分共享属性，另一部分与 Radiobutton 相同，都无须再赘述。这些选项可以作为键-值对用逗号分隔。

表 5.28　Radiobutton 组件中需要说明的选项

选　项	说　明
disabledforeground	设置按钮禁用时的前景颜色，默认值由系统规定
offvalue	设置 Checkbutton 关联的控制变量被清零后的值，通常设置为 0
onvalue	设置 Checkbutton 相关的控制变量被关联时的值，通常设置为 1
selectcolor	设置 Checkbutton 的颜色，默认 selectcolor = "红色"
selectimage	如果该选项被设置为一个 image，则已有图像就会在 Checkbutton 中呈现
onvalue	复选框选中（有效）时变量的值
offvalue	复选框未选中（无效）时变量的值
variable	复选框索引变量，以便确定哪些复选框被选中。通常该变量值是一个整数，0：清除，1：设立

2）常用方法

表 5.29 为 Checkbutton 需要说明的方法。

表 5.29　Checkbutton 需要说明的方法

方　法	说　明
deselect()	清除（关闭）Checkbutton 按钮
flash()	在组件的活跃和正常的颜色之间闪烁几次，以这样的方式启动
invoke()	调用这个方法会发生相同的操作，如用户单击到 Checkbutton 旁边改变其状态
select()	设置（打开）Checkbutton
toggle()	切换：如果设置就清除，如果已清除就设置

3）应用示例

代码 5-23　多选框制作示例。

```
#代码定义
from tkinter import *


color = ['red', 'brown', 'yellow','green','royal blue','blue','purple']
pyType = ['面向对象', '动态数据类型', '解释型语言', '面向过程', '高级语言', '脚本语言', '汇编语言']


class Application(Frame):
    #创建 7 个多选框部件
    def createWidgets(self):
        for i in range(7):
            self.check = Checkbutton(self, text = pyType[i], fg = color[i])
            self.check.deselect()
            self.check.pack(side = LEFT)


    def __init__(self, master=None):
        Frame.__init__(self, master)
```

```
        dbc.connectl'p self.createWidgets()
        self.createWidgets()

def main():
    color = ['red', 'brown', 'yellow','green','royal blue','blue','purple']
    pyType = ['面向对象', '动态数据类型', '解释型语言', '面向过程', '高级语言', '脚本语言', '汇编语言']
    root = Tk();root.title('Python 多选题')

    #创建两个子窗口
    frm1 = Frame(root);frm1.pack();frm2 = Frame(root);frm2.pack()

    #在子窗口 frm1 中创建一个标签
    lb1 = Label(frm1, text = "在下列可选项中选择适合 Python 的描述",
            height = 3, width = 70,
            font=("Arial", 12),bg = 'beige', fg = 'maroon');
    lb1.pack()

    Application(master=frm2).mainloop()
```

代码运行：

```
>>> if _ _name_ _=='_ _main_ _':
    main()
```

代码 5-23 的执行情况如图 5.23 所示。

图 5.23　代码 5-23 的执行情况

说明：代码 5-23 仅用来说明如何创建 Checkbutton 界面。为了代码简短，使读者容易理解，没有给出事件处理部分代码。

3. Listbox

列表框（Listbox）用于显示一个项目列表，可供用户从中单选或多选。

1）语法与选项

创建 Listbox 小组件的语法如下。

```
listbx = Listbox ( master, option, ... )
```

参数说明：master 代表父窗口，options 代表选项。表 5.30 为 Listbox 组件中需要说明的选项。此外，有一部分共享属性，另一部分与 Listbox 相同，都无须再赘述。这些选项可以作为键-值对用逗号分隔。

表 5.30　Listbox 组件中需要说明的选项

选　　项	说　　明
listvariable	绑定变量，var=StringVar()
height, width	列表框的高度（行数，不是像素，默认是 10）与宽度（字符数，默认值是 20）
highlightcolor	当列表框有焦点时，在焦点上显示的颜色
highlightthickness	焦点的厚度
relief	选择三维边界阴影效果，默认值是 SUNKEN（沉没）
selectbackground	用于显示所选文本的背景颜色
selectmode	选择模式——鼠标拖动如何影响选择： ● BROWSE：拖动单选——默认模式 ● SINGLE：：单击单选 ● MULTIPLE：单击多选或改选 ● EXTENDED：拖动连续多选
xscrollcommand	此参数用于将列表框链接到水平滚动条上，实现列表框横向滚动
yscrollcommand	此参数用于将列表框链接到垂直滚动条上，实现列表框垂直滚动

2）常用方法

表 5.31 为 Listbox 组件中需要说明的方法。

表 5.31　Listbox 组件中需要说明的方法

方　　法	说　　明
activate (index)	选择指定索引指定的行
curselection()	返回一个包含选定的元素或元素的行号，从 0 开始计数。如果没有被选中，则返回一个空 tuple
delete (first, last=None)	按索引范围[first, last]删除的行。如果第二个参数被忽略了，第一个索引的一行就会被删除
get (first, last=None)	获取列表中的项目值，返回一个 tuple，包含从开始到最后的索引的行文本。如果忽略第二个参数，则返回紧靠第一个参数的文本
index (i)	如果可能的话，将包含索引 i 指定行的可见部分置于列表框的顶部
insert (index, *elements)	在索引指定的行前插入一个或多个新行。如果要在列表框的末尾添加新行，则使用 END 作为第一个参数
nearest (y)	返回与相对于列表框的 y 坐标接近的可见行的索引
see (index)	调整列表框的位置，以便显示索引引用的行
select_set(index1,index2)	选中多行
select_cleart(index1,index2)	取消选中的行
size()	返回列表框中的行数
se((item1, item2, …))	设置列表中的项目值
xview()	为了使列表框水平滚动，可以将相关的水平滚动条的命令选项设置为这个方法
xview_moveto (fraction)	滚动列表框，使左边宽度最长的行位于列表框的左边。分数在[0,1]范围内
xview_scroll (number, what)	水平滚动列表框。参数 what = UNITS，以字符为单位；what = PAGES，以页面为单位。number 为滚动数
yview()	要使 listbox 垂直滚动，就应将连接的垂直滚动条的命令选项设置为这个方法
yview_moveto (fraction)	滚动列表框，使其宽度最长的行位于列表框的左侧置顶部。分数在[0,1]范围内

方　　法	说　　明
yview_scroll (number, what)	垂直滚动列表框。参数 what = UNITS,以字符为单位；what = PAGES,以页面为单位。number 为滚动数

3）应用示例

代码 5-24　列表框制作示例。

```
>>> from tkinter import *

>>> def main():
    root = Tk()
    #创建一个列表框组件
    #listbox = Listbox(root)                          #默认单选——拖动单选
    listbox = Listbox(root, selectmode = SINGLE)      #单击单选
    #listbox = Listbox(root, selectmode = MULTIPLE)   #单击多选
    #listbox = Listbox(root, selectmode = EXTENDED)   #拖动连续多选
    #加入表项
    for s in ['red', 'brown', 'yellow','green','royal blue','blue','purple']:
        listbox.insert(END,s)
    listbox.pack()
    root.mainloop()

>>> if _ _name_ _=='_ _main_ _':
    main()
```

以上代码的执行情况如图 5.24 所示。

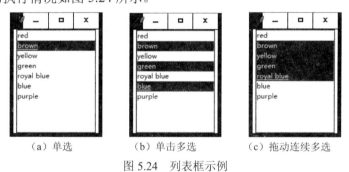

（a）单选　　　　（b）单击多选　　　（c）拖动连续多选

图 5.24　列表框示例

此外，在列表框中还可简单地进行项目增删、选中、选中判断、返回索引等操作。

5.3.5　菜单

tkinter 提供的 Menu 可用来创建 3 种类型的菜单：弹出式、顶层式和下拉式。此外，tkinter 还允许使用其他扩展部件（如 OptionMenu）创建新型菜单。

1. 语法与选项

创建 Menu 小组件的语法如下。

```
menu = Menu ( master, option, ... )
```

参数说明：master 代表父窗口，option 代表选项。表 5.32 为 Menu 组件中需要说明的选项。此外，还有一部分共享属性。这些选项可以作为键-值对用逗号分隔。

表 **5.32** Menu 组件中需要说明的选项

选　项	说　明
Activebackground、activeforeground activeborderwidth	当鼠标按下时的背景色、前景色和边界宽度（默认为 1 像素）
bg、fg、bd	项目不在鼠标下时的背景颜色、前景颜色与所有项的边界宽度（默认值为 1）
cursor	当鼠标经过选择时光标会出现，但只有在菜单被悬浮时才会出现
disabledforeground	DISABLED（禁用）状态的项的文本颜色
font	文本选择的默认字体
postcommand	此选项可以设置为一个过程，每当打开这个菜单时，这个过程就会被调用
relief	菜单默认的 3d 效果是 RAISED（凸起）
image	此 Menubutton 显示一个图像
selectcolor	指定单选按钮 Checkbuttons 和多选按钮 Radiobuttons 被选择时的显示颜色
tearoff	设置悬浮菜单，在选择列表中位于第一个位置(位置 0)，其余选项从位置 1 开始。tearoff = 0，则不会有一个悬浮功能，其他选项将从位置 0 开始添加
title	菜单标题

2. 常用方法

表 5.33 为 Menu 组件中需要说明的方法。

表 **5.33** Menu 组件中需要说明的方法

方　法	说　明
add_command (options)	在菜单中添加一个菜单项
add_radiobutton(options)	创建一个单选按钮菜单项
add_checkbutton(options)	创建一个复选按钮菜单项
add_cascade(options)	通过将给定的菜单与父菜单关联，创建一个新的分层菜单
add_separator()	在菜单中添加分隔线
add(type, options)	在菜单中添加一种特定类型的菜单项
delete(startindex [, endindex])	删除从 startindext 索引到 endindex 索引的菜单项
entryconfig(index, options)	允许修改由索引标识的菜单项，并更改它的选项
index(item)	返回给定菜单项标签的索引号
insert_separator (index)	在索引指定的位置插入新的分隔符
invoke (index)	调用与位置选择按钮相关联的命令
type (index)	返回索引指定的项目类型：cascade（级联），checkbutton（单选），command（命令），radiobutton（多选），separator（分离），以及 tearoff（悬浮）

3. 应用示例

代码 5-25 菜单制作示例。

1）服务器端代码

```
def main():
    root = Tk()
    menubar = Menu(root)
    filemenu = Menu(menubar, tearoff = 0, bg = 'yellow', fg = 'brown')
    filemenu.add_command(label = "新建", command = 'donothing')
    filemenu.add_command(label = "打开", command = 'donothing')
    filemenu.add_command(label = "保存", command = 'donothing')
    filemenu.add_command(label ="保存为...", command = 'donothing' )
    filemenu.add_command(label = "关闭", command = 'donothing')
    filemenu.add_separator()

    filemenu.add_command(label = "退出", command = root.quit)
    menubar.add_cascade(label = "文件", menu = filemenu)
    editmenu = Menu(menubar, tearoff = 0)
    editmenu.add_command(labe l ="撤销", command = 'donothing')

    editmenu.add_separator()

    editmenu.add_command(label = "剪切", command = 'donothing')
    editmenu.add_command(labe l ="复制", command = 'donothing')
    editmenu.add_command(label = "粘贴", command = 'donothing')
    editmenu.add_command(label = "删除", command = 'donothing')
    editmenu.add_command(label = "全部删除", command = 'donothing')

    menubar.add_cascade(label = "编辑", menu = editmenu)
    helpmenu = Menu(menubar, tearoff = 0)
    helpmenu.add_command(label = "索引", command = 'donothing')
    helpmenu.add_command(label = "关于...", command = 'donothing')
    menubar.add_cascade(label = "帮助", menu = helpmenu)

    root.config(menu = menubar)
    root.mainloop()
```

2）客户端代码

```
>>> if _ _name_ _=='_ _main_ _':
    main()
```

3）执行情况

菜单示例执行情况如图 5.25 所示。

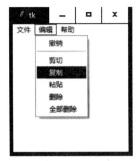

图 5.25　菜单示例执行情况

练习 5.3

1. 程序设计题

（1）简单的可连续计算计算器。

（2）电子商务客户服务窗口。

（3）按照你自己的想法实现一个用户登录界面。

（4）设计一个可以浏览大文本的文本框，并设置有垂直和水平两个滑动条。

（5）设计一个创建悬浮菜单的 Python 代码。

2. 思考题

（1）收集 Python 的 GUI 工具模块的资料，并给出下列信息。

- 模块名；

- 下载地址；

- 特点；

- 可以实现的功能。

（2）收集 tkinter 可用于创建 GUI 组件的资料。

第6章 Python 应用开发举例

Python 之所以广受青睐,除了它的语法简单、容易学习之外,主要还得益于众多的模块。实际上,Python 的应用开发并不复杂,关键只有两点:一是要熟悉应用领域;二是要能找到合适的模块。本章通过数据库、TCP/UDP 以及 WWW 这 3 个最基本方面的应用开发介绍,抛砖引玉,向读者展示如何进入一个领域的 Python 开发。

6.1 Python 数据库操作

信息社会就是数据社会。数据处理的手段与效率是反映信息化水平的重要指标。数据库(database)技术是一些数据处理技术的基础。

6.1.1 数据库与 SQL

1. 数据库的数据模型与关系数据库

数据库是在外部存储介质支持下,按照某种数据结构组织、存储和管理数据的系统。它存储的数据具有尽可能小的冗余度,并与应用程序彼此独立,能为多个用户共享。

数据库采用的数据模型对于存储和管理数据至为关键。已经出现的数据库数据模型有层次模型(hierachical model)、网状模型(network model)、关系模型(relational model)和对象模型(object model)。目前广泛应用的数据模型是关系模型。采用关系模型的数据库称为关系数据库。

关系模型于 1970 年由"关系数据库之父"之称的 IBM 公司研究员埃德加·弗兰克·科德(Edgar Frank Codd)提出,它用二维表格表示实体及其之间的联系,每一张二维表称为一个关系。表 6.1 就是一个学生数据的关系模型。

表 6.1 学生数据的关系模型

学 号	姓 名	性 别	出 生 日 期	专 业	所 在 系
20123040158	方芳	女	1993-1-10	网络工程	信息工程系
20123030101	陈成	男	1992-12-26	国际经济与贸易	经济管理系
20123010102	冯峰	女	1993-6-18	英语教育	外语系
20123020103	黄欢	女	1990-10-2	会计学	财政会计系

一个关系描述了一个实体集。其中,每一行称为关系的一个元组(记录),每一列称为关系的一个属性(字段)。例如,在表 6.1 所示的学生关系中,列属性分别为学号、姓名、性别、出生日期、专业和所在系;每一行记录一个学生的数据。

关系数据库模型简单、灵活，还可以用集合代数等数学工具进行运算，特别是 1976年陈品山博士提出的实体关系模型（Entity-Relationship Model，E-R Model）利用图形的方式——实体-关系图（Entity-Relationship Diagram）表示关系数据库的概念模型，使数据库设计过程中的构思及沟通讨论更为简便，也使关系数据库系统快速流行起来。

2．SQL

结构化查询语言（Structured Query Language，SQL）是 1974 年由 Boyce 和 Chamberlin 提出的一种介于关系代数与关系演算之间的结构化查询语言，是一个通用的、功能极强的关系型数据库语言。它包含如下 6 个部分。

（1）数据查询语言（Data Query Language，DQL），用于从表中获得数据，确定数据怎样在应用程序中给出，使用最多的保留字是 SELECT，此外还有 WHERE、ORDER BY、GROUP BY 和 HAVING。

（2）数据操作语言（Data Manipulation Language，DML），也称为动作查询语言，其语句包括 INSERT、UPDATE 和 DELETE，分别用于添加、修改和删除表中的行。

（3）事务处理语言（Transaction Processing Language，TPL），其语句包括 BEGIN TRANSACTION、COMMIT 和 ROLLBACK，用于确保被 DML 语句影响的表的所有行及时得以更新。

（4）数据控制语言（Data Control Language，DCL），用于确定单个用户和用户组对数据库对象的访问，或控制对表单的访问。

（5）数据定义语言（Data Definition Language，DDL），其语句包括 CREATE 和 DROP，用于在数据库中创建新表或删除表等。

（6）指针控制语言（Cursor Control Language，CCL），其语句包括 DECLARE CURSOR、FETCH INTO 和 UPDATE WHERE CURRENT，用于对一个或多个表单进行操作。

1986 年 10 月，美国国家标准协会对 SQL 进行规范后，以此作为关系式数据库管理系统的标准语言，1987 年在国际标准组织的支持下成为国际标准。

目前，SQL 已经成为最重要的关系数据库操作语言，并且它的影响已经超出数据库领域，得到其他领域的重视，如人工智能领域中的数据检索在第四代软件开发工具中嵌入 SQL 等。

需要说明的是，尽管 SQL 被作为国际标准，但各种实际应用的数据库系统在其实践过程中都对 SQL 规范进行了某些编改和扩充。所以，实际上不同数据库系统之间的 SQL 不能完全相互通用。据统计，目前已有 100 多种遍布在从微机到大型机上的 SQL 数据库产品，其中包括 DB2、SQL/DS、ORACLE、INGRES、SYBASE、SQL Server 等。

6.1.2 用 pyodbc 访问数据库

数据库在数据处理方面的优势使它得到快速发展和广泛应用，许多应用程序都有与数据库连接的愿望。于是，各种应用程序与数据库连接的技术应运而生，并快速成熟。迄今为止，已经开发出的数据库连接技术如下。

（1）ADO——Active Data Objects，活动数据对象。

（2）DAO——Data Access Objects，数据访问对象。

（3）RDO——Remote Data Objects，远程数据对象。

（4）ODBC——Open DataBase Connectivity，开放式数据库链接。

（5）DSN——Data Source Name，数据源名。

（6）BDE——Borland DataBase Engine，Borland 数据库引擎。

（7）JET——Joint Engine Technology，数据连接性引擎技术。

（8）OLEDB——Objects Link Embed DataBase，对象链接嵌入数据库。

这些数据库链接的技术也随着 Python 应用的急剧扩展，快速进入 Python 领域。本书不可能对它们一一介绍，仅通过其中有代表性的 ODBC，介绍应用程序链接数据库的基本思想。

1．ODBC 及其结构

ODBC 是微软公司和 Sybase、Digital 公司于 1991 年 11 月共同提出的一组有关数据库连接的规范，目的在于使各种程序能以统一的方式处理所有的数据库访问，并于 1992 年 2 月推出了可用版本。ODBC 提供了一组对数据库访问的标准 API（应用程序编程接口），利用 ODBC API，应用程序可以传送 SQL 语句给 DBMS。

ODBC 系统结构如图 6.1 所示。其核心部件是 ODBC API、ODBC 驱动程序（driver）、ODBC 驱动程序管理器（driver manager）。

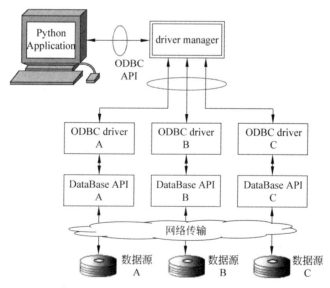

图 6.1　ODBC 系统结构

1）ODBC API

通常，ODBC API 以一组函数的形式提供给应用程序使用。当应用程序调用一个 ODBC API 函数时，驱动程序管理器就会把命令传递给适当的驱动程序。经过翻译之后，驱动程序会把命令传递给特定的后端数据库服务器，采用它能理解的语言或代码对数据源进行操作，并将结果或结果集通过 ODBC 沿着相反的方向传递。

通常，ODBC API 提供的函数可以实现如下功能。

（1）发送请求与数据源进行连接。

（2）将 SQL 请求发送到数据源。

（3）为 SQL 请求的结果定义存储区域和数据格式。

（4）送回请求的结果。

（5）显示工作过程出现的错误。

（6）事务处理控制请求的提交或回滚操作。

（7）关闭与数据源的连接。

2）ODBC 驱动程序

ODBC 驱动程序是 ODBC 的核心部件，由一些动态链接库（Dynamic Link Library，DLL）组成。每个 DLL 中都包含有可供多个程序同时使用的代码和数据，并且 DLL 间相对独立，都可以动态更新，一个模块更新不会影响其他模块。

由一些 DLL 组成的 ODBC 驱动程序提供了 ODBC 和数据库之间的接口。通过这种接口，可以建立用户应用程序与数据源的连接，把应用程序提交到 ODBC 请求转换为对数据源的操作，并接收数据源的操作结果返回给用户（应用程序）。

应用程序要与数据库连接，需要数据库驱动程序。不同的数据库有不同的驱动程序，例如，有 ODBC 驱动、SQL Sever 驱动、MySQL 驱动等。表 6.2 为常用数据库的 ODBC 驱动程序名。

表 6.2 常用数据库的 ODBC 驱动程序名

数 据 库	ODBC 驱动程序名
Oracle	oracle.jdbc.driver.OracleDriver
DB2	com.ibm.db2.jdbc.app.DB2Driver
SQL Server	com.microsoft.jdbc.sqlserver.SQLServerDriver
SQL Server 2000	sun.jdbc.odbc.JdbcOdbcDriver
SQL Server 2005	com.microsoft.sqlserver.jdbc.SQLServerDriver
Sybase	com.sybase.jdbc.SybDriver
Informix	com.informix.jdbc.IfxDriver
MySQL	org.gjt.mm.mysql.Driver
PostgreSQL	org.postgresql.Driver
SQLDB	org.hsqldb.jdbcDriver

进行一个数据库开发，首先要配置（下载）需要的数据库驱动程序。

3）驱动程序管理器

驱动程序管理器的任务是管理 ODBC 驱动程序。由于对用户是透明的，所以具体内容就不介绍了。

2．ODBC 工作过程

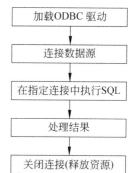

图 6.2　Python ODBC 的工作过程

Python 使用 ODBC 的工作过程如图 6.2 所示。

① 加载 ODBC 驱动。每个 ODBC 驱动都是一个独立的可执行程序，它一般被保存在外存中。加载就是将其调入内存，以便随时执行。

② ODBC 是 Python 应用程序与数据库之间的桥梁。链接数据库实际上就是建立 ODBC 驱动与制定数据源（库）之间的连接。由于数据源必须授权访问，所以连接数据源需要对数据源定位信息，还要提供访问者的身份信息。这些信息用字符串表示，就称为连接字符串。通常，连接字符串包括数据源类型、数据源名称、服务器 IP 地址、用户 ID、用户密码等。并且，访问不同的数据源（驱动程序）时需要提供的连接字符串有所不同。表 6.3 为常用数据源对应的连接字符串。

表 6.3　常用数据源对应的连接字符串

数据源类型	连接字符串
SQL Server（远程）	"Driver={SQL Server};Server=130.120.110.001;Address=130.120.110.001,1052;Network=dbmssocn;Database = pubs;Uid=sa;Pwd=asdasd;" 注：Address 参数必须为 IP 地址，而且必须包括端口号，须指定地址、端口号和网络库
SQL Server（本地）	"Driver={SQL Server};Database=数据库名;Server=数据库服务器名(localhost);UID=用户名(sa);PWD=用户口令；" 注：数据库服务器名（local）表示本地数据库
Oracle	"Driver={microsoft odbc for oracle};server=oraclesever.world;uid=admin;pwd=pass; "
Access	"Driver={microsoft access driver(*.mdb)};dbq=*.mdb;uid=admin;pwd=pass; "
SQLite	"Driver={SQLite3 ODBC Driver};Database=D:\SQLite*.db"
MySQL（Connector/Net）	"Server=myServerAddress;Database=myDataBase;Uid=myUsername;Pwd=myPassword; "

还应当注意，连接字符串有 DSN 和 DSN-LESS（非 DNS）两种方式。DNS（Data Source Name，数据源名）方式就是采用数据源的连接字符串。在 Windows 系统中，这个数据源名可以在"控制面板"里的 ODBC Data Sources 中进行设置，如 Test，则对应的连接字符串为"DSN=Test;UID=Admin;PWD=XXXX;"。

DSN-LESS 就是非数据源方式的连接方法，使用方法是："Driver={Microsoft Access Driver (*.mdb)};Dbq=\somepath\mydb.mdb;Uid=Admin;Pwd= XXXX;"。

③ 在当前连接中向 ODBC 驱动传递 SOL，进行数据库的数据操作。

④ 处理结果。要把 ODBC 返回的结果数据转换为 Python 程序可以使用的格式。

⑤ 处理结束后，要依次关闭结果资源、语句资源和连接资源。

3．pyodbc

pyodbc 是 ODBC 的一个 Python 封装，它允许任何平台上的 Python 都具有使用 ODBC

API 的能力。这意味着，pyodbc 是 Python 语言与 ODBC 的一条桥梁。它为 Python 修建了一条连接 ODBC 交通专线，使任何平台上的 Python 具有直接操作 ODBC API 的能力，以连接来自 Windows、Linux、OS/X 等系统中的大部分数据库。

使用 pyodbc 进行数据库操作的基本过程如图 6.3 所示，它从加载 pyodbc 开始，经过建立连接创建一个连接对象（connection），然后调用 connection 的方法创建一个游标对象（cursor），再用 cursor 的有关方法进行数据库的访问，最后关闭连接。

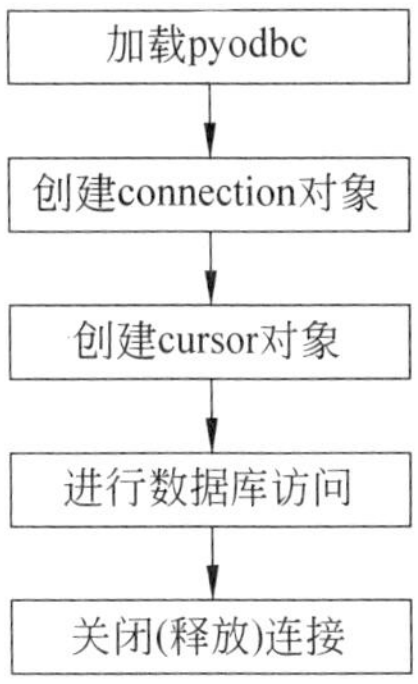

下面进一步介绍 pyodbc 的三个核心处理过程。

图 6.3　使用 pyodbc 进行数据库操作的基本过程

1）创建连接对象

到 http://code.google.com/p/pyodbc/downloads/list 下载 pyodbc-3.0.6.zip，解压并安装。可以用下面的代码创建 connection 对象。

```
pyodbc.connect('ODBC 连接字符串')
```

注意：ODBC 连接字符串分为操作系统方式和 DNS 方式。

代码 6-1　创建连接对象的几种方式。

```
import pyodbc
#连接示例: Windows 系统,非 DSN 方式,使用微软 SQL Server 数据库驱动
cnxn = pyodbc.connect('DRIVER={SQL Server}; SERVER=localhost; PORT=1433; DATABASE=testdb;
UID=me; PWD = pass')
#连接示例: Linux 系统,非 DSN 方式,使用 FreeTDS 驱动
cnxn = pyodbc.connect('DRIVER={FreeTDS}; SERVER=localhost; PORT=1433; DATABASE=testdb;
UID=me; PWD=pass; TDS_Version=7.0')
#连接示例:使用 DSN 方式
cnxn = pyodbc.connect('DSN=test;PWD=password')
```

2）创建游标对象

在数据库中，游标是一个十分重要的处理数据的方法。用 SQL 从数据库中检索数据后，结果放在内存的一块区域中，且结果往往是一个含有多个记录的集合。游标提供了在结果集中一次以行或者多行前进或向后浏览数据的能力，使用户可以在 SQL Server 内逐行访问这些记录，并按照用户自己的意愿显示和处理这些记录，所以游标总是与一条 SQL 选择语句相关联。

游标对象由 connection 对象调用 cursor() 方法创建，也称为打开游标，代码如下。

```
#打开游标
cursor =cnxn.cursor()
```

游标对象创建后，就可用其有关方法进行数据库访问了。表 6.4 为常用的游标对象方法。

表 6.4　常用的游标对象方法

方 法 名	说 明
arraysize()	使用 fetchmany()方法时一次取出的记录数, 默认为 1
connection()	创建此游标的连接
discription()	返回游标活动状态(name、type_code、display_size、internal_size、precision、scale、null_ok), 其中 name, type_code 是必需的
lastrowid()	返回最后更新行的 id, 如果数据库不支持, 则返回 none
rowcount()	最后一次 execute()返回或者影响的行数
callproc()	调用一个存储过程
close()	关闭游标
execute()	执行 SQL 语句或者数据库命令
executemany()	一次执行多条 SQL 语句
fetchone()	匹配结果的下一行
fetchall()	返回所有剩余行并存储于一个列表中
fetchmany(size-cursor,arraysize)	匹配结果的下几行
__iter__(), next()	__iter__()创建迭代对象, next()得到迭代对象结果的下一行
messages()	游标执行后数据库返回的信息列表（元组集合）
nextset()	移动游标到下一个结果集
rownumber()	当前结果集中游标的索引（从 0 行开始）
setinput-size(sizes)	设置输入的最大值
setoutput-size(sizes[,col])	设置列输出的缓冲值

3）数据库访问

下面举例说明一些主要用法。

代码 6-2　使用 cursor.execute()方法。

```
cursor.fetchone                              #用于返回一个单行（row）对象
cursor.execute("select user_id, user_name from users")
row =cursor.fetchone()
if row:
    print(row)
```

代码 6-3　使用 cursor.fetchone()方法生成类似元组（tuples）的 row 对象。不过, 也可以通过列名称访问。

```
cursor.execute("select user_id, user_name from users")
row =cursor.fetchone()
print('name:',row[1])                        #使用列索引号访问数据
print('name:',row.user_name)                 #或者直接使用列名访问数据
```

代码 6-4　当所有行都已被检索, 则 fetchone()返回 None。

```
while 1:
    row = cursor.fetchone()
    if not row:
```

```
        break
    print('id:', row.user_id)
```

代码 6-5 使用 cursor. fetchall()方法一次性将所有数据查询到本地，然后再遍历。

```
cursor.execute("select user_id, user_name from users")
rows = cursor.fetchall()
for row in rows:
    print(row.user_id, row.user_name)
```

由于 cursor.execute()总是返回游标（cursor），所以也可以简写成如下形式。

```
for row in cursor.execute("select user_id, user_name from users"):
    print(row.user_id, row.user_name)
```

代码 6-6 插入数据。插入数据使用相同的函数——通过传入 Insert SQL 和相关占位参数插入数据。

```
cursor.execute("insert into products(id, name) values ('pyodbc', 'awesome library')")
cnxn.commit()
cursor.execute("insert into products(id, name) values (?, ?)", 'pyodbc', 'awesome library')
cnxn.commit()
```

注意：调用 cnxn.commit()，发生错误时可以回滚。具体需要看数据库特性支持情况。如果数据发生改变，最好进行提交。如果不提交，则在连接中断时，所有数据会发生回滚。

代码 6-7 更新和删除数据示例。

更新和删除工作通过特定的 SQL 执行。若想知道更新和删除时有多少条记录受到影响，可以使用 cursor.rowcount()获取值。

```
cursor.execute("delete from products where id <> ?", 'pyodbc')
print('Deleted {}inferior products'.format(cursor.rowcount))
cnxn.commit()
```

由于 execute 总是返回游标（允许调用链或迭代器使用），所以有时可以直接采用如下简写代码。

```
deleted = cursor.execute("delete from products where id <> 'pyodbc'").rowcount
cnxn.commit()
```

注意：一定要调用 commit()，否则连接中断时会造成改动回滚。

代码 6-8 自动清理。

在一个事务中，如果一个连接关闭前没有提交，则会进行当前事务回滚，但一般不需要用 finally 或 except 语句执行人为清理操作，程序会自动清理。例如，在下列执行过程中任何一条 SQL 语句出现异常，都将导致这两个游标执行失效，从而保证原子性：要么所有数据都插入，要么所有数据都不插入；不需要人为编写清理代码。

```
cnxn = pyodbc.connect(...)
cursor = cnxn.cursor()
```

```
cursor.execute("insert into t(col) values (1)")
cursor.execute("insert into t(col) values (2)")
cnxn.commit()
```

6.1.3 SQLite3 数据库

SQLite 是一种嵌入式数据库。说是数据库，但本质上是一套用 C 语言实现的对数据库文件的读写接口。这个接口支持 SQL，所以它不需要什么服务器，也没有数据库权限管理，在程序中可以随时调用 API 创建一个数据库文件，进行数据存储，非常轻巧、灵活、易用，很多软件都在使用它，包括腾讯 QQ、金山词霸、迅雷，以及 Android 等。SQLite3 是 SQLite 的第 3 个主要版本。下面简单介绍它的用法。

1. 导入数据库模块

```
import sqlite3                    #导入模块
```

2. 创建 connection 对象和 cusor 对象

用 SQLite3 的 connect ()函数可以创建一个数据库连接（connection）对象（本例中用 conn 引用这个对象，或称这个连接对象为 conn）。connect()用连接字符串作为参数。连接字符串中的核心内容是数据库文件名。这也意味着：当数据库文件不存在时，它会自动创建这个数据库文件名；如果已经存在这个文件，则打开这个文件。这说明，创建 Python 到数据库的连接对象，实际上就是创建一个数据库，并打开数据库。SQLite3 的 connect()函数的语法如下。

> **conn = sqlite3.connect(连接字符串)**

应用示例如下。

```
conn = sqlite3.connect("d:\\test.db")
```

这个数据库创建在外存。有时也需要在内存创建一个临时数据库，语法如下。

> **conn = sqlite3.connect(':memory:')**

数据库连接对象一经创建，也就是数据库文件被打开，就可以使用这个对象调用有关方法实现相应的操作。connection 对象的主要方法见表 6.5。

表 6.5 connection 对象的主要方法

方　法　名	说　　明
execute(SQL 语句[,参数])	执行一条 SQL 语句
executemany(SQL 语句[,参数序列])	对每个参数，执行一次 SQL 语句
executescript(SQL 脚本)	执行 SQL 脚本
commit()	事务提交
rollback()	撤销当前事务，事务回滚到上次调用 connect()处的状态

方 法 名	说 明
cursor()	创建一个游标对象
close()	关闭一个数据库连接

sqlite 游标是一个对象，这个对象由 connection 对象使用它的 cursor()方法创建。创建示例如下。

```
cu = conn.cursor()
```

在 SQLite 中有许多操作是由游标对象调用其有关方法执行的。表 6.6 列出了游标对象的主要方法。

表 6.6　游标对象的主要方法

方 法 名	说 明
execute(SQL 语句[,参数])	执行一条 SQL 语句
executemany(SQL 语句[,参数序列])	对每个参数，执行一次 SQL 语句
executescript(SQL 脚本)	执行 SQL 脚本
close()	关闭游标
fetchone()	从结果集中取一条记录，返回一个行（Row）对象
fetchmany()	从结果集中取多条记录，返回一个行（Row）对象列表
fetchall()	从结果集中取出剩余行记录，返回一个行（Row）对象列表
scroll()	游标滚动

3. 执行 SQL 语句

表 6.5 和表 6.6 中都有 execute()、executemany()和 executescript()，也就是说，向 DBMS 传递 SQL 语句的操作可以由 connection 对象承担，也可以由 cursor 对象承担。这时两个对象的调用等效。因为实际上，使用 connection 对象调用这 3 个方法执行 SQL 语句时，系统会创建一个临时的 cursor 对象。

常见的 SQL 指令包括创建表以及进行表的插入、更新和删除。

代码 6-9　SQLite 数据库创建与 SQL 语句传送。

```
>>> import sqlite3                                        #导入 sqlite3
>>> conn = sqlite3.connect(r"D:\code0516.db")            #创建数据库
>>> conn.execute("create table region(id primary key, name, age)")
<sqlite3.Cursor object at 0x0000020635E82B90>
>>> regions = [('2017001','张三',20),('2017002','李四',19),('2017003','王五',21)]
                                                          #定义一个数据区块
>>> conn.execute("insert into region(id,name,age)values('2017004','陈六',22)")
                                                          #插入一行数据
<sqlite3.Cursor object at 0x0000020635E82C00>
>>> conn.execute("insert into region(id,name,age)values(?,?,?)",('2017005','郭七',23))
                                                          #以"？"作为占位符的插入
```

```
<sqlite3.Cursor object at 0x0000020635E82B90>
>>> conn.executemany("insert into region(id,name,age)values(?,?,?)",regions)#插入多行数据
<sqlite3.Cursor object at 0x0000020635E82C00>
>>> conn.execute("update region set name = ? where id = ?",('赵七','2017005'))
                                                              #修改用 id 指定的一行数据
<sqlite3.Cursor object at 0x0000020635E82B90>
>>> n = conn.execute("delete from region where id = ?",('2017004',))#删除用 id 指定的一行数据
>>> print('删除了',n.rowcount,'行记录')
删除了 1 行记录
>>> conn.commit()                                             #提交
>>> conn.close()                                              #关闭数据库
```

4. 数据库查询

cursor 对象的主要职责是从结果集中取出记录，有 3 个方法：fetchone()、fetchmany() 和 fetchall()，可以返回 Row 对象或 Row 对象列表。

代码 6-10 SQLite 数据库查询。

```
>>> import sqlite3
>>> conn = sqlite3.connect(r"D:\code0516.db")
>>> cur = conn.execute("select id,name from region")          #创建一个游标对象
>>> for row in cur:                                           #迭代式查询指定列
        print(row)

('2017005', '赵七')
('2017001', '张三')
('2017002', '李四')
('2017003', '王五')
>>> cur.close()                                              #关闭游标对象
>>> conn.close()                                             #关闭数据库
```

练习 6.1

1. 填空题

（1）数据库系统主要由计算机系统、数据库、_____、数据库应用系统及相关人员组成。

（2）根据数据结构的不同进行划分，常用的数据模型主要有_____、_____、

_____。

（3）数据库的_____形成了其两级独立性：_____之间的相互独立以及_____之间的相互独立。

（4）DBMS 中必须保证事务的 ACID 属性为_____、_____、_____和_____。

2. 简答题

（1）什么是 DBMS？

（2）常用的数据模型有哪几种？

（3）什么是关系模型中的元组？

（4）数据库的三级模式结构分别是什么？

（5）DBMS 包含哪些功能？

（6）收集关于 Python 连接数据库的形式。

（7）收集 SQL 常用语句。

3. 程序设计题

（1）设计一个 SQLite 数据库，包含学生信息表、课程信息表和成绩信息表。请写出各个表的数据结构的 SQL 语句，以 CREATE TABLE 开头。

（2）设计一个用 SQLite 存储通讯录的程序。

6.2 Python Socket 编程

这是一个信息时代，是所有的信息交流都以计算机网络为平台的时代，也是绝大多数应用都以计算机网络为基础的时代。所以，网络编程成为现代程序设计的一个重要领域。

6.2.1 TCP/IP 与 Socket

1. Internet 与 TCP/IP

计算机网络是计算机技术与通信技术相结合的产物。为了降低设计与建造的复杂性，提高计算机网络的可靠性，就要把计算机网络组织成层次结构。不同的计算机网络有不同的体系，现在作为实际标准的计算机网络是 Internet。如图 6.4（a）所示，Internet 连接世界上几乎所有的城域网络、部门网络、企业网络和个人网络，成为一个网上之网，并通过这些网络连接世界上几乎所有的计算机及其上的应用。在其发展过程中逐步形成如图 6.4（b）所示的体系结构。

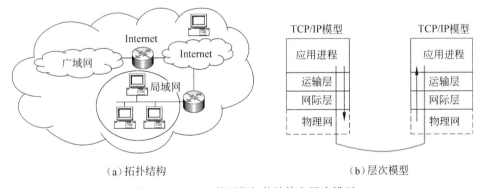

（a）拓扑结构　　　　　　　　　　　　（b）层次模型

图 6.4　Internet 的网络拓扑结构和层次模型

Internet 上有多种应用，不同的应用采用不同的应用协议，如 DNS（域名系统）、WWW（万维网）、FTP（文件传输）、电子邮件等。这些不同的应用程序可以在其应用层平行展开，同时运行。为了便于描述，将每个运行程序称为一个进程（process）。计算机网络上的一次应用过程就是两个同类进程通信的过程。将进程产生的数据变成在物理网上传输的信号，在 Internet 上通过运输层和网际层实现。

运输层的作用就是在不同的进程产生的数据上添加进程标识——端口号和其他安全保证等信息进行包装，再把不同的运输层包复用起来交给网际层处理。根据传输要求，运输层采用两种不同的策略进行数据传输，对应的协议称为传输控制协议（Transmission Control Protocol，TCP）和用户数据报协议（User Datagram Protocol，UDP）。TCP 是一种面向连接的传输，很像打电话，拨号连接后，才可以传输数据（通话），是一种可靠的传输协议。UDP 是一种无连接的传输，有点像传信：一封信发出后，不管走哪条路径，只要送到就行，是一种尽可能传送的协议。这两个协议常写成 TCP/UDP。所以，运输层也简称为 TCP/UDP 层。

网际层的作用是找对进行通信的两台主机，为此要对网络与主机进行编码，把这些编码添加到运输层送来的数据包中，交给物理层。网际层的核心协议是 IP（Internet Protocol）。所以网际层也称 IP 层。

在 Internet 中，IP 与 TCP/UDP 是关键性两层，所以也把 Internet 称为 TCP/IP 网络。

2．IP 地址与域名

对网络和主机进行编号是 IP 的主要功能。这种关于网络和主机的编码称为 IP 地址。

1）IP 地址分类

目前广泛应用的 IP 地址是 32 位长的 IP 地址。如图 6.5 所示，这 32 位被分为 3 部分，分别表示网络类型、网络号（网络地址）和主机号。按照网络类型，将 IP 地址分为 A、B、C、D、E 共 5 类。其中 D 类和 E 类有特殊用途，实际应用的就是 A、B、C 这 3 类，类型编码分别为 0、10 和 110。

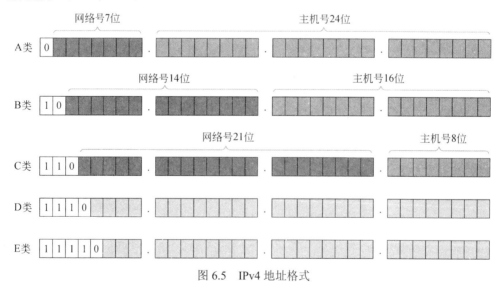

图 6.5　IPv4 地址格式

在 A、B、C 这 3 类地址中，A 类地址用于大型网络，这类网络比较少，但每个网络中的主机数量多，所以其网络号较短，只占 7 位，而主机号很长，占 24 位；C 类地址用于小型网络，网络较多，每个网络中的主机数量较少，所以网络号较长，占 21 位，而主机号较短，占 8 位；B 类地址用于中型网络。

2）点分十进制 IP 地址

用 32 位二进制表示一个主机的 IPv4 地址难记、难辨，容易出错。为此首先演绎出了用点分十进制（dotted decimal notation）表示法标识 IPv4 的地址。它把一个 IPv4 中的 32 位分成 4B（Byte，字节），将每个字节按照十进制表示为 0～255，字节之间用圆点（.）分隔，如 192.168.1.1。

3）域名

用点分十进制标识一个网络中的主机，因为符号只有 10 个，不太直接，还很难记，于是域名（domain name）应运而生。域名用点分名字代替点分数字标识 IPv4 地址，每个主机地址用两个或两个以上的字符型名字组成，中间用圆点（.）分隔，并按一定的层次和逻辑排列。每一层标识了不同的名字域，最后一个名字称为顶级域名。顶级域名分为两类：国际代码顶级域名（如.com、.edu、.org、.net 等）和国家代码顶级域名（如.cn、.us 等）。

3. 应用进程与 TCP/UDP 端口

运输层用端口（port）号进行应用进程的标识，并分为 TCP 与 UDP 两类。表 6.7 为部分当前分配的 TCP 和 UDP 端口号。

表 6.7　部分当前分配的 TCP 和 UDP 端口号

端口号	关　键　字	UNIX 关键字	说　　明	UDP	TCP
7	ECHO	echo	回显		Y
20	FTP_DATA	ftp_data	文件传输协议（数据）		Y
21	FTP_CONTRAL	ftp	文件传输协议（命令）		Y
22	SSH	ssh	安全命令解释程序		Y
23	TELNET	telnet	远程连接		Y
25	SMTP	smtp	简单邮件传输协议		Y
37	TIME	time	时间	Y	Y
42	NAMESERVER	name	主机名服务器	Y	Y
43	NICNAME	whois	找人	Y	Y
53	DOMAIN	nameserver	DNS（域名服务器）	Y	Y
69	TFTP	tftp	简单文件传输协议	Y	
79	FINGER	finger	Finger		Y
80	WEB	web	Web 服务器		Y
110	POP3	pop3	邮件协议版本 3		Y
111	RPC	rpc	远程过程调用	Y	Y
119	NNTP	nntp	USENET 新闻传输协议	Y	Y
123	NTP	ntp	网络时间协议	Y	Y
161	SNMP	snmp	简单网络管理协议	Y	

端口号	关 键 字	UNIX 关键字	说　　明	UDP	TCP
179	BGP		边界网关协议		Y
520	RIP		路由信息协议	Y	

4. 对等模式与客户机/服务器模式

在计算机网络中，根据通信两端的资源分配方式，会形成对等工作模式和客户机/服务器模式。

对等模式是对两端资源进行对等分配：任何一端都可以向对方申请资源（或称服务），任何一方也可以为对方提供服务。例如，E-mail 通信就是这样。

另一种情况是，两方的资源进行不对等分配，即一方供服务，称为服务器端；另一方用于向服务器发送请求并享受服务结果，称为客户端。这种工作模式称为客户机/服务器（Client/Server）架构，简称 C/S 架构。图 6.6 描述了 C/S 架构的工作过程。

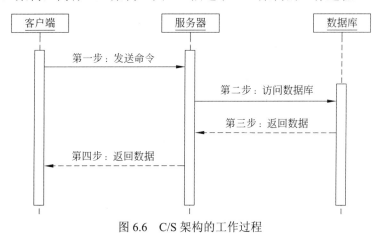

图 6.6　C/S 架构的工作过程

注意：在 C/S 架构中，通信过程总是从客户端发起请求开始，所以客户端是通信的主动端。而服务器是一次通信的被动端，因为它并不知道客户端何时发起请求，并且一个服务器往往要为多个，甚至无法知道数量的客户端服务，所以服务器端应当先开始工作，并且可能会不停歇地工作，处于倾听状态，等待某一个客户端发起连接请求。

5. Socket

如图 6.7 所示，Socket 是在 TCP/IP 之上添加一个套接层，屏蔽 TCP/IP 的细节，为计算机网络应用程序提供一个简洁的界面——把计算机网络对于应用程序活动的支持简化为 Socket 之间的通信。

在面向对象的程序开发中，这个套接层的活动被封装成 Socket 对象，即在客户机端程序中首先要生成客户端的 Socket 对象；在服务器端程序中，首先要生成服务器端的 Socket 对象。在生成 Socket 对象时，最关键的参数称为 Socket 字。这个 Socket 字是一个由 IP 地址（或主机名）与端口号组成的二元组。也就是说，Socket 字是这个 Socket 对象的重要实例变量。除此之外，这个 Socket 对象还需要有一系列数据（消息）发送/接收方法。

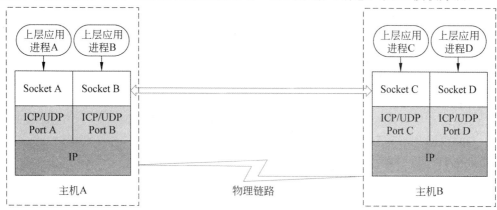

图 6.7　Socket 的基本作用

6.2.2　Socket 模块与 Socket 对象

为了支持网络开发，Python 内置了一个 Socket 模块。下面介绍这个模块的主要元素。

1．Socket 模块中的常量和函数

进行 Socket 通信，首先需要创建 Socket 对象，而创建 Socket 对象时需要用到一些参数。所以，Socket 模块中定义了一些由 Socket 直接调用的常量和函数，见表 6.8。

表 6.8　Socket 模块中由 Socket 直接调用的常量和函数

常量/函数名	功　能　说　明
socket.AF_UNIX	地址类型：只用于单一 UNIX 系统进程间通信
socket.AF_INET	地址类型：对于 IPv4 的 TCP 和 UDP
socket.AF_INET6	IPv6
socket.SOCK_STREAM	套接字类型：流式套接字，面向 TCP
socket.SOCK_DGRAM	套接字类型：数据报式套接字,面向 UDP
socket.SOCK_RAW	套接字类型：原始套接字，允许对较低层协议（如 IP、ICMP 等）进行直接访问
socket.INADDR_ANY	任意 IP 地址（32 位字节数字形式）
socket.INADDR_BROADCAST	广播地址（32 位字节数字形式）
socket.INADDR_LOOPBACK	loopback 设备，地址总是 127.0.0.1（32 位字节数字形式）
socket.gethostname()	返回运行程序所在的计算机的主机名
socket.gethostbyname(hostname)	尝试将给定的主机名解释为一个 IP 地址
socket.gethostbyname_ex(hostname)	返回三元组（原始主机名，域名列表，IP 地址列表）
socket.gethostbyaddr(address)	含义与 gethostbyname_ex 相同，只是参数是一个 IP 地址字符串
socket.getserverbyname(service,protocol)	返回服务使用的端口号
socket.getfqdn([name])	函数返回关于给定主机名的全域名（如果省略，则返回本机的全域名）
socket.inet_aton(ip_addr)	从非 Python 的 32 位字节包 IP 地址中获取 Python 的 IP 地址
socket.inet_ntoa(packed)	inet_aton(ip_addr)的逆转换
socket.socket(family,type[,proto])	创建 Socket 对象

参数说明：

（1）hostname：主机名。

（2）address：主机地址。

（3）service：服务协议名。

（4）protocol：传输层协议名——TCP 或 UDP。

（5）family：代表地址家族，通常的取值为 AF_INET。

（6）type：代表套接字类型，通常的取值为 SOCK_STREAM（用于 TCP 连接）或
SOCK_DGRAM（用于 UDP）。

代码 6-11 网络参数获取示例。

```
>>> import socket
>>> socket.gethostname()
'DESKTOP-GVKNACA'
>>> socket.gethostbyname('DESKTOP-GVKNACA')
'192.168.1.104'
>>> socket.gethostbyname('www.163.com')
'183.235.255.174'
>>> socket.gethostbyname_ex('www.163.com')
('www.163.com', [], ['183.235.255.174'])
>>> socket.getprotobyname('tcp')
6
>>> sock = socket.socket(socket.AF_INET,socket.SOCK_STREAM)
```

2．Socket 对象及其方法

Socket 通信是从 Socket 对象创建开始的。Socket 对象创建之后，就可以由这个对象调用其方法实现全部通信过程。以 TCP 通信为例，其通信基本过程如下。

在服务器端，创建了 Socket 对象，就相当于服务器开始工作。Socket 对象需要用本端的 Socket 字（主机地址或主机名，端口号）实例化，如果没有实例化，则需要执行绑定（bind）操作，然后倾听（listen for）并处于阻塞（accept，停止任何操作），静候一个连接到来。接收到一个连接后，将创建一个新的 Socket 对象用于发送和接收数据。原来的那个 Socket 继续倾听、阻塞，等待接收下一个连接。

在客户端，可以是需要连接时才创建 Socket 对象，之后就可以发起连接请求了。

连接成功，两端就可以通过发送（send）和接收（recv）方法进行通信了。

通信结束，释放所创建的对象。

表 6.9 为常用 Socket 对象的方法。

表 6.9　常用 Socket 对象的方法

方　法　名	功　能　说　明
ssock.listen(backlog)	设置并启动 TCP 监听器
ssock.bind(address)	将套接字绑定在服务器端 Socket 对象上
ssock.accept()	阻塞，等待并接收客户端连接，返回（conn,address），conn 是新套接字对象，可用来接收和发送数据。address 是连接客户端的地址

方 法 名	功 能 说 明
csock.connect(address)	主动发起客户端连接请求
csock.connect_ex(address)	connect()的扩展版本, 如果有问题, 就返回错误码, 而非抛出异常
conn.send(bytes)	发送 TCP 消息
conn.sendall(bytes)	发送完整 TCP 消息
sock.sendto(bytes,address)	发送 UDP 消息
conn.recv(bufsize)	接收 TCP 消息
sock.recvfrom(bufsize[,flags])	接收 UDP 消息, 返回二元组 (bytes,address)
conn/sock.close()	撤销 Socket 对象

注: ssock, 服务器端 Socket 对象; csock, 客户端 Socket 对象; sock, 普通 Socket。

参数说明:

(1) bytes: 字节系列。

(2) address: 发送目的地(host,port)。

(3) bufsize: 一次接收数据的最大字节数(缓冲区大小)。

(4) backlog: 指定最多允许连接的客户端数目, 最少为 1。

6.2.3 TCP 的 Python Socket 编程

1. TCP Socket 工作流程

图 6.8 为建立在 Socket 之上的 TCP 在 C/S 模式下的工作流程。

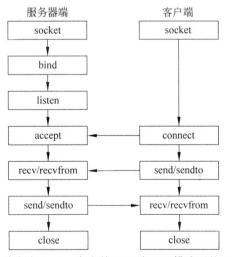

图 6.8 建立在 Socket 之上的 TCP 在 C/S 模式下的工作流程

2. 一个简单 TCP 服务器的 Python Socket 实现

代码 6-12 带有时间戳的 TCP 服务器端程序。

```
>>> from socket import *
>>> from time import import ctime
>>>
>>> def tcpServerProg():
    #参数配置
    HOST = ''
    PORT = 8000
    BUFSIZ = 1024
    ADDR = (HOST,PORT)

    #创建服务器端套接字对象，并处于倾听状态
    sSock = socket(AF_INET,SOCK_STREAM)
    sSock.bind(ADDR)
    sSock.listen(5)

    #创建连接对象，以便进行数据接收和发送
    while True:
        print('Waiting for connection...')
        conn.addr = sSock.accept()           #创建连接对象，使原来的套接口对象继续监听
        print('...connected from:',addr)

        while True:
            data = conn.recv(BUFSIZ)
            if not data or data.decode() == 'exit':
                break
            print ('Received message:',data.decode())
            content = '[%s] %s' % (ctime(), data)
            conn.send(content.encode())
        conn.close()                          #释放连接对象
    sSock.close()                             #释放套接口对象
```

3. 一个简单 TCP 客户端的 Python Socket 实现

代码 6-13　带有时间戳的 TCP 的客户端程序。

```
>>> from socket import *
>>>
>>> def tcpClientProg():

    HOST = '192.168.1.104'
    PORT = 8000
    BUFSIZ = 1024
    ADDR = (HOST,PORT)

    cSock = socket(AF_INET,SOCK_STREAM)
    cSock.connect(ADDR)

    while True:
        data = input('>')
        cSock.send(data.encode())
```

```
    if not data or data == 'exit':
        break
    data = cSock.recv(BUFSIZ)
    if not data:
        break
    print(data.decode())
cSock.close()
```

4. 程序运行情况讨论

服务器端和客户端程序运行情况如图 6.9 所示。

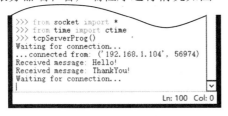 

（a）服务器端程序（代码 6-12）运行情况　　　（b）客户端程序（代码 6-13）运行情况

图 6.9　服务器端和客户端程序运行情况

图 6.10 为代码 6-12 与代码 6-13 执行过程的时序图。时序图可以描述系统中各对象的创建、活动以及对象之间的消息传递关系与时序。

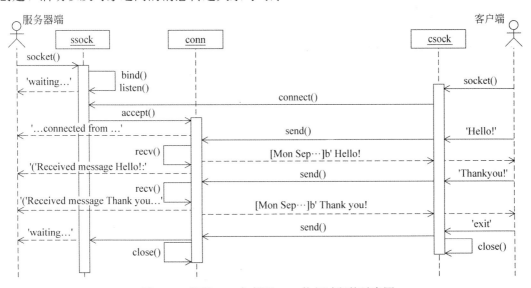

图 6.10　代码 6-12 与代码 6-13 执行过程的时序图

说明：

（1）在时序图中，最上端的矩形表示对象，其名称标有下画线。由对象向下引出的虚线是时间（或称生命）线；时间线上的纵向矩形表示对象是对象被激活的时间段。水平方向的带箭头的线表示消息传递，其中实线是主动消息（包括自身消息），虚线是返回消息。

（2）从图 6.10 中可以看出客户机/服务器工作的基本特点：服务器先开始工作，甚至是不间断地工作，但每次通信过程都是客户端发起。

（3）图 6.10 描画了 TCP 传输的一个基本特征：面向连接，即它有一个明确的连接过程，数据的发送和接收都是在连接的基础上进行的。这一点仅作为 Python 网络编程的简单应用。实际上，TCP 还有 3 个重要性质：可靠连接（也称为 3 次握手）、可靠传输和连接的从容释放。

（4）实际的 TCP 服务器工作时，都会使用两种端口：一种端口称为周知（公认）端口（well known port），也称为统一分配（universal assignment）端口、保留端口、静态端口。这些端口号是固定的、全局性的，范围为 0～1023。另一种端口称为动态端口或短暂端口（ephemeral port），是没有被分配为固定用途的端口，只作零差使用，范围为 49152～65535。一般来说，周知端口仅在服务器端用于接收连接。一旦连接成功，就会动态地从没有分配的端口中选择一个端口负责消息收发，使周知端口继续倾听，接收新的连接。客户端由于是连接的主动方，主要用于发送和接收消息，所以就使用短暂端口。从代码 6-12 的运行结果可以看出，服务器端从客户端发来的连接请求中可以获悉其端口号为 56974，这就是一个短暂端口。在 Socket 编程中用两个对象模拟，即服务器端的 Socket 对象创建之后，一直处于倾听状态；当有连接请求到来时，便会创建一个连接对象进行消息的接收和发送。所以，这两个对象应当是并行工作的。但在代码 6-12 中可以看到是串行工作的。改进的方法是利用多线程技术，使它们并发工作。基于课时等考虑，本书不介绍 Python 多线程技术，有兴趣的读者可以参考其他著作。

6.2.4 UDP 的 Python Socket 编程

图 6.11 为基于 Socket 的 UDP 工作流程。其特点可以概括为：没有连接过程的"想发就发"。

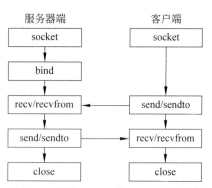

图 6.11　基于 Socket 的 UDP 工作流程

对比图 6.11 与图 6.10 可以看出，在 TCP 代码中去掉连接部分就是 UDP 代码。

代码 6-14　带有时间戳的 UDP 服务器端程序。

```
>>> from socket import *
>>> from time import ctime
```

```
>>>
>>> def udpServerProg():
    #参数配置
    HOST = ''
    PORT = 8002
    BUFSIZ = 1024
    ADDR = (HOST,PORT)


    #创建服务器端套接字对象
    sSock = socket(AF_INET,SOCK_DGRAM)
    sSock.bind(ADDR)

    while True:
        print('Waiting for connection...')
        data,addr = sSock.recvfrom(BUFSIZ)
        if not data or data.decode() == 'exit':
            break
        print ('Received message:',data.decode())
        content = '[%s] %s' % (ctime(), data)
        sSock.sendto(content.encode(),addr)
    sSock.close()
```

代码 **6-15** 带有时间戳的 UDP 客户端程序。

```
>>> from socket import *
>>>
>>> def udpClientProg():

    HOST = 'localhost'
    PORT = 8002
    BUFSIZ = 1024
    ADDR = (HOST,PORT)


    cSock = socket(AF_INET,SOCK_DGRAM)

    while True:
        data = input('>')
        cSock.sendto(data.encode(),ADDR)
        if not data or data == 'exit':
            break
        data,ADDR = cSock.recvfrom(BUFSIZ)
        if not data:
            break
        print(data.decode())
    cSock.close()
```

　　服务器端程序（代码 6-14）和客户端程序（代码 6-15）运行情况如图 6.12 所示。

　　注意：与 TCP 不同，UDP 创建 Socket 对象时的使用不同，发送和接收时使用的方法不同、参数也不同，即 UDP 每次发送都需要对方的地址，因为它没有连接。

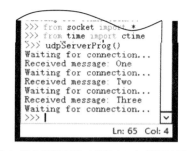 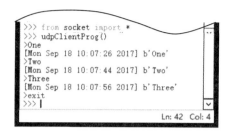

（a）服务器端程序（代码6-14）运行情况　　（b）客户端程序（代码6-15）运行情况

图6.12　服务器端程序（代码6-14）和客户端程序（6-15）运行情况

练习6.2

1. TCP 连接的建立应当是可靠的。TCP 建立可靠连接的方法是采用 3 次握手（three-way handshaking）方法。握手也称联络，是在两个或多个网络设备之间通过交换报文序列，以保证传输同步的过程。图6.13所示为用 3 次握手方式建立 TCP 连接的过程。

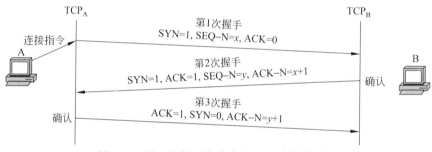

图6.13　用 3 次握手方式建立 TCP 连接的过程

第 1 次握手：主机 A 发出主动打开（active open）命令，TCP_A 向 TCP_B 源主机发出请求报文，内容如下。

- SYN=1，ACK=0：表明该报文是请求报文，不携带应答。
- SEQ-N=x：自己的序号为 x，后面要发送的数据序号为 $x+1$。

第 2 次握手：TCP_B 收到连接请求后，如同意连接，则发回一个确认报文，内容如下。

- SYN=1，ACK=1：该报文为接收连接确认报文，并捎带有应答。
- ACK-N=$x+1$：确认了序号为 x 的报文，期待接收序号以 $x+1$ 为第一字节的报文。
- SEQ-N=y：自己的序号为 y，后面要发送的数据序号为 $y+1$。

这时，TCP_A 和 TCP_B 会分别通知主机 A 和主机 B 连接已经建立。

到此为止，似乎就可以正式传输数据报文了。但是，问题没有这么简单。因为虽然 B 端同意了接收由 TCP_A 发起的连接，准备好了接收由 TCP_A 发来的数据，而 A 端还没有同意由 TCP_B 发起的连接。所以这时的连接仅是全双工通信中的半连接——TCP_A 到 TCP_B 的连接，TCP_B 到 TCP_A 的连接并没有建立起来。

所以，只有两次握手的连接是不可靠的。为了避免这种情况，必须再来一次握手。

第 3 次握手：TCP_A 收到含两次初始序号的应答后，再向 TCP_B 发一个带两次连接序号的确认报文，内容如下。

- ACK=1，SYN=0：该报文是单纯的确认报文，但不携带要传输数据的序号。
- ACK-N=$y+1$：确认了序号为 y 的报文，期待第 1 字节序号为 $y+1$ 的数据字段。

这样，双方才可以开始传输数据，并且不会出现前面的问题了。

请设计一个通过 3 次握手建立 TCP 连接的 Python 程序。

2．连接释放就是释放一个 TCP 连接占用的资源。正常的释放连接是通过断连请求及断连确认实现的。但是，在某些情况下，没有经过断连确认，也可以释放连接，但断连不当就有可能造成数据丢失。图 6.14 所示为一种断连不当引起数据丢失的情形：A 方连续发送两个数据后，发送了断连请求；B 方在收到第 1 个数据后，先发出了断连请求，结果第 2 个数据丢失。

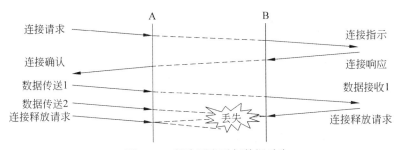

图 6.14　断连不当引起数据丢失

为了防止因断连不当引起数据丢失，断连应选择在确信对方已经收到自己发送的数据并且自己和对方不再发送数据时。由于 TCP 连接是双工的，它包含了两个方向的数据流传送，形成两个"半连接"。在撤销时，一方发起撤销连接，但连接依然存在，要在征得对方同意后，才能执行断连操作。

下面分两种情况考虑连接释放问题：传输正常结束释放和传输非正常结束释放。

1）传输正常结束释放

数据传输正常结束后，就应当立即释放这次 TCP 连接占用的资源。所以，连接的双方都可以发起释放连接。图 6.15 所示为由 A 方先发起的连接可靠释放过程。一般它是一个 4 次挥手过程。

图 6.15　由 A 方先发起的连接可靠释放过程

第 1 次挥手：主机 A 先向 TCP_A 发出连接释放指令 FIN，并不再向传输层发送数据；TCP_A 向 TCP_B 发送释放通知报文，内容如下。

- FIN=1：A 已经没有数据发送，要求释放从 A 到 B 的连接。
- SEQ-N=x：本次连接的初始序列号（即已经传送过的数据的最后一个字节的序号加 1）为 x。

第 2 次挥手：TCP_B 收到 TCP_A 的连接释放通知 FIN 后，向 TCP_A 发确认报文，内容如下。

- ACK=1：确认报文。
- ACK-N=$x+1$：确认了序号为 x 的报文。
- SEQ-N=y：自己的序号为 y。

这时，从 TCP_A 到 TCP_B 的半连接被释放。而从 TCP_B 到 TCP_A 的半连接还没有被释放，从 TCP_B 还可以向 TCP_A 传送数据，连接处于半关闭（half-close）状态。如果要释放从 TCP_B 到 TCP_A 的连接，还需要进行类似的释放过程。这一过程可以从第 1 次挥手后开始，即选择另一种第 2 次握手。

另一种第 2 次挥手：TCP_B 收到 TCP_A 的连接释放通知后，即向主机 B 中的高层应用进程报告，若主机 B 也没有数据了，主机 B 就向 TCP$_B$ 发出释放连接指令，并携带对于 TCP$_A$ 释放连接通知的确认。报文内容如下。

（1）FIN=1，ACK=1：释放连接通知报文，携带了确认。

（2）SEQ-N=y，ACK-N=x+1：确认了序号为 x 的报文，自己的序号为 y。

第 3 次挥手：TCP$_A$ 对 TCP$_B$ 的释放报文进行确认。报文内容如下。

（1）ACK=1：确认报文。

（2）SEQ-N=x+1，ACK-N=y+1：本报文序列号为 x+1；确认了 TCP$_B$ 传送来的序号为 y 的报文。

这时从 TCP$_B$ 到 TCP$_A$ 的连接也被释放。

2）传输非正常结束释放

在有些情况下，希望 TCP 传输立即结束。为了提供这种服务，当一方突然关闭时，TCP 会立即停止发送和接收，清除发送和接收缓冲区，同时向对方发送一个 RST=1 的报文，要求重新建立连接。

按照传输正常结束设计一个 TCP 连接可靠释放的 Python 程序。

6.3 Python WWW 应用开发

从应用的角度看，TCP/UDP 仅是 Internet 应用层的底层支撑，大量的应用开发是在应用层。Internet 在应用中不断丰富了其应用层的内容。不过迄今为止，应用最多的还是 WWW（World Wide Web）。WWW 通过一种超文本方式把网络上不同计算机内的信息有机地结合在一起，并且可以通过超文本传输协议(HTTP)从一台 Web 服务器转到另一台 Web 服务器上检索信息。此外，Internet 的许多其他功能，如 E-mail、Telnet、FTP、WAIS 等都可通过 Web 实现。美国著名的信息专家、《数字化生存》的作者尼葛洛庞帝教授认为：1989 年是 Internet 历史上划时代的分水岭。这一年英国计算机科学家蒂姆·伯纳斯-李（Tim Berners-Lee，见图 6.16）成功开发出世界上第一台 Web 服务器和第一个 Web 客户机，并用 HTTP 进行了通信。这项技术给 Internet 赋予了强大的生命力，WWW 浏览的方式给了 Internet 靓丽的青春。

图 6.16 蒂姆·伯纳斯-李

本节以 WWW 开发为例，介绍 Internet 应用层程序设计的一般过程。

6.3.1 WWW 及其关键技术

WWW 是 World Wide Web 的缩写，从字面上看可以翻译为"世界级的巨大网"或"全球网"，中国将之命名为"万维网"，有时也简称为 Web 或 W3。它的重要意义在于连接了全球几乎所有的信息资源，并能使人在任何一台连接在网上的终端都能获取它们，20 世纪 60 年代已经问世的 Internet 火爆起来，为人类展现了一个虚拟的世界。

WWW 的威力来自它的几个关键技术。

1. 超文本与超媒体

1）超文本

人们在阅读一篇文章时，文章的作者、其中的一个名词、一个脚注、引用的一句名言等都会与另外许多著述有关，而那些著述又关联着另外的大量著述。对于这种现象，美国学者泰德·纳尔逊（Ted Nelson，见图 6.17）也有深刻的体会。但是，他没有停留，而是想方设法把事物之间丰富的联系在计算机中更好地表达出来。思索良久，他于 1960 年开始着手这个想法的实现项目：Xanadu。图 6.18 所示为他画的一张草图。Xanadu 是一个超链接文件系统，泰德·纳尔逊将其称为 The Original Hypertext Project。从此，人类语言中增加了一个新的词汇——Hypertext，中文将之译为超文本。

超文本是将各种不同空间的文字信息组织在一起的网状文本，是在计算机网络环境中才可以实现的一项技术，它可以使人从当前的网络阅读位置跳跃到其他相关的位置，丰富了信息来源。

图 6.17　美国学者泰德·纳尔逊

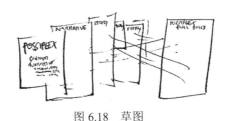

图 6.18　草图

2）超媒体

超文本的关键技术是超链接。靠超链接将若干文本组合起来形成超文本。同样道理，超链接也可将若干不同媒体、多媒体或流媒体文件链接起来，组合成为超媒体。图 6.19 为一个超媒体实例。

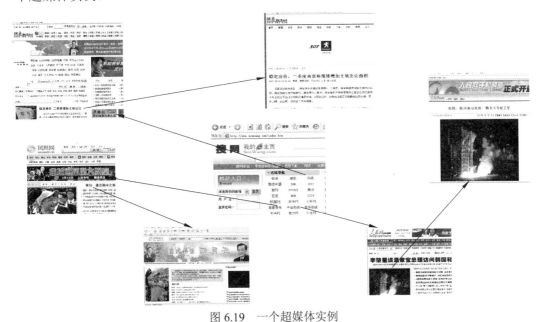

图 6.19　一个超媒体实例

2. 浏览器/服务器架构

1）B/S 架构

浏览器/服务器（Browser/Server，B/S）架构是 C/S 架构的延伸，是随着 WWW 的兴起而出现的网络工作模式。在 WWW 系统中，到所有的超链接的数据资源中搜寻需要的数据并非易事，需要有充足的软硬件和数据资源。这非一般客户力所能及。所以，需要有一些服务器专门承担数据搜寻工作。这样，客户机上只安装一个（Browser）即可，从而形成了 B/S 架构，也称为 B/S 工作模式。

2）HTML

在 B/S 架构中，客户端的主要工作有两项：一项是向服务器发送数据需求；另一项是把服务器端发送来的数据以合适的格式展现给用户，这样就需要一种语言进行描述。目前最常使用的是超文本标记语言（Hypertext Markup Language，HTML）及富文本格式（Rich Text Format，RTF）。这些描述是在服务器端进行的。客户端的工作就是把用这种语言描述的数据解释为用户需要的格式。

代码 6-16 一段 HTML 文档示例。

说明：HTML 提供了一套标记(tag)，用于说明浏览器展现这些信息的形式。多数 HTML 标记要成对使用在有关信息块的两端，部分标记可以单个使用。加有 HTML 标记的文档称

为 HTML 文档。每个文档被存放为一个文件，称为一个网页（Web page）。网页的文件扩展名为 html、htm、asp、aspx、php、jsp 等。服务器端将这个文件发送到客户端后，就会被客户端解释为图 6.20 所示的页面。

图 6.20　执行代码 6-16 显示出的页面

3）CGI

CGI（Common Gateway Interface）是 WWW 技术中最重要的技术之一，有不可替代的重要地位，其在物理上是一段程序。CGI 运行在浏览器可以请求的服务器系统上，被用来解释处理来自表单的输入信息，执行相应的操作，最后将相应的信息反馈给浏览器，从而使网页具有交互功能。所以，一个完整的 B/S 工作有如下过程。

① 浏览器通过 HTML 表单或超链接请求指向一个 CGI 应用程序的 URL。

② 服务器收发到请求。

③ 服务器执行指定的 CGI 应用程序。

④ CGI 应用程序执行需要的操作，通常是基于浏览者输入的内容。

⑤ CGI 应用程序把结果格式化为网络服务器和浏览器能够理解的文档(通常是 HTML 网页)。

⑥ 网络服务器把结果返回到浏览器中。

CGI 程序不是放在服务器上就能顺利运行，如果想使其在服务器上顺利运行并准确地处理用户的请求，则须对所使用的服务器进行必要的设置。配置就是根据所使用的服务器类型以及它的设置把 CGI 程序放在某一特定的目录中或使其带有特定的扩展名。

CGI 可以用任何一种语言编写，只要这种语言具有标准输入、输出和环境变量。

3．HTTP 与 HTTPS

1）HTTP 及其特点

要实现 Web 服务器与 Web 浏览器之间的会话和信息传递，需要一种规则和约定——超文本传输协议（Hypertext Transfer Protocol，HTTP）。

HTTP 建立在 TCP 可靠的端到端连接之上，如图 6.21 所示。它支持客户（浏览器）与服务器间的通信，相互传送数据。一个服务器可以为分布在世界各地的许多客户服务。

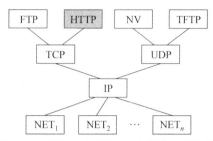

图 6.21　HTTP 在 TCP/IP 协议栈中的位置

HTTP 的主要特点如下。

（1）支持客户/服务器模式，支持基本认证和安全认证。

（2）基于 TCP，是面向连接传输，端口号为 80。

（3）允许传输任意类型的数据对象。

（4）协议简单，使得 HTTP 服务器的程序规模小，因而通信速度很快。

（5）从 HTTP 1.1 起开始采用持续连接，使一个连接可以传送多个对象。

（6）HTTP 是无状态协议。无状态是指协议对于事务处理没有记忆能力。

在实际工作中，一些万维网站点为了挖掘客户喜好，以便提供针对性服务，或者其他目的，还是希望能够识别用户的。为此提供了 Cookie 功能：当用户（User）访问某个使用 Cookie 的网站时，该网站就会为 User 产生一个唯一的识别码并以此作为索引在服务器的后端数据库中产生一个项目，内容包括这个服务器的主机名和 Set-cookie 后面给出的识别码。当用户继续浏览这个网站时，每发送一个 HTTP 请求报文，其浏览器就会从其 Cookie 文件中取出这个网站的识别码并放到 HTTP 请求报文的 Cookie 首部行中。

2）HTTP 请求方法

根据 HTTP 标准，HTTP 请求可以使用多种请求方法。HTTP 1.0 定义了 3 种请求方法：GET、POST 和 HEAD 方法。HTTP 1.1 新增了 5 种请求方法：OPTIONS、PUT、DELETE、TRACE 和 CONNECT 方法。表 6.10 为 HTTP 1.1 的 8 种请求方法。

表 6.10　HTTP 1.1 的 8 种请求方法

序号	方　法	描　　　述
1	GET	向服务器发出索取数据的请求，并返回实体主体
2	HEAD	类似于 GET 请求，只不过返回的响应中没有具体的内容用于获取报头
3	POST	向指定资源提交数据进行处理请求（如提交表单或者上传文件）。数据被包含在请求体中。POST 请求可能导致新资源的建立和/或已有资源的修改
4	PUT	从客户端向服务器传送的数据取代指定文档的内容
5	DELETE	请求服务器删除指定的页面
6	CONNECT	HTTP 1.1 中预留给能够将连接改为管道方式的代理服务器
7	OPTIONS	允许客户端查看服务器的性能
8	TRACE	回显服务器收到的请求，主要用于测试或诊断

其中最常用的是 GET 和 POST。

3）HTTP 状态码

服务器执行 HTTP，就是对浏览器端的请求进行响应。作为面向连接的交互，这个响应要告诉浏览器端相应的情况如何。为了简洁地表示相应情况，HTTP 使用了 3 位数字的 5 组状态码。

1xx：一般不用。

2xx：表示基本 OK。具体又细分为多种。

3xx：表示多种情况。

4xx：表示响应不成功。

5xx：表示服务器错误。

4）HTTPS

安全超文本传输协议（Secure Hypertext Transfer Protocol，HTTPS）是 HTTP 的安全版。它基于 HTTP，用在客户计算机和服务器之间，使用安全套接字层（SSL）进行信息交换。或者说，HTTPS = SSL+HTTP。所以，HTTPS 要比 HTTP 复杂。

4. 统一资源定位符（URL）

蒂姆·伯纳斯-李对万维网的贡献不仅在于他开发成功了世界上第一个以 B/S 架构运行的系统，更在于它发明了统一资源定位符（Uniform Resource Locator，URL），为 Internet 上的信息资源的位置和访问方法提供了一种简洁的表示。其语法如下。

```
sckema: path
```

这里，sckema 表示连接模式。连接模式是资源或协议的类型。WWW 浏览器将多种信息服务集成在同一软件中，用户无须在各个应用程序之间转换，界面统一，使用方便。目前支持的连接模式主要有 HTTP（超文本传输协议）、FTP（远程文件传输协议）、Gopher（信息鼠）、WAIS（广域信息查询系统）、news（用户新闻讨论组）、mailto（电子邮件）。

path 部分一般包含有主机全名、端口号、类型和文件名、目录号等。其中，主机全名以双斜杠"//"打头，一般为资源所在的服务器名，也可以直接使用该 Web 服务器的 IP 地址，但一般采用域名体系。

path 部分的具体结构形式随连接模式而异。下面介绍两种 URL 格式。

1）HTTP URL 格式

```
http://主机全名[：端口号]/文件路径和文件名
```

由于 HTTP 的端口号默认为 80，因而可以不指明。

2）FTP URL 格式

```
ftp://[用户名[：口令]@]主机全名/路径/文件名
```

其中，默认的用户名为 anonymous，用它可以进行匿名文件传输。如果账户要求口令，口令应在 URL 中编写或在连接完成后登录时输入。

5. 搜索引擎

搜索引擎（search engine）指自动从 Internet 搜集信息，并经过一定的整理提供给用户进行查询的系统。Internet 上的信息很多，而且毫无秩序，所有的信息像汪洋中的一座座小岛，网页链接是这些小岛之间纵横交错的桥梁，而搜索引擎则为用户绘制一幅一目了然的信息地图，供用户随时查阅。它们从互联网提取各个网站的信息（以网页文字为主），建立起数据库，并能检索与用户查询条件相匹配的记录，按一定的排列顺序返回结果。

世界上最早的搜索引擎是 Archie（Archie FAQ）。此后，各种各样的搜索引擎大量涌现。不过，目前主流的搜索引擎还是全文搜索引擎。

全文搜索引擎的工作内容包括三大部分。

（1）信息搜集。搜索引擎的自动搜集信息以两种方式进行：一种是定期搜索，即每隔一段时间（如 Google 一般是 28 天），搜索引擎主动派出网页抓取程序（spider），俗称"网络爬虫"或"网络蜘蛛"，也称"机器人"（robot）程序，顺着网页中的超链接连续抓取网页；另一种是提交网站搜索，即网站拥有者主动向搜索引擎提交网址，让搜索引擎在一定时间内（2 天到数月不等）定向向这些地址的网站派出"网络爬虫"程序进行网页扫描，抓取网页信息。这些被抓取的网页被称为网页快照。

（2）处理网页。搜索引擎抓到网页后，还要做大量的预处理工作，才能提供检索服务。其中，最重要的就是提取关键词，建立索引文件，还包括去除重复网页、分词（中文）、判断网页类型、分析超链接、计算网页的重要度/丰富度等。

（3）提供检索服务。当用户以关键词查找信息时，搜索引擎会在数据库中进行搜寻，如果找到与用户要求内容相符的网站，便采用特殊的算法（通常根据网页中关键词的匹配程度、出现的位置、频次、链接质量）计算出各网页的相关度及排名等级，然后根据关联度高低按顺序将这些网页链接返回给用户。

6.3.2　urllib 模块库

1. Python 的 Web 资源

Web 是 Internet 的一个最重要的应用，也是一个相当广泛的应用。如上所述，它涉及较多的技术。所以，为了支持 Web 开发，Python 提供了较多的模块。下面是仅为 Python 3 自带的标准模块库中的有关模块。

html：HTML 支持。

html.parser：简单 HTML 与 XHTML 解析器。

html.entities：HTML 通用实体的定义。

xml：XML 处理模块。

xml.etree.ElementTree：树形 XML 元素 API。

xml.dom：XML DOM API。

xml.dom.minidom：XML DOM 最小生成树。

xml.dom.pulldom：构建部分 DOM 树的支持。

xml.sax：SAX 2 解析的支持。

xml.sax.handler：SAX 处理器基类。

xml.sax.saxutils：SAX 工具。

xml.sax.xmlreader：SAX 解析器接口。

xml.parsers.expat：运用 Expat 快速解析 XML。

webbrowser：简易 Web 浏览器控制器。

cgi：CGI 支持。

cgitb：CGI 脚本反向追踪管理器。

wsgiref：WSGI 工具与引用实现。

urllib：URL 处理模块库。

urllib.request：创建 URL 对象，读取 URL 资源数据。

urllib.response：urllib 模块的响应类。

urllib.parse：解析 URL。

urllib.error：urllib.request 引发的异常类。

urllib.robotparser：robots.txt 的解析器。

http：HTTP 模块库。

http.client：HTTP 客户端。

面对这么多的模块，本书只能选择最常用的 urllib 库，抛砖引玉。

2．urllib 模块库简介

在 WWW 中，数据资源主要以网页形式表现。而网页资源的搜索要依靠 URL。为此，Python 设立了 urllib 模块，并将其作为网络应用开发的核心模块。但与其说它是一个模块，不如说它是一个库更为恰当。因为它由如下 5 个子库（子模块）组成。

（1）urllib.request。创建 URL 对象，读取 URL 资源数据。

（2）urllib.response。定义了响应处理的有关接口，如 read()、readline()、info()、geturl() 等，响应实例定义的方法可以在 urllib.request 中调用。

（3）urllib.parse。解析 URL，可以将一个 URL 字符串分解为 IP 地址、网络地址和路径等成分，或重新组合它们，以及通过 base URL 转换 relative URL 到 absolute URL 的统一接口。

（4）urllib.error。处理由 urllib.request 抛出的异常。通常是因为没有特定服务器的连接或者特定的服务器不存在。

（5）urllib.robotparser。解析 robots.txt（爬虫）文件。

下面主要介绍 urllib.request 和 urllib.parse 模块。

6.3.3 urllib.parse 模块与 URL 解析

1．urllib.parse 模块简介

URL 解析主要由 urllib.parse 模块承担，可以支持 URL 的拆分与合并以及相对地址到绝对地址的转换。urllib.parse 模块的主要方法见表 6.11。

表 6.11   urllib.parse 模块的主要方法

方　　法	用 法 说 明
urllib.parse.urlencode(query, doseq = False, safe = '', encoding = None, errors = None)	将 URL 附上要提交的数据
urllib.parse.urlparse(urlstring [, default_scheme [, allow_fragments]])	拆分 URL 为 scheme、netloc、path、parameters、query、fragment
urlunparse(tuple)	用元组（scheme, netloc, path, parameters,query,fragment）组成 URL
urllib.parse.urljoin(base,url[,allow_fragments] = True)	以 base 为基地址，与 URL 中的相对地址组成一绝对 URL 地址

参数说明：

（1）query：查询 URL。

（2）doseq：是否序列。

（3）safe：安全级别。

（4）encoding：编码。

（5）errors：出错处理。

（6）values：需要发送到 URL 的数据对象。

（7）scheme：URL 体系——协议。

（8）netloc：服务器的网络标志，包括验证信息+服务器地址+端口号。

（9）path：文件路径。

（10）parameters：特别参数。

（11）fragment：片段。

（12）base：URL 基。

（13）allow_fragments：是否允许碎片。

2．urllib.parse 模块应用举例

代码 **6-17**   URL 解析。

```
>>> from urllib import parse
>>> url = 'http://iot.jiangnan.edu.cn/info/1051/2304.htm'
>>> parse.urlparse(url)
ParseResult(scheme='http', netloc='iot.jiangnan.edu.cn', path='/info/1051/2304.htm',
 params='', query='', fragment='')
```

说明：这段代码解析了图 6.22 所示文件的 URL。

图 6.22　江南大学的一个文件——物联网工程学院新闻网

代码 6-18　URL 反解析——组合 URL。

```
>>> from urllib import parse
>>> urlTuple = ('http', 'iot.jiangnan.edu.cn', '/info/1051/2304.htm', '', '', '')
>>> unparsedURL = parse.urlunparse(urlTuple)
>>> unparsedURL
'http://iot.jiangnan.edu.cn/info/1051/2304.htm'
```

代码 6-19　URL 连接。

```
>>> from urllib import parse
>>> url1 = 'http://www.jiangnan.edu.cn/'
>>> url2 = '/info/1051/2304.htm'
>>> newUrl = parse.urljoin(url1,url2)
>>> newUrl
'http://www.jiangnan.edu.cn/info/1051/2304.htm'
```

6.3.4　urllib.request 模块与网页抓取

1．urllib.request 模块概况

urllib.request 模块的功能可以从它包含的成员看出。表 6.12 为 urllib.request 模块的主要属性和方法。

表 6.12　urllib.request 模块的主要属性和方法

属性/方法	用　法　说　明
urllib.request.urlopen(url,data = None[,timeout = socket.GLOBAL_DEFAULT_TIMEOUT], cafile = None,capath = None, context = None)	创建 HTTP.client.HTTPresponse 对象，打开 URL 数据源
urllib.request.Request(url,data = None,headers = {},origin_req_host = None,unverifiable = False, method = None	Request 对象的构造方法
urllib.request.full_url	Request 对象的 URL
urllib.request.host	主机地址和端口号
urllib.request.data	传送给服务器添加的数据

属性/方法	用 法 说 明
urllib.request.add_data(data)	传送给服务器添加一个数据
urllib.request.add_header(key,val)	传送给服务器添加一个 header

参数说明：

（1）url：URL 字符串。

（2）data：可选参数，向服务器传送的数据对象，需为 UTF-8。

（3）headers：字典，向服务器传送，通常是用来"恶搞"User-Agent 头的值。

（4）timeout：设置超时时间，用于阻塞操作，默认为 socket.GLOBAL_DEFAULT_TIMEOUT。

（5）cafile、capath：指定一组被 HTTPS 请求信任的 CA 证书。cafile 指向一个包含 CA 证书的文件包，capath 指向一个散列的证书文件的目录。

（6）context：描述各种 SSL 选项的对象。

（7）origin_req_host：原始请求的主机名或 IP 地址。

（8）unverifiable：请求是否无法核实。

（9）method：表明一个默认的方法，method 类本身的属性。

2. 获取网页内容的基本方法

代码 6-20 创建 http.client.HTTPMessage 对象，打开并获取指定 URL 内容，如图 6.23 所示。

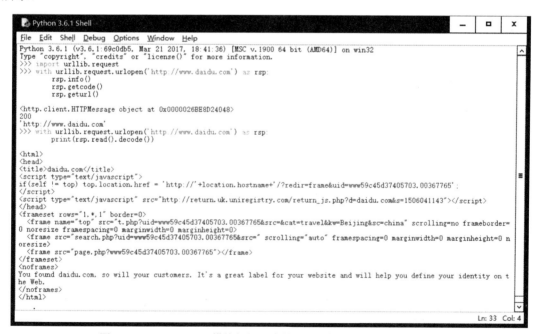

图 6.23 urllib.request 模块根据百度的 URL 读取其网页远程的情况

说明：图 6.23 是应用 urllib.request 模块的几行代码。它们根据百度的 URL 读取其网页远程的情况。

（1）首先要导入 urllib.request 模块。

（2）使用 urllib.request 模块的方法 urlopen(url,data,timeout)打开一个 URL 资源 rsp。

（3）使用 rsp.info()（或使用 print(rsp)）语句可以获取 rsp 对象的基本信息：

```
<http.client.HTTPMessage object at 0x0000025C127D0CF8>
```

这表明 rsp 是一个 http.client.HTTPMessage 对象，其内存地址为 0x0000026BE8D24048。

（4）使用 rsp.getcode()可以获取 HTTP 的状态码：如果是 HTTP 请求，200 表示请求成功完成；404 表示网址未找到。

（5）使用 rsp.geturl()可以获取资源对象的 URL。

（6）使用内置的 read()函数可以读出 HTTPresponse 对象 rsp 的代码内容。图 6.23 中显示的就是图 6.24 所示百度网页的 HTML 代码。

图 6.24　百度网页

代码 **6-21**　使用 Request 对象再创建。

```
>>> from urllib import request
>>> url = 'http://www.baidu.com'
>>> rqst = request.Request(url)
>>> resp = request.urlopen(rqst)
>>> print(resp.read().decode())
<!DOCTYPE html>
<!--STATUS OK-->
```

代码 6-21 进一步显示内容如图 6.25 所示。

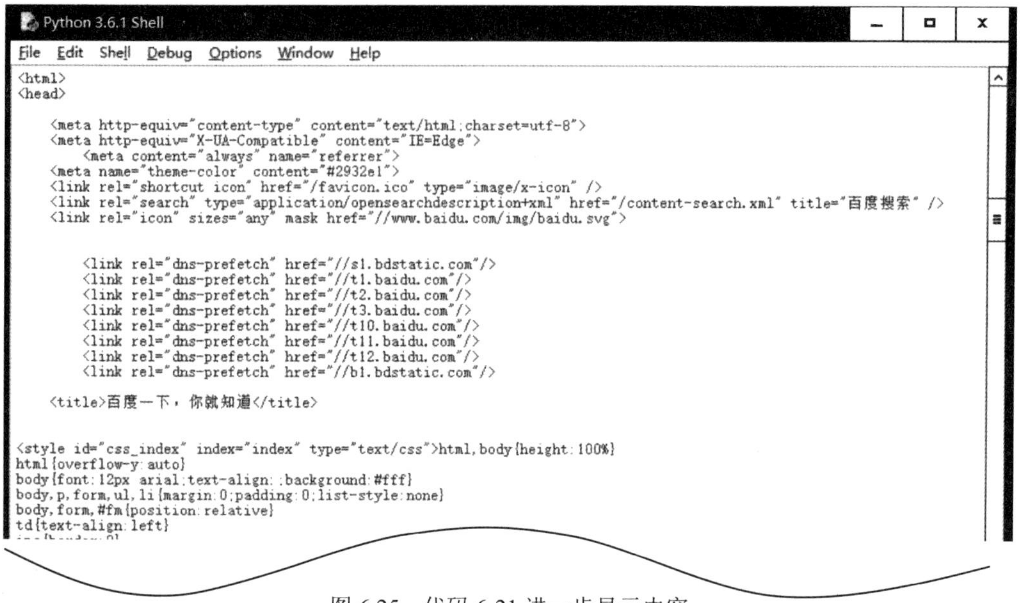

```
<html>
<head>

    <meta http-equiv="content-type" content="text/html;charset=utf-8">
    <meta http-equiv="X-UA-Compatible" content="IE=Edge">
        <meta content="always" name="referrer">
    <meta name="theme-color" content="#2932e1">
    <link rel="shortcut icon" href="/favicon.ico" type="image/x-icon" />
    <link rel="search" type="application/opensearchdescription+xml" href="/content-search.xml" title="百度搜索" />
    <link rel="icon" sizes="any" mask href="//www.baidu.com/img/baidu.svg">


        <link rel="dns-prefetch" href="//s1.bdstatic.com"/>
        <link rel="dns-prefetch" href="//t1.baidu.com"/>
        <link rel="dns-prefetch" href="//t2.baidu.com"/>
        <link rel="dns-prefetch" href="//t3.baidu.com"/>
        <link rel="dns-prefetch" href="//t10.baidu.com"/>
        <link rel="dns-prefetch" href="//t11.baidu.com"/>
        <link rel="dns-prefetch" href="//t12.baidu.com"/>
        <link rel="dns-prefetch" href="//b1.bdstatic.com"/>

    <title>百度一下，你就知道</title>


<style id="css_index" index="index" type="text/css">html,body{height:100%}
html{overflow-y:auto}
body{font:12px arial;text-align:;background:#fff}
body,p,form,ul,li{margin:0;padding:0;list-style:none}
body,form,#fm{position:relative}
td{text-align:left}
```

图 6.25　代码 6-21 进一步显示内容

6.3.5　网页提交表单

表单（form）是在网页中负责数据采集的组件，包含文本框、密码框、隐藏域、多行文本框、复选框、单选框、下拉选择框和文件上传框等。它们的共同特征是由 3 个基本部分组成。

（1）表单标签（header），也称为表头，用于声明表单，定义采集数据的范围，也就是<form>和</form>里面包含的数据将被提交到服务器或者电子邮件里。

（2）表单域，用于采集用户的输入或选择的数据，具体形式有文本框、多行文本框、密码框、隐藏域、复选框、单选框和下拉选择框等。

（3）表单按钮，用于发出提交指令。

1. GET 方法和 POST 方法的实现

通常用于表单提交的 HTTP 方法是 GET 和 POST。GET 请求与 POST 请求的比较见表 6.13。

表 6.13　GET 请求与 POST 请求的比较

比 较 内 容	GET 请求	POST 请求
请求目的	索取数据，类似查询，不会被修改	可能修改服务器上的资源的请求
数据形式	数据作为 URL 的一部分，对所有人可见	数据在 HTML Header 内独立提交，不作为 URL 的一部分
数据适合性	适合传输中文或者不敏感的数据	适合传输敏感数据和不是中文字符的数
数据大小限制	URL 最大长度为 2048B，数据长度有限制	不限制提交的数据大小
安全性	URL 别人可见；参数保留在浏览器历史中，别人可查。安全性差	数据不在 URL 中，参数不会保存在浏览器历史或 Web 日志中

其中，从形式上看，GET 方法是把表单数据编码至 URL；而 POST 方法提交表单数据

不是被加到 URL 上,而是以请求的一个单独部分发送。

代码 6-22 用 GET 方法提交表单数据的代码片段。

```
>>> import urllib
>>> from urllib import parse,request
>>> url = 'http://www.abcde.org/cgi/search.cgi?words=python+socket&max=25&source=www'
>>> data = parse.urlencode([('words', 'python socket'), ('max', 25), ('source', 'www')])
>>> rqst = request.Request(url+data)         #将表单数据编码到 URL
>>> fd = request.urlopen(rqst)
```

代码 6-23 用 POST 方法提交表单数据的代码片段。

```
>>> import urllib
>>> from urllib import request,parse
>>> url = 'http://www.abcde.org/cgi/search.cgi?words=python+socket&max=25&source=www'
>>> data = parse.urlencode([('words', 'python socket'), ('max', 25), ('source', 'www')])
>>> rqst = request.Request(url,data)          #将表单数据作为 Request 实例的第 2 个数据成员
>>> fd = request.urlopen(rqst)
```

说明: 在 POST 方法中,附加数据作为 Request 实例的第 2 个数据成员传送到 urlopen() 方法。

2. 发送带有表头的表单数据

表头(header)是服务器以 HTTP 传 HTML 数据到浏览器前送出的字串,包括:

(1)User-Agent。可携带浏览器名及版本号、操作系统名及版本号、默认语言等信息。

(2)Referer。可用来防止盗链,有一些网站图片显示来源 http://***.com,就是检查 Referer 鉴定的。

(3)Connection。表示连接状态,记录 Session 的状态。

代码 6-24 用 POST 方法提交 header 和表单数据的代码片段。

```
>>> from urllib import request,parse
>>> url = 'http://localhost/login.php'
>>> user_agent = 'Mozilla/4.0 (compatible; MSIE 5.5; Windows NT)'
>>> values = {'act' : 'login','login[email]' : 'abcdefg@xyz.com','login[password]' : 'abcd123'}
>>> headers = { 'User-Agent' : user_agent }
>>> data = urllib.parse.urlencode(values)
>>> rqst = urllib.request.Request(url, data, headers)
>>> resp = urllib.request.urlopen(rqst)
>>> the_page = resp.read()
>>> print(the_page.decode("utf8"))
```

6.3.6 urllib.error 模块与异常处理

urllib.error 主要处理由 urllib.request 抛出的两类异常:URLError 和 HTTPError。

1. URLError 异常

通常引起 URLError 的原因是：无网络连接（没有到目标服务器的路由）、访问的目标服务器不存在。在这种情况下，异常对象会有 reason 属性。这个属性是一个二元元组：（错误码，错误原因）。

代码 6-25 捕获 URLError 的代码片段。

```
>>> from urllib import request,error
>>> url = 'http://www.baidu.com'
>>> try:
    reps = request.urlopen(url)
except error.URLError as e:
    print(e.reason)
```

2. HTTPError

HTTPError 异常是 URLError 的一个子类，只有在访问 HTTP 类型的 URL 时，才会引起。

如前所述，每一个从服务器返回的 HTTP 响应都带有一个三位数字组成的状态码。其中，100～299 表示成功，300 范围的是 urllib.error 模块默认的处理程序可以处理的重定向状态。所以，能够引起 HTTPError 异常的状态码范围是 400～599。这时，当引起错误时，服务器会返回 HTTP 错误码和错误页面。

HTTPError 异常的实例有整数类型的 code 属性，表示服务器返回的错误状态码，并且还有 read、geturl、info 等方法可用。

代码 6-26 捕获 HTTPError 的代码片段。

```
>>> from urllib import request,error
>>> url = 'http://news.jiangnan.edu.cn/info/1081/49056.htm'
>>> try:
    reps = request.urlopen(url)
except error.HTTPError as e:
    print(e.code)
    print(e.read())
```

6.3.7　webbrowser 模块

webbrowser 模块提供了展示基于 Web 文档的高层接口，供在 Python 环境下进行 URL 访问管理。webbrowser 模块的常用方法见表 6.14。

表 6.14　webbrowser 模块的常用方法

方　　法	说　　明
webbrowser.open(url,　new = 0,　autoraise = True)	在系统的默认浏览器中访问 URL 地址
webbrowser.open_new(url)	相当于 open(url, 1)
webbrowser.open_new_tab(url)	相当于 open(url, 2)

方　　法	说　　明
webbrowser.get()	获取到系统浏览器的操作对象
webbrowser.register()	注册浏览器类型

参数说明:

（1）new 只用于 open 方法中,用于说明是否在新的浏览器窗口中打开指定的 URL,在 0,1,2 中取值。

new=0,URL 会在同一个浏览器窗口中打开。

new=1,新的浏览器窗口会被打开。

new=2,新的浏览器 TAB 会被打开。

（2）autoraise 参数用于说明是否自动加注,取逻辑值。

代码 6-27　打开百度浏览器。

```
>>> import webbrowser
>>> webbrowser.open('www.baidu.com')
```

这样就可以打开一个百度页面了。

练习 6.3

1. 选择题

（1）下列关于 TCP 与 UDP 的说法中,正确的是____。

    A. TCP 与 UDP 都是面向连接的传输

    B. TCP 与 UDP 都不是面向连接的传输

    C. TCP 是面向连接的传输,UDP 不是

    D. UDP 是面向连接的传输,TCP 不是

（2）下列关于 C/S 模式的说法中,错误的是____。

    A. 客户端先工作,等待服务器端发起连接请求

    B. 服务器端先工作,等待客户端发起连接请求

    C. 服务器端是资源提供端,客户端是资源消费端

    D. 一个通信过程服务器端是被动端,客户端是主动端

（3）下列关于 Socket 的说法中,最正确的是____。

    A. Socket 是建立在运输层与应用层之间的套接层,它封装了传输层和网际层的细节

    B. Socket =IP 地址 + 端口号

    C. Socket 就是端口号

    D. Socket 就是 IP 地址

（4）下列关于超文本的说法中,正确的是____。

    A. 超文本就是文本与非文本的组合　　　　B. 超文本就是多媒体文本

C．超文本就是具有相互链接信息的文字　　D．以上说法都不对

（5）下列关于 B/S 的说法中，正确的是＿＿。

　　A．B/S = Basic/System　　　　　　　　B．B/S = Byte/Section

　　C．B/S = Break/Secrecy　　　　　　　　D．B/S = Browser/Server

（6）下列关于 HTTP 与 HTTPS 的说法中，不正确的是＿＿。

　　A．HTTP 连接简单，HTTPS 安全

　　B．HTTP 传送明文，HTTPS 传送密文

　　C．HTTP 有状态，HTTPS 无状态

　　D．HTTP 的端口号为 80，HTTPS 的端口号为 443

（7）下列关于 HTTP 状态码的说法中，正确的是＿＿。

　　A．HTTP 状态码是 3 位数字码　　　　　B．HTTP 状态码是 4 位数字码

　　C．HTTP 状态码是 3 位字符码　　　　　D．HTTP 状态码是 4 位字符码

（8）下列关于 GET 方法和 POST 方法的说法中，不正确的是＿＿。

　　A．GET 方法是将数据作为 URL 的一部分提交，POST 方法是将数据与 URL 分开独立提交

　　B．GET 方法是一种数据安全提交，POST 方法是一种不太安全的数据提交

　　C．GET 方法对提交的数据长度有限制，POST 方法没有

　　D．GET 方法适合敏感数据提交，POST 方法适合非敏感数据提交

2. 程序设计题

（1）编写一个同学之间相互聊天的程序。

（2）编写代码，读取本校网页上的一篇报道。

（3）编写代码，从 Python 登录自己的信箱。

3. 资料收集题

（1）收集支持 Python Web 开发的模块，写出每个模块的特点。

（2）收集支持 Python Web 开发的模块应用的关键代码段。

（3）收集支持 Python 网络开发的模块，对每个模块进行概要介绍。

附　　录

附录 A　Python 内置函数

内置函数一般使用频率比较高或是元操作，所以通过内置函数的形式提供出来。以下是 Python 3.0 版本中所有的内置函数。

A.1　数学运算

表 A.1 为 Python 中的内置数学运算函数。

表 A.1　Python 中的内置数学运算函数

函　　数	说　　明
abs(x)	求绝对值：参数可以是整型，也可以是复数；若参数是复数，则返回复数的模
complex([real[, imag]])	创建一个复数
divmod(a, b)	分别取商和余数。注意：整型、浮点型都可以
float([x])	将一个字符串或数转换为浮点数。如果无参数，则返回 0.0
int([x[, base]])	将一个字符转换为 int 类型，base 表示进制
long([x[, base]])	将一个字符转换为 long 类型
pow(x, y[, z])	返回 x 的 y 次幂
range([start], stop[, step])	产生一个序列，默认从 0 开始
round(x[, n])	四舍五入
sum(iterable[, start])	对集合求和
oct(x)	将一个数字转换为八进制
hex(x)	将整数 x 转换为十六进制字符串
chr(i)	返回整数 i 对应的 ASCII 字符
bin(x)	将整数 x 转换为二进制字符串
bool([x])	将 x 转换为 Boolean 类型

A.2　逻辑判断

表 A.2 为 Python 中的内置逻辑判断函数。

表 A.2　Python 中的内置逻辑判断函数

函　　数	说　　明
callable(funcname)	函数是否可调用
isinstance(x,list/int)	类型判断
cmp(x, y)	如果 $x < y$，则返回负数；如果 $x == y$，则返回 0；如果 $x > y$，则返回正数

A.3 容器操作

表 A.3 为 Python 中的内置容器操作函数。

表 A.3 Python 中的内置容器操作函数

函　数	说　明
all(iterable)	集合中的元素都为真时为 True；特别地，若为空串，则返回 True
any(iterable)	集合中的元素有一个为真时为 True；特别地，若为空串，则返回 False
basestring()	str 和 unicode 的超类，不能直接调用，可以用作 isinstance 判断
dict([arg])	创建数据字典
enumerate(sequence [, start = 0])	返回一个可枚举的对象，该对象的 next()方法将返回一个 tuple
filter(,a)	根据特定规则（函数 filterfun）对序列 a 进行过滤
format(value [, format_spec])	格式化输出字符串，格式化参数顺序从 0 开始，如"I am {0},I like {1}"
frozenset([iterable])	产生一个不可变的 set
iter(o[, sentinel])	生成一个对象的迭代器，第二个参数表示分隔符
len(strvalue)	返回序列元素个数
list([iterable])	将一个集合类转换为另外一个集合类
map(maps,a)	根据特定规则 maps 对序列 a 的每个元素进行操作，并返回列表
max(iterable[, args…][key])	返回集合中的最大值
min(iterable[, args…][key])	返回集合中的最小值
reduce(reduces,a)	根据特定规则对列表 a 进行特定操作，并返回一个数值
set()	set 对象实例化
sorted(iterable[, cmp[, key[, reverse]]])	对集合排序
str([object])	转换为 string 类型
tuple([iterable])	生成一个 tuple 类型
unichr(i)	返回给定 int 类型的 unicode
xrange([start], stop[, step])	xrange()函数与 range()类似，但 xrange()并不创建列表，而是返回一个 xrange 对象，它的行为与列表相似，但是只在需要时才计算列表值，当列表很大时，这个特性能节省内存
zip(a1,a2)	并行遍历，各生成最小长度序列

A.4 字符串相关

表 A.4 为 Python 内置的字符串相关函数。

表 A.4 Python 内置的字符串相关函数

函　数	说　明
大小写转换	
str.upper()	全部大写
str.lower()	全部小写
str.swapcase()	大小写互换
str.capitalize()	首字母大写，其余小写
str.title()	首字母大写

函　　数	说　　明
格式化（设置宽度、对齐、填充）	
str.ljust(width[,fillchar])	获取固定长度，左对齐，右边不够用 fillchar（默认空格）补齐
str.rjust(width[,fillchar])	获取固定长度，右对齐，左边不够用 fillchar（默认空格）补齐
str.center(width[,fillchar])	获取固定长度，中间对齐，两边不够用 fillchar（默认空格）补齐
str.zfill(width)	获取固定长度，右对齐，左边不足用 0 补齐
字符串判断	
str.startswith('start')	是否以'start'开头
str.endswith('end')	是否以'end'结尾
str.isalnum()	是否全为字母或数字
str.isalpha()	是否全为字母
str.isdigit()	是否全为数字
str.isdecimal()	是否只包含十进制数字字符
str.isnumeric()	是否只包含数字字符
str.isspace()	是否只包含空白字符
str.isprintable()	是否只包含可打印字符
str.islower()	是否全为小写
str.isupper()	是否全为大写
str.istitle()	是否为标题，即单词首字母大写
字符串测试与搜索查找	
len(str)	获取字符串长度
str.startswith(prefix[,start[,end]])	字符串是否以 prefix 开头
str.endswith(prefix[,start[,end]])	字符串是否以 prefix 结尾
str.count(sub[,start[,end]])	子字符串 sub 在 str 中出现的次数
str.index(sub[,start[,end]])	从左开始搜索，返回子字符串 sub 在 str 中出现的下标，若无，则返回 ValueError
str.rindex(sub[,start[,end]])	从右开始搜索，返回子字符串 sub 在 str 中出现的下标，若无，则返回 ValueError
str.find(sub[,start[,end]])	从左开始搜索，返回子字符串 sub 在 str 中出现的下标，若无，则返回-1
str.rfind(sub[,start[,end]])	从右开始搜索，返回子字符串 sub 在 str 中出现的下标，若无，则返回-1
子字符串替换与删除	
str.replace('old', 'new' [,ReplaceTimes])	替换 old 为 new，可指定次数的替换次数 ReplaceTimes
str.strip([chars])	去 str 两边子字符串 chars；默认为去两端空格
str.lstrip([chars])	去 str 左边子字符串 chars；默认为去左端空格
str.rstrip([chars])	去 str 右边子字符串 chars；默认为去右端空格
str.expandtabs([tabsize])	将 str 中的制表符扩展为若干空格。tabsize 为制表宽度，默认为 8
字符串拆分与连接	
str.split(sep = None,maxsplit = -1)	用分隔符 sep(默认空格)分隔 str，返回列表。用 maxsplit 指定最大分隔次数，默认为-1，无限制
str.rsplit(sep = None,maxsplit = -1)	从右端起，按 sep 指定字符(默认空格)分割 str，返回列表
str.partition(sep)	用分隔符 sep（默认空格)分隔 str 为两部分，返回元组（left,sep,right）
str.rpartition(sep)	右起用分隔符 sep (默认空格)分隔 str 为两部分，返回元组（left,sep,right）
str.splitlines([keepends])	按行分隔 str，返回列表
str.join(iterable)	将 iterable 中的元素用 str 连接成一个新的字符串

A.5 类型转换

表 A.5 为 Python 中的内置类型转换函数。

表 A.5　Python 中的内置类型转换函数

函　　数	说　　明
chr(i)	返回 ASCII 码对应的字符串
complex(real[,imaginary])	可把字符串或数字转换为复数
float(x)	把一个数字或字符串转换成浮点数
hex(x)	把整数转换成十六进制数
long(x[,base])	把数字和字符串转换成长整数，base 为可选的基数
list(x)	将序列对象转换成列表
int(x[,base])	把数字和字符串转换成一个整数，base 为可选的基数
min(x[,y,z···])	返回给定参数的最小值，参数可以为序列
max(x[,y,z···])	返回给定参数的最大值，参数可以为序列
oct(x)	可把给出的整数转换成八进制数
ord(x)	返回一个字符串参数的 ASCII 码或 Unicode 值
str(obj)	把对象转换成可打印字符串
tuple(x)	把序列对象转换成 tuple

A.6　I/O 操作

表 A.6 为 Python 中的内置 I/O 相关函数。

表 A.6　Python 中的内置 I/O 相关函数

函　　数	说　　明
file(filename [, mode [, bufsize]])	file 类型的构造函数，打开一个文件。 ① 参数 filename：文件名称。 ② 参数 mode：'r'（读）、'w'（写）、'a'（追加）。 ③ 参数 bufsize：为 0 表示不进行缓冲，为 1 表示进行缓冲，如果是一个大于 1 的数，则表示缓冲区的大小
input([prompt])	获取用户输入。推荐使用 raw_input，因为该函数不会捕获用户的错误输入
open(name[, mode[, buffering]])	打开文件
print	打印函数
raw_input([prompt])	设置输入，输入都作为字符串处理

A.7　反射相关

表 A.7 为 Python 中的内置反射相关函数。

表 A.7　Python 中的内置反射相关函数

函　　数	说　　明
callable(object)	检查对象 object 是否可调用。注意：是可以被类调用；不可以被实例调用，除非类中声明了 __call__ 方法
classmethod()	这是一个类方法，可被类调用，也可以被实例调用，不需要有 self 参数

函　　数	说　　明
compile(source, filename, mode [, flags[, dont_inherit]])	将 source 编译为代码或者 AST 对象。代码对象能够通过 exec 语句执行或者用 eval()进行求值。 ① 参数 source：字符串或者 AST（Abstract Syntax Trees）对象。 ② 参数 filename：代码文件名称，如果不是从文件读取代码，则传递一些可辨认的值。 ③ 参数 mode：指定编译代码的种类。可以指定为 'exec''eval''single'. ④ 参数 flag 和 dont_inherit：这两个参数暂不介绍
dir([object])	① 不带参数时，返回当前范围内的变量、方法和定义的类型列表；带参数时，返回参数的属性、方法列表。 ② 如果参数包含方法＿＿dir＿＿，则该方法将被调用；如果参数不包含＿＿dir＿＿，则该方法将最大限度地收集参数信息
delattr(object, name)	删除 object 对象名为 name 的属性
eval(expression [, globals [, locals]])	计算表达式 expression 的值
execfile(filename [, globals [, locals]])	用法类似 exec()，不同的是，execfile 的参数 filename 为文件名，而 exec 的参数为字符串
filter(function, iterable)	构造一个序列，等价于[item for item in iterable if function(item)] ① 参数 function：返回值为 True 或 False 的函数，可以为 None。 ② 参数 iterable：序列或可迭代对象
getattr(object, name [, default])	获取一个类的属性
globals()	返回一个描述当前全局符号表的字典
hasattr(object, name)	判断对象 object 是否包含名为 name 的特性
hash(object)	如果对象 object 为哈希表类型，则返回对象 object 的哈希值
id(object)	返回对象的唯一标识
isinstance(object, classinfo)	判断 object 是否是 class 的实例
issubclass(class, classinfo)	判断是否是子类
len(s)	返回集合长度
locals()	返回当前的变量列表
map(function, iterable, …)	遍历每个元素，执行 function 操作
memoryview(obj)	返回一个内存镜像类型的对象
next(iterator[, default])	类似于 iterator.next()
object()	基类
property([fget[, fset[, fdel[, doc]]]])	属性访问的包装类，设置后可以通过 c.x=value 等访问 setter 和 getter
reduce(function, iterable[, initializer])	合并操作，从第一个开始是前两个参数，然后是前两个的结果与第三个合并进行处理，以此类推
reload(module)	重新加载模块
setattr(object, name, value)	设置属性值
repr(object)	将一个对象变换为可打印的格式
slice()	切片
staticmethod	声明静态方法，是一个注释
super(type[, object-or-type])	引用父类

type(object)	返回该 object 的类型
vars([object])	返回对象的变量，若无参数，则与 dict()方法类似
bytearray([source [, encoding [, errors]]])	返回一个 byte 数组。 ① 如果 source 为整数，则返回一个长度为 source 的初始化数组。 ② 如果 source 为字符串，则按照指定的 encoding 将字符串转换为字节序列。 ③ 如果 source 为可迭代类型，则元素必须为[0,255]中的整数。 ④ 如果 source 为与 buffer 接口一致的对象，则此对象也可以被用于初始化 bytearray
zip([iterable,...])	矩阵的变换方面

A.8 其他

help()：帮助信息。

_ _import_ _()：定制 import 指令。

附录 B Python 3.0 标准异常类结构（PEP 348）

```
BaseException              所有异常基类
|—SystemExit               Python 解释器请求退出
|—KeyboardInterrupt        用户中断执行(通常是输入 Ctrl+C)
|—Exception                常规错误的基类
    |—GeneratorExit            因生成器异常请求退出（定义在 PEP 342）
    |—StopIteration            迭代器没有更多的值
    |—SystemError              一般解释器系统错误
    |—WindowsError             Windows 错误(严格的继承)
    |—StandardError            所有的内建标准异常的基类
    |   |—ArithmeticError          所有数值计算错误的基类
    |   |   |—DivideByZeroError        除(或取模)零(所有数据类型)
    |   |   |—FloatingPointError       浮点计算错误
    |   |   |—OverflowError            数值运算超出最大限制
    |   |—AssertionError           断言语句失败
    |   |—AttributeError           对象没有这个属性
    |   |—EnvironmentError         操作系统错误的基类
    |   |   |—IOError                  输入输出失败
    |   |   |—EOFError                 发现不期望的文件结尾
    |   |   |—OSError                  操作系统错误
    |   |—ImportError              导入模块/对象失败
    |   |—LookupError              无效数据查询的基类
    |   |   |—IndexError               序列无此索引(index)
    |   |   |—KeyError                 字典关键字（键）不存在
    |   |—MemoryError              内存溢出错误(对于 Python 解释器不是致命的)
    |   |—NameError                试图访问没有定义的名字
    |   |   |—UnboundLocalError        访问未初始化的本地变量
    |   |—NotImplementedError      尚未实现的方法(严格的继承)
    |   |—SyntaxError              Python 语法错误
```

```
|   |   |—IndentationError              缩进错误
|   |   |—TabError                       Tab 和空格混用
|   |—TypeError                          类型无效的操作
|   |—RuntimeError                       运行时错误
|   |—UnicodeError                       Unicode 相关错误
|   |   |—UnicodeDecodeError                 Unicode 解码错误
|   |   |—UnicodeEncodeError                 Unicode 编码错误
|   |   |—UnicodeTranslateError              Unicode 转换错误
|   |—ValueError                         传入无效参数
|   |—ReferenceError                     弱引用(weak reference)试图访问已回收对象
|—Warning                            警告基类
    |—DeprecationWarning                 被弃用的关于特征的警告
    |—FutureWarning                      关于构造将来语义会有改变的警告
    |—PendingDeprecationWarning          关于特性的将被废弃的警告
    |—RuntimeWarning                     可疑的运行时行为警告
    |—SyntaxWarning                      可疑的语法警告
    |—UserWarning                        用户代码生成警告
```

附录 C   文件与目录管理

除了进行文件内容的操作，Python 还提供了从文件级和目录级进行管理的手段。

在 Python 中，有关文件及其目录的管理型操作函数主要包含在一些专用模块中。表 C.1 为 Python 中可用于文件和目录管理操作的内置模块。

表 C.1   **Python** 中可用于文件和目录管理操作的内置模块

模块/函数名称	功 能 描 述	模块/函数名称	功 能 描 述
open()函数	文件读取或写入	Tarfile 模块	文件归档压缩
os.path 模块	文件路径操作	shutil 模块	高级文件和目录处理及归档压缩
os 模块	文件和目录简单操作	fileinput 模块	读取一个或多个文件中的所有行
zipfile 模块	文件压缩	tempfile 模块	创建临时文件和目录

从目录中可以看出寻找一个文件的路径（path）。路径分为绝对路径和相对路径。从根文件夹开始的路径称为绝对路径，从当前文件夹开始的路径称为相对路径。

C.1   文件访问函数

表 C.2 是 os 模块中关于文件访问的主要函数。

表 C.2   **os** 模块中关于文件访问的主要函数

函 数 名	功 能
os.access(path, mode)	判断 mode 指定访问权限的路径是否存在，即是否可访问
os.open(path,flags,mode = 0o777)	打开文件，返回文件描述符（fd）
os.lseek(fd,pos,how)	移动文件指针。pos 为字节偏移量，how 为参考点
os.write(fd,str)	将字节字符串 str 写入到文件 fd,返回写入的字节数
os.read(fd,n)	从文件 fd 中读取 n 个字节，返回字符串对象

函　数　名	功　　能
os.fsync(fd)	将缓冲区数据更新到 fd 中
os.truncate(path，length)	裁剪文件，只留下 length 长度内容
os.chmod(path，mode)	改变文件的访问权限
os.close(fd)	关闭文件 fd
os.remove(path)	删除文件

参数说明：os.lseek()函数中，参数 how 可以取如下值。

（1）os.SEEL_SET 或 0——文件开始位置。

（2）os.SEEL_CUR 或 1——当前位置。

（3）os.SEEL_END 或 2——文件结尾。

C.2　目录操作

目录管理函数主要在 os 模块中，表 C.3 为 os 模块中用于目录管理的函数。

表 C.3　os 模块中用于目录管理的函数

函　数　名	功　　能
os.chdir(path)	设置 path 为当前目录
os.getcwd()	获取当前工作目录
os.listdir(path)	获取 path 目录下的文件和目录列表
os.mkdir(path[,mode = 0o777])	创建目录
os.makedirs(path1/path2…，mode = 511)	创建多级目录
os.rmdir(path)	删除空目录（其中没有文件或子目录——子文件夹）
os.removedir(path1/path2…)	删除多级空目录（其中没有文件）
os.rename(fsrc，fdst)	文件或目录改名或移动

C.3　获取或判断文件和路径属性的函数

表 C.4 为 os 以及 os.path 中获取或判断文件以及路径属性的函数。

表 C.4　os 以及 os.path 中获取或判断文件以及路径属性的函数

函　数　名	功　　能
os.fstat(path)	获取的文件描述符的状态
os.stat(path)	获取文件属性
os.path.exisit(path)	判断文件（路径）是否存在
os.path.getatime(filename)	获取文件的最后访问时间
os.path. getctime(filename)	获取文件的创建时间
os.path. getmtime(filename)	获取文件的最后修改时间
os.path. getsize(filename)	获取文件的大小

说明：access()的 mode 为 F_OK，或者它可以是包含 R_OK、W_OK 和 X_OK 或者 R_OK、

W_OK 和 X_OK 其中之一或者更多。其中：

（1）os.F_OK 用来测试 path 是否存在。

（2）os.R_OK 用来测试 path 是否可读。

（3）os.W_OK 用来测试 path 是否可写。

（4）os.X_OK 用来测试 path 是否可执行。

C.4　路径操作

路径操作函数主要在 os.path 模块中。表 C.5 为 os.path 模块中用于路径操作的函数。

表 C.5　**os.path 模块中用于路径操作的函数**

函 数 名	功 能
os.path.abspath(path)	获取 path 的绝对路径
os.path.basename(path)	获取 path 的最后一个组成部分
os.path.commonpath(paths)	获取给定的多个路径中的最长公共路径
os.path.commonprefix(paths)	获取给定的多个路径中的最长公共前缀
os.path. dirname(path)	获取给定路径的文件夹部分
os.path. isabs(path)	判断 path 是否为绝对路径
os.path. isdir(path)	判断 path 是否为文件夹
os.path.isfile(path)	判断 path 是否为文件
os.path. join(path, *paths)	连接两个或多个 path
os.path.split(path)	分离 path，以列表形式返回
os.path.splitext(path)	分离文件名与扩展名；默认返回（文件名,扩展名）元组，可作分片操作
os.path.splitdrive(path)	从 path 中分离驱动器名

C.5　文件压缩（**zipfile 模块**）

1. zipfile 模块中的函数和常量

表 C.6 所示为 zipfile 模块中的函数和常量。

表 C.6　**zipfile 模块中的函数和常量**

函数/常量名	功 能
zipfile.is_zipfile(filename)	判断 filename 是否是一个有效的 ZIP 文件，并返回一个布尔类型的值
zipfile.ZIP_STORED	表示一个压缩的归档成员
zipfile.ZIP_DEFLATED	表示普通的 ZIP 压缩方法，需要 zlib 模块的支持
zipfile.ZIP_BZIP2	表示 BZIP2 压缩方法，需要 bz2 模块的支持；Python 3.0.3 新增
zipfile.ZIP_LZMA	表示 LZMA 压缩方法，需要 lzma 模块的支持；Python 3.0.3 新增

2. ZipFile 类

ZipFile 里有两个非常重要的类：ZipFile 和 ZipInfo。ZipFile 用于创建和读取 ZIP 文件。ZipFile 的构造方法用于创建一个 ZipFile 实例，表示打开一个 ZIP 文件。其语法如下。

```
Class zipfile.ZipFile(file, mode = 'r', compression =
ZIP_STORED, allowZip64 = True)
```

参数说明：

（1）file：可以是一个文件的路径（字符串），也可以是一个 file-like 对象。

（2）mode：表示文件的打开模式，可取的值有 r（读）、w（写）、a（添加）、x（创建和写一个唯一的新文件，如果文件已存在，就会引发 FileExistsError）。

（3）compression：表示对归档文件进行写操作时使用的 ZIP 压缩方法，可取的值有 ZIP_STORED、ZIP_DEFLATED、ZIP_BZIP2、ZIP_LZMA，传递其他无法识别的值将会引起 RuntimeError；如果取值为 ZIP_DEFLATED、ZIP_BZIP2、ZIP_LZMA，但是相应的模块（zlib、bz2、lzma）不可用，也会引起 RuntimeError。

（4）allowZip64：若 ZipFile 大小超过 2GB 且 allowZip64 的值为 False，则会引起一个异常。

ZipFile 类中定义了与压缩/解压缩相关的多种方法，见表 C.7。

表 C.7　ZipFile 类中定义的方法

方 法 名	功　　能
zipfile. printdir()	打印该归档文件的内容
zipfile. extract(member, path = None, pwd = None)	从归档文件中展开一个成员到当前工作目录
zipfile. extractall(path = None, members = None, pwd = None)	从归档文件中展开所有成员到当前工作目录
zipfile. infolist()	返回一个 ZipInfo 对象的列表
zipfile. namelist()	返回归档成员名称列表
zipfile. getinfo(name)	返回含压缩成员 name 信息的 ZipInfo 对象
zipfile. open(name, mode='r', pwd=None)	将归档文件中的一个成员作为 file-like 对象展开
zipfile. close()	关闭该压缩文件
zipfile. setpassword(pwd)	设置 pwd 作为展开加密文件的默认密码
zipfile. testzip()	读取归档文件中的所有文件并检查它们的完整性
zipfile. read(name, pwd=None)	返回归档文件中 name 指定成员文件的字节
zipfile. write(filename, arcname=None, compress_type=None)	将 filename 文件写入归档文件
zipfile. writestr(zinfo_or_arcname, bytes[, compress_type])	将一个字节串写入归档文件

参数说明：

（1）member 必须是一个完整的文件名称或者 ZipInfo 对象。

（2）path 可用来指定一个不同的展开目录。

（3）pwd 用于加密文件的密码。

3. ZipInfo 类

ZipInfo 用于存储每个 ZIP 文件的信息。ZipInfo 类的实例是通过 ZipFile 对象的 getinfo()和 infolist()方法返回的，其本身没有对外提供构造方法和其他方法。每一个 ZipInfo 对象存储的都是 ZIP 归档文件中一个单独成员的相关信息，所以该实例仅提供了用于获取归档文件中成员的信息。

C.6 文件复制（shutil 模块）

shutil 模块是一种高层次的文件操作工具，类似于高级 API，主要强大之处在于其对文件的复制与删除操作支持好。表 C.8 是 shutil 模块的主要函数。

表 C.8 shutil 模块的主要函数

函 数 名	功 能
shutil.copyfileobj(fsrc, fdst[, length])	在两个已经打开的文件对象间进行内容（部分或全部）复制
shutil.copyfile(src, dst, *, follow_symlinks=True)	文件内容全部复制/替换（不包括 metadata 状态信息）
shutil.copymode(src, dst, *, follow_symlinks=True)	仅复制文件权限（mode bits），文件内容、属组、属组均不变
shutil.copystat(src, dst, *, follow_symlinks=True)	仅复制文件状态信息（包括文件权限，但不包含属主和属组）
shutil.copy(src, dst, *, follow_symlinks=True)	复制文件内容和权限，并返回新创建的文件路径
shutil.copy2(src, dst, *, follow_symlinks=True)	复制文件内容、权限和所有的文件元数据
shutil.copytree(olddir, newdir, True/Flase)	复制整个 olddir 目录到 newdir 目录
shutil.move(src, dst, copy_function=copy2)	移动文件或重命名
shutil.rmtree(src)	递归删除一个目录以及目录内的所有内容

参数说明：

（1）length 是一个整数，用于指定缓冲区大小，如果其值是-1，表示一次性复制，这可能会引起内存问题。

（2）follow_symlinks 是 Python 3.0.3 新增的参数，如果它的值为 False，则将会创建一个新的软链接文件。

（3）src 是源文件名，dst 是目的文件名。要求 dst 必须是完整的目标文件名称；如果dst 已经存在，则会被替换。

附录 D Python 标准模块库目录

Python 应用非常广泛。这些应用来自丰富的模块，并且模块还在不断丰富。下面是目前已经被收进标准库中的模块。除该标准库之外，还有正在不断增长的几千个组件（从单个程序和模块到包以及完整的应用程序开发框架）可以从 Python 包索引获得。

D.1 文本

（1）string：通用字符串操作。

（2）re：正则表达式操作。

（3）difflib：差异计算工具。

（4）textwrap：文本填充。

（5）unicodedata：Unicode 字符数据库。

（6）stringprep：互联网字符串准备工具。

（7）readline：GNU 按行读取接口。

（8）rlcompleter：GNU 按行读取的实现函数。

D.2 二进制数据

（1）struct：将字节解析为打包的二进制数据。

（2）codecs：注册表与基类的编解码器。

D.3 数据类型

（1）datetime：基于日期与时间工具。

（2）calendar：通用月份函数。

（3）collections：容器数据类型。

（4）collections.abc：容器虚基类。

（5）heapq：堆队列算法。

（6）bisect：数组二分算法。

（7）array：高效数值数组。

（8）weakref：弱引用。

（9）types：内置类型的动态创建与命名。

（10）copy：浅复制与深复制。

（11）pprint：格式化输出。

（12）reprlib：交替 repr()的实现。

D.4 数学

（1）numbers：数值的虚基类。

（2）math：数学函数。

（3）cmath：复数的数学函数。

（4）decimal：定点数与浮点数计算。

（5）fractions：有理数。

（6）random：生成伪随机数。

D.5 函数式编程

（1）itertools：为高效循环生成迭代器。

（2）functools：可调用对象上的高阶函数与操作。

（3）operator：针对函数的标准操作。

D.6 文件与目录

（1）os.path：通用路径名控制。

（2）fileinput：从多输入流中遍历行。

（3）stat：解释 stat()的结果。

（4）filecmp：文件与目录的比较函数。

（5）tempfile：生成临时文件与目录。

（6）glob：UNIX 风格路径名格式的扩展。

（7）fnmatch：UNIX 风格路径名格式的比对。

（8）linecache：文本行的随机存储。

（9）shutil：高级文件操作。

（10）macpath：Mac OS 9 路径控制函数。

D.7 持久化

（1）pickle：Python 对象序列化。

（2）copyreg：注册机对 pickle 的支持函数。

（3）shelve：Python 对象持久化。

（4）marshal：内部 Python 对象序列化。

（5）dbm：UNIX "数据库" 接口。

（6）sqlite3：针对 SQLite 数据库的 API 2.0。

D.8 压缩

（1）zlib：兼容 gzip 的压缩。

（2）gzip：对 gzip 文件的支持。

（3）bz2：对 bzip2 压缩的支持。

（4）lzma：使用 LZMA 算法的压缩。

（5）zipfile：操作 ZIP 存档。

（6）tarfile：读写 tar 存档文件。

D.9 文件格式化

（1）csv：读写 CSV 文件。

（2）configparser：配置文件解析器。

（3）netrc：netrc 文件处理器。

（4）xdrlib：XDR 数据编码与解码。

（5）plistlib：生成和解析 Mac OS X .plist 文件。

D.10 加密

（1）hashlib：安全散列与消息摘要。

（2）hmac：针对消息认证的键散列。

D.11 操作系统工具

（1）os：多方面的操作系统接口。

（2）io：流核心工具。

（3）time：时间的查询与转换。

（4）argparser：命令行选项、参数和子命令的解析器。

（5）optparser：命令行选项解析器。

（6）getopt：C 风格的命令行选项解析器。

（7）logging：Python 日志工具。

（8）logging.config：日志配置。

（9）logging.handlers：日志处理器。

（10）getpass：简易密码输入。

（11）curses：字符显示的终端处理。

（12）curses.textpad：curses 程序的文本输入域。

（13）curses.ascii：ASCII 字符集工具。

（14）curses.panel：curses 的控件栈扩展。

（15）platform：访问底层平台认证数据。

（16）errno：标准错误记号。

（17）ctypes：Python 外部函数库。

D.12　并发与并行

（1）threading：基于线程的并行。

（2）multiprocessing：基于进程的并行。

（3）concurrent：并发包。

（4）concurrent.futures：启动并行任务。

（5）subprocess：子进程管理。

（6）sched：事件调度。

（7）queue：同步队列。

（8）select：等待 I/O 完成。

（9）dummy_threading：threading 模块的替代（当_thread 不可用时）。

（10）_thread：底层的线程 API（threading 基于其上）。

（11）_dummy_thread：_thread 模块的替代（当_thread 不可用时）。

D.13　进程间通信

（1）socket：底层网络接口。

（2）ssl：socket 对象的 TLS/SSL 填充器。

（3）asyncore：异步套接字处理器。

（4）asynchat：异步套接字命令/响应处理器。

（5）signal：异步事务信号处理器。

（6）mmap：内存映射文件支持。

D.14　互联网相关

（1）email：邮件与 MIME 处理包。

（2）json：JSON 编码与解码。

（3）mailcap：mailcap 文件处理。

（4）mailbox：多种格式控制邮箱。

（5）mimetypes：文件名与 MIME 类型映射。

（6）base64：RFC 3548：Base16、Base32、Base64 编码。

（7）binhex：binhex4 文件编码与解码。

（8）binascii：二进制码与 ASCII 码间的转换。

（9）quopri：MIME quoted-printable 数据的编码与解码。

（10）uu：uuencode 文件的编码与解码。

D.15　HTML 与 XML

（1）html：HTML 支持。

（2）html.parser：简单 HTML 与 XHTML 解析器。

（3）html.entities：HTML 通用实体的定义。

（4）xml：XML 处理模块。

（5）xml.etree.ElementTree：树形 XML 元素 API。

（6）xml.dom：XML DOM API。

（7）xml.dom.minidom：XML DOM 最小生成树。

（8）xml.dom.pulldom：构建部分 DOM 树的支持。

（9）xml.sax：SAX2 解析的支持。

（10）xml.sax.handler：SAX 处理器基类。

（11）xml.sax.saxutils：SAX 工具。

（12）xml.sax.xmlreader：SAX 解析器接口。

（13）xml.parsers.expat：运用 Expat 快速解析 XML。

D.16　互联网协议与支持

（1）webbrowser：简易 Web 浏览器控制器。

（2）cgi：CGI 支持。

（3）cgitb：CGI 脚本反向追踪管理器。

（4）wsgiref：WSGI 工具与引用实现。

（5）urllib：URL 处理模块。

（6）urllib.request：打开 URL 链接的扩展库。

（7）urllib.response：urllib 模块的响应类。

（8）urllib.parse：将 URL 解析成组件。

（9）urllib.error：urllib.request 引发的异常类。

（10）urllib.robotparser：robots.txt 的解析器。

（11）http：HTTP 模块。

（12）http.client：HTTP 客户端。

（13）ftplib：FTP 客户端。

（14）poplib：POP 客户端。

（15）imaplib：IMAP4 客户端。

（16）nntplib：NNTP 客户端。

（17）smtplib：SMTP 客户端。

（18）smtpd：SMTP 服务器。

（19）telnetlib：Telnet 客户端。

（20）uuid：RFC 4122 的 UUID 对象。

（21）socketserver：网络服务器框架。

（22）http.server：HTTP 服务器。

（23）http.cookies：HTTP Cookie 状态管理器。

（24）http.cookiejar：HTTP 客户端的 Cookie 处理。

（25）xmlrpc：XML-RPC 服务器和客户端模块。

（26）xmlrpc.client：XML-RPC 客户端访问。

（27）xmlrpc.server：XML-RPC 服务器基础。

（28）ipaddress：IPv4/IPv6 控制库。

D.17　多媒体

（1）audioop：处理原始音频数据。

（2）aifc：读写 AIFF 和 AIFC 文件。

（3）sunau：读写 Sun AU 文件。

（4）wave：读写 WAV 文件。

（5）chunk：读取 IFF 大文件。

（6）colorsys：颜色系统间转换。

（7）imghdr：指定图像类型。

（8）sndhdr：指定声音文件类型。

（9）ossaudiodev：访问兼容 OSS 的音频设备。

D.18　国际化

（1）gettext：多语言的国际化服务。

（2）locale：国际化服务。

D.19　编程框架

（1）turtle：Turtle 图形库。

（2）cmd：基于行的命令解释器支持。

（3）shlex：简单词典分析。

D.20　Tk 图形用户接口

（1）tkinter：Tcl/Tk 接口。

（2）tkinter.ttk：Tk 主题控件。

（3）tkinter.tix：Tk 扩展控件。

（4）tkinter.scrolledtext：滚轴文本控件。

D.21　开发工具

（1）pydoc：文档生成器和在线帮助系统。

（2）doctest：交互式 Python 示例。

（3）unittest：单元测试框架。

（4）unittest.mock：模拟对象库。

（5）test：Python 回归测试包。

（6）test.support：Python 测试工具套件。

（7）venv：虚拟环境搭建。

D.22　调试

（1）bdb：调试框架。

（2）faulthandler：Python 反向追踪库。

（3）pdb：Python 调试器。

（4）timeit：小段代码执行时间测算。

（5）trace：Python 执行状态追踪。

D.23　运行时

（1）sys：系统相关的参数与函数。

（2）sysconfig：访问 Python 配置信息。

（3）builtins：内置对象。

（4）_ _main_ _：顶层脚本环境。

（5）warnings：警告控制。

（6）contextlib：with 状态的上下文工具。

（7）abc：虚基类。

（8）atexit：出口处理器。

（9）traceback：打印或读取一条栈的反向追踪。

（10）_ _future_ _：未来状态定义。

（11）gc：垃圾回收接口。

（12）inspect：检查存活的对象。

（13）site：站点相关的配置钩子（hook）。

（14）fpectl：浮点数异常控制。

（15）distutils：生成和安装 Python 模块。

D.24　解释器

（1）code：基类解释器。

（2）codeop：编译 Python 代码。

D.25　导入模块

（1）imp：访问 import 模块的内部。

（2）zipimport：从 ZIP 归档中导入模块。

（3）pkgutil：包扩展工具。

（4）modulefinder：通过脚本查找模块。

（5）runpy：定位并执行 Python 模块。

（6）importlib：import 的一种实施。

D.26　Python 语言

（1）parser：访问 Python 解析树。

（2）ast：抽象句法树。

（3）symtable：访问编译器符号表。

（4）symbol：Python 解析树中的常量。

（5）token：Python 解析树中的常量。

（6）keyword：Python 关键字测试。

（7）tokenize：Python 源文件分词。

（8）tabnany：模糊缩进检测。

（9）pyclbr：Python 类浏览支持。

（10）py_compile：编译 Python 源文件。

（11）compileall：按字节编译 Python 库。

（12）dis：Python 字节码的反汇编器。

（13）pickletools：序列化开发工具。

D.27　其他

formatter：通用格式化输出。

D.28　Windows 相关

（1）msilib：读写 Windows Installer 文件。

（2）msvcrt：MS　VC++　Runtime 的有用程序。

（3）winreg：Windows 注册表访问。

（4）winsound：Windows 声音播放接口。

D.29　UNIX 相关

（1）posix：最常用的 POSIX 调用。

（2）pwd：密码数据库。

（3）spwd：影子密码数据库。

（4）grp：组数据库。

（5）crypt：UNIX 密码验证。

（6）termios：POSIX 风格的 tty 控制。

（7）tty：终端控制函数。

（8）pty：伪终端工具。

（9）fcntl：系统调用 fcntl()和 ioctl()。

（10）pipes：shell 管道接口。

（11）resource：资源可用信息。

（12）nis：Sun 的 NIS 的接口。

（13）syslog：UNIX syslog 程序库。

参 考 文 献

[1] CentOS上源码安装 Python3.4[M/OL]. http://www.linuxidc.com/Linux/2015-01/111870.htm.

[2] Wesley J Chun. Python 核心编程[M].2版. http://www.linuxidc.com/Linux/2013-06/85425.htm.

[3] 周伟，宗杰. Python 开发技术详解[M/OL].http://www.linuxidc.com/Linux/2013-11/92693.htm.

[4] Python 脚本获取 Linux 系统信息[M/OL]. http://www.linuxidc.com/Linux/2013-08/88531.htm.

[5] Luke Sneeinger. Python 高级编程[M]. 宋沄剑，刘磊，译. 北京：清华大学出版社，2016.

[6] 张基温. Python大学教程[M]. 北京：清华大学出版社，2018.